生态养殖与防疫技术

化　芳　王立春　薛　剑　主编

中国农业科学技术出版社

图书在版编目（CIP）数据

土鸡生态养殖与防疫技术 / 化芳，王立春，薛剑主编. --北京：中国农业科学技术出版社，2023.8（2025. 2 重印）

ISBN 978-7-5116-6297-2

Ⅰ. ①土… Ⅱ. ①化… ②…王 ③薛… Ⅲ. ①鸡—饲养管理 ②鸡病—防治 Ⅳ. ①S831 ②S858.31

中国国家版本馆CIP数据核字（2023）第098107号

责任编辑 张国锋
责任校对 贾若妍 李向荣
责任印制 姜义伟 王思文

出 版 者 中国农业科学技术出版社
北京市中关村南大街12号 邮编：100081
电　　话 （010）82109705（编辑室） （010）82109704（发行部）
（010）82109709（读者服务部）
网　　址 https://castp.caas.cn
经 销 者 各地新华书店
印 刷 者 北京中科印刷有限公司
开　　本 148 mm×210 mm 1/32
印　　张 8
字　　数 240千字
版　　次 2023年8月第1版 2025 年 2 月第 5 次印刷
定　　价 38.00元

编写人员名单

主　编　化　芳　王立春　薛　剑

副主编　孙运娥　车家倩　袁　磊

　　　　贺　超　陈德霞

参编者　魏本胜　李永强　高春花

　　　　徐翠娟　王　伟　何兴庆

　　　　吴法功　吴学栋　李秀梅

　　　　魏之福　柯　红

2020 年 11 月 18 日，国家发展和改革委员会、国家林业和草原局、财政部、科学技术部、农业农村部、自然资源部、中国人民银行等 10 部门联合颁发《关于科学利用林地资源促进木本粮油和林下经济高质量发展的意见》明确提出，科学高效地利用林地资源，促进木本粮油和林下经济高质量发展。文件的发布为我国林下经济发展提供了强大的推动力，规模化林下土鸡生态养殖也应运而生并方兴未艾。

其实，不仅是在林下养殖土鸡，在草场、荒坡及丘陵山地，以及果园、冬闲田，都可以养殖土鸡并能取得很好的效益。首先，林下养鸡，白天养殖在林地中，让鸡自由觅食富含营养的草籽、昆虫等食物；晚上回舍，喂养配制的精饲料，按照“跑山鸡”的喂养方式进行养殖，鸡长得快，肉质也好。这样养出来的“野”鸡，是用无公害饲料喂养，出栏的“跑山鸡”营养丰富，口感特美，符合人们追求的绿色健康消费的要求，必将受到消费者喜爱，市场潜力巨大。

土鸡生态养殖帮助除草。土鸡会吃杂草的根部及草籽，这样从客观上起到了除草的作用，不仅省去很多人力成本，而且还不用担心农药对土壤造成污染。

土鸡生态养殖省肥料。土鸡排出的粪便是很好的有机肥料，可以显著提高苗木的生长速度，这样还可以节约不少肥料费用。

土鸡生态养殖省饲料。土鸡可以食入大量的青草、草籽及树上落下的果实、虫子等，可降低养殖成本，提高养殖效益。

土鸡生态养殖质量高。土鸡因摄入的食物种类丰富、无添加剂，再加上其活动范围大、活动自由、应激较少，产出的鸡肉、鸡蛋等产品营养丰富、绿色无公害、味道鲜美。

《土鸡生态养殖与防疫技术》一书，从土鸡品种的选择与培育入手，在品种选择、草地建植与设施建造、补充饲料配制、不同生产阶段的饲养管理技术、防疫、特别是中药控制鸡病等方面，全方位介绍了土鸡生态养殖的规范化操作技术，力求语言通俗易懂、操作简明扼要，读者一看就懂、一学就会。这本书既适用于土鸡生态养殖场（户），又可供广大养鸡技术和管理人员参考使用。

由于编者水平所限，不足和纰漏在所难免，敬请读者在使用中不吝批评指正。

编　者

2023年3月

目录

第一章　土鸡生态养殖的特点

第一节　概　述

一、土鸡的概念与生产特点

土鸡是地方鸡种的通俗叫法，也叫土杂鸡、草鸡、柴鸡、本地鸡和笨鸡等，目前已列入《中国畜禽遗传资源志·家禽志》（2011 版）的地方鸡种有 107 个。地方鸡种按照用途主要分为肉用型、蛋用型、蛋肉兼用型、药用型、观赏型等。

我国地方鸡种是世界家禽品种资源的重要组成部分。地方鸡种外貌特征具有多样化特点，成年体重大的达 4 kg，小的只有 0.6 kg 左右。有别于集约化饲养的肉鸡，土鸡通常养殖在山野林间或果园，也有用简易鸡舍或大棚饲养的。

土鸡具有耐粗饲、抗病力强等优点，但大多数地方鸡种存在生长速度慢、产蛋少、饲料转化率低等生产性能低下的缺点。土鸡一般要饲养到 110 d 后才能上市，如果蛋肉兼用的土鸡，要饲养到 300 d 后才能上市。相对于生长速度快的肉鸡来说，由于土鸡饲养周期长，生长过程中运动量较大，其积累的营养成分与肉鸡相比也有所不同，尤其是肌间脂肪含量、肌苷酸、不饱和脂肪酸以及对风味有影响的某些氨基酸等相对含量较高，因此土鸡经烹饪后呈现出比肉鸡更好的风味。但鸡肉中的蛋白质、主要微量元素以及维生素等营养成分与肉鸡差别并不大。

自然生态养殖的土鸡，在草地、山林、果园等空地上生长，一般食用谷物、菜叶、牧草，以及大自然中的一些小虫子，由于其经常走动，空气质量也比较高，因此鸡肉质地结实，口感较好。

真正意义上的土鸡应该是完全散养，每天在林地里活动觅食，只吃虫子、野草、草种、野果等天然食物，适当补充优质谷物等饲料。因为土鸡吃绿叶菜、牧草较多，蛋黄中的类胡萝卜素和维生素 B_2 含量高，因此蛋黄更大，颜色更深一些，香味更浓。总体来看，土鸡鸡蛋中的蛋白质、脂肪（脂肪酸）、微量元素和水分等营养物质与普通鸡蛋差异不大。但因为土杂鸡产蛋量少，养分积累周期长，因此鸡蛋中脂肪含量较高。这也是土鸡鸡蛋口感比养殖场的所谓“洋鸡蛋”好的原因之一。

二、土鸡的外貌特征

土鸡品种多，血缘混杂，不同地区、不同消费者对土鸡的外貌特征和屠体体表要求存在很大差异。但总体上，土鸡体型清秀、紧凑，适合家庭消费，外观清秀；单冠，冠型中等大小（公鸡鸡冠大而红，母鸡鸡冠较小，颜色较浅），厚实而直立；乌鸡乌冠，其他品种鸡冠红润，肉髯发达，有的个体有胡须；胸肌丰满，腿肌发达、健壮；羽毛丰满，紧贴皮肤，斑纹多样，颜色有黄色、黑色、白色、金色、咖啡色、芦花、麻羽（深麻色、浅麻色）、浅花色等，以深麻色和浅麻色居多，公鸡颈羽、鞍羽、尾羽发达，有金属光泽，是土鸡的天然标志，生产上可根据消费者的不同需求选养合适的羽色和花纹；皮肤为白色、黄色、灰色或黄色，脸部和耳叶部位为红色；土鸡以光胫为主，但也有毛胫、毛脚，喙、胫、脚的颜色有白色、肉色、深褐色、黄色、红色、青色和黑色等，有的个体呈黄绿色和蓝色，不同消费者对胫色的要求不同，南方市场比较喜欢黄色胫和青色胫，北方市场比较青睐黑色胫；土鸡的趾有双四趾的，也有一侧四趾、另一侧五趾的，还有双五趾的；鸡爪较笼养蛋鸡细小、短直。

三、土鸡生态养殖的现代内涵

1. 土鸡生态养殖的概念

所谓土鸡生态养殖，即把鸡群养殖在自然环境中，以满足鸡的生物学习性，为鸡群提供良好的生活环境，充分利用天然的资源，让鸡肉、鸡蛋恢复应有的天然优良品质。

这种饲养方式将传统的农家饲养土鸡方法和现代科学养鸡技术相结合，根据不同区域特点，利用林地、草场、果园、农田、荒山等自然资源，实行规模养殖和舍养相结合。以自由采食野生天然饲料为主，即让鸡自由觅食昆虫、嫩草、腐殖质等；人工科学补料为辅，严格限制饲料添加剂等的使用，不使用任何激素和抗生素。通过良好的饲养环境、科学饲养管理和卫生保健措施等，实现标准化生产，使肉、蛋产品达到无公害食品乃至绿色食品、有机食品标准。同时，通过土鸡养殖控制植物虫害和草害，减少或杜绝农药的作用，利用鸡粪提高土壤肥力，实现经济效益和生态效益、社会效益的高度统一。

这种饲养方式和土鸡良种繁育、专用饲料生产、土鸡健康保健、土鸡蛋肉加工、产品销售等环节配套衔接，在一些地区已经初步形成农林牧结合的新型生态产业，具有十分广阔的发展前景。

2. 土鸡生态养殖的现代内涵

土鸡养殖要抓住原始、生态、无污染环节，实行自由养殖，让鸡群觅食昆虫、嫩草、树叶、籽实和腐殖质等自然饲料为主，人工科学补料为辅，严格限制化学药品和饲料添加剂的使用，禁用任何激素和人工合成促生长剂，通过良好的饲养环境、科学饲养管理和卫生保健措施，最大程度地满足土鸡群的营养、生理和心理需要，提高鸡群本身的免疫力，使肉、蛋产品达到无公害食品乃至绿色食品的标准。

现代土鸡养殖给原始散养赋予新内涵。土鸡养殖，不是让鸡全部采食野生饲料，而是要根据土鸡的营养需求，在采食野生饲料的同时，适当补充全价饲料，以保证土鸡的生长、产蛋等生产潜能的最大发挥。

这样，我们对养殖土鸡的内涵，就有了以下的理解：土鸡养殖，就是利用林地、果园、草场、荒山荒坡、河堤、滩涂等丰富的自然生态资源，根据不同地区自然环境的特点和特性，选择比较开阔的缓山坡或丘陵地，搭建简易鸡舍，实行舍饲（雏鸡培育阶段在鸡舍内养殖、养殖阶段晚上鸡在舍内休息、过夜）和养殖（1～2个月后白天在林地散放饲养）相结合的养殖方法。养殖的土鸡，是土鸡原种或由其配套系生产的杂交一代土鸡。这种土鸡以自由采食林地中生长的野生自然饲料（如各种昆虫、青草、草籽、嫩叶、腐殖质和矿物质等）为主，辅助人工补喂全价日粮，实行科学的饲养和管理、严格的卫生防疫措施，并在整个饲养过程中严格限制饲料添加剂、化学药品及抗生素的使用，以提高鸡蛋、鸡肉风味和品质，生产出更加优质、安全的无公害或绿色的肉、蛋产品。

土鸡养殖是在现代农业可持续发展的大背景下运用生态学的原理，使农、林、果等农业种植生产和传统的散放饲养，以及现代科学饲养等畜牧生产方式有机结合，充分利用广阔的林地、果园等自然资源，进行养鸡生产，达到以林养牧、以牧促林的良好效果。并通过建立良性物质循环，实现资源的综合利用，起到既保护生态环境，又增加农民收入的作用，实现生态效益、经济效益和社会效益的统一。

四、为什么提倡土鸡生态养殖

1. 土鸡蛋、土鸡肉质优味美

随着近年来我国经济的快速发展，人民生活水平的日益提高，人们厌倦了缺少“鸡味”的饲料鸡、圈养鸡等一些快大型鸡肉的消费，出于对养生与健康的要求，对饮食质量越来越重视，土鸡产品因为无污染、少药残、野味浓、营养丰富，受到越来越多人的青睐，价格也逐年走高。

据测定，土鸡蛋与现代配套系鸡蛋相比，干物质率高，全蛋粗蛋白质、粗脂肪含量均较高，味道香。全蛋干样中谷氨酸含量高达

15.48%，而谷氨酸是重要的风味物质，再加上水分低、营养浓度大，使得土鸡蛋口味好、风味浓郁。

土鸡肉与现代配套系鸡肉相比，屠宰率高、腹脂率低、胸肌率高、胸肌的肌纤维直径小、肌纤维密度大、肉质鲜嫩，而肌肉中核苷酸含量高使土鸡肉味道鲜美。土鸡蛋、土鸡肉历来就深受消费者欢迎。

2. 科学养殖，生产鸡蛋、鸡肉高端产品

实际上，消费者对土鸡产品的要求是很挑剔的。他们需要原滋原味的、不导入高产引进鸡种基因的纯正地方鸡种，而且要采用自然养殖方式养殖，不喂工厂化生产的饲料，不添加任何药物和添加剂。严格意义上讲，也只有这种原滋原味的品种，加上最原始的养殖方式生产的鸡肉和鸡蛋，才可以称得上是真正的土鸡肉和土鸡蛋。

土鸡生态养殖，回归自然、环境优越、空气新鲜、阳光充足、饲养密度小。加上鸡只自由活动，采食天然饲料，有利于发挥土鸡蛋、土鸡肉质量优良的遗传潜力。实践证明，科学养殖可以提高土鸡蛋的品质（提高蛋黄色泽、蛋黄磷脂含量、蛋白质含量、蛋白黏稠度、胆固醇含量、改善蛋壳质量），可以提高鸡肉品质。土鸡在养殖过程中，活动量大，体内能量消耗较笼养鸡多，造成脂肪的沉积减少；同时由于养殖而摄食的矿物质量也充足，其骨质结实、肉质致密、味道较浓。

特别是山区的草场、草坡有大山的自然屏障作用，极大地减少了传染病的发生，疾病减少，鸡群健康。生产出的优质鸡蛋、鸡肉高端产品味美、安全，售价较高，无论在城市超市，还是乡镇农贸市场都受到消费者青睐，显著提高了市场竞争力。

3. 降低饲养成本，提高养鸡收益

生态养殖的土鸡，自由采食草籽、嫩草、腐殖质等植物性饲料，并大量捕食多种虫体（动物性饲料），在夏秋季节适当补料即可满足其营养需要，可节省 1/3 的饲料。同时，配合灯光、性信息等诱虫技术，可大幅度降低果园、林地、农田虫害的发生率，减少农药的使用量，对环境和人类的健康也十分有利、一举多得。例如，在枣园中推行立体生态养鸡模式，树上结枣、树下养鸡，枣叶、杂草用来喂鸡。鸡啄食害虫，减少枣树虫害，从而减少农药用量，另外鸡粪还可肥田。

4. 投资费用较少，提高经济效益

笼养现代配套系鸡需要投资较大的鸡舍和笼具，而生态养殖土鸡的鸡舍建筑简易，无须笼具，投资较小，适于经济欠发达地区的农民采用。同时，由于节省饲料、投资小、疾病少、生产成本低，产品售价高，规模化生态养殖土鸡的收益明显提高。一般养殖肉用土鸡，每只比集约化饲养“快大型”肉鸡收入高 6 ～ 10 元；养殖产蛋土鸡，每只比笼养鸡收入高 10 ～ 20 元。

5. 降低环境污染

过去笼养鸡一直是我国蛋鸡生产的主体，特别是人口密集的平原农区，紧靠农居修建鸡舍，场舍密集，鸡群混杂，排泄物对空气、水源、土地等环境造成严重污染，夏、秋季更是成为蚊蝇的滋生地，影响居民身心健康。而生态养殖土鸡，远离居民区，饲养密度低，加之环境的自然净化，可使排泄物培肥土壤，变废为宝。

五、生态养殖土鸡的优势

1. 鸡种

生产纯种的土鸡目前时机还不成熟，因为没有经过选育的纯粹地方鸡种，产肉率、产蛋率与生产效益不成正比。大多数土鸡产蛋率不高，一般一年产蛋 120 ～ 150 枚；产肉率也不高，180 d 才长到 1.5 ～ 2 kg。所谓土鸡蛋、土鸡肉好吃，主要还是因为这类鸡生长速度慢、生产水平低。与从国外引进的专用型品种（如良种肉鸡、良种蛋鸡）比较，从生产水平和经济价值上来看，是缺少优势的。虽然产品有市场，但是不能转化为规模生产的现实生产力，规模生产者没有效率的支撑，就很难生存下去，因此，生产纯种的土鸡产品，难形成规模效益。

重点推广经过系统选育，能生产高质量鸡蛋、鸡肉的地方鸡种——土鸡。这类鸡经过系统选育或利用地方良种配种，具有生态型地方良种的特性，其肉和蛋风味、滋味、口感、营养俱佳，生产性能也较高，适应性强，适合规模养殖，是生态养殖土鸡的首选鸡种。

虽然目前传统的农家庭院养殖的也称为“土鸡”，但多是未经系统选育提纯的鸡，群体内个体间生产性能很不一致。特别是杂交乱配严重，鸡种来源混杂，羽毛、外貌、生产性能差，不利于规模化饲养。

因此，土鸡生产并不仅仅局限于把土鸡原种直接推向市场，而是要培育配套系，生产杂交一代土鸡供应市场，这才符合行业发展方向。

培育土鸡多用配套系，是针对中国市场的差异化选择和创新，可以用于专门化生产土鸡、土鸡蛋或仿土鸡、仿土鸡蛋，淘汰的种鸡还可做售价不菲的“优质型老母鸡”。这种做法的优点是：可以通过多用途和灵活的生产方式，应对变幻莫测的市场行情；以多用途的附加值，应对进口鸡种单一的、难以企及的生产性能。由于配套系含有一定的地方鸡血统，所以适应性更好，适合广大农民在房前屋后养殖，能够解决农民自身动物蛋白供应的需求；也适合适度规模的养殖生产。

2. 规模和设施

不是一家一户十只八只的零星养殖，而是以规模化为基础（上百只为起点）的饲养群体；修建和配备相应的设施，比如鸡舍，不是在庭院垒砌的传统的日出而动、日落而归的小鸡窝，而是在养殖地建造的既可以防风避雨，又可以产蛋休息，还可以人工管理的鸡舍。

3. 饲料

并非完全靠鸡在外面自由采食野食，而是天然饲料和人工饲料相互补充，植物饲料、动物饲料、微生物饲料、中草药饲料添加剂等合理搭配的类天然饲料。

4. 管理和防病

不是只放不养、任其自生自灭的随意粗放管理，而是根据鸡的生物学特性、养殖鸡的特殊规律、养殖地的环境条件、季节气候等因素而设计的严格管理方案，精细管理。同时根据当前鸡易流行的主要传染病，结合当地鸡种特有的发病规律和养殖地实际而制订的免疫程序及防治措施。在治病防病过程中，尽量少用西药，特别是残留量大的西药。使用中草药、偏方验方。

5. 有组织、有计划

不是一家一户自发盲目发展，而是有组织、有计划地进行。既有政府的宏观调控指导，又有科技部门和科技人员的广泛参与，更有经营实体龙头企业牵头，走农村合作社经营的路子，实施产供销一体化。

六、生态饲养土鸡的消费特点与发展前景

1. 生态饲养土鸡的消费特点

土鸡消费情况因不同地域、不同消费习惯而异，其消费群体与一般肉鸡也有所不同。

（1）土鸡消费市场的地域性差别

①三黄鸡消费区域。三黄鸡是指具有黄羽、黄皮和黄脚特征的土鸡和其他杂交优质鸡类型。我国广东、广西、海南、香港、澳门等地是三黄鸡的主要消费地区，这些地区的消费者喜食即将开产或刚开产的母鸡（称这种鸡为项鸡），并且偏爱购买活鸡，不喜欢吃公鸡。项鸡是制作华南名吃切响的主要原料。这些地区对土鸡的外貌要求是具有“三黄”特征，因为这一地区对白色与黑色比较忌讳。

②青脚、青胫、杂羽鸡的消费区域。青脚、青胫、杂羽是土鸡的标志性状，被广大消费者所认可，我国多数地方土种鸡均具有这些特征。上海、江苏、浙江、湖北、湖南、安徽、重庆、四川、河南等地的消费者，喜食外貌美观、羽毛完整、鸡冠鲜艳、青脚、青胫、杂羽的鲜活土鸡。体型要求为中小体型，鸡冠细小，胫细。母鸡产蛋量适中，蛋壳颜色浅褐色，蛋重小。

③其他消费区域。除以上两类地区有明显的消费特点外，其他地区基本上没有明显的消费特点，只是消费者更喜爱吃本地的小公鸡（吃肉）和老母鸡（喝汤）。

（2）消费者对土鸡的消费习惯　土鸡的消费者喜欢在农贸市场购买鲜活鸡，这是因为鲜活鸡易于鉴别是否为真正土鸡，且土鸡鲜宰后烹饪风味佳。随着我国市场经济的发展，更多土鸡被加工成白条鸡、冰鲜鸡等半成品摆放在超市里供消费者选择购买。这种销售方式是未来土鸡销售的主要方式。

（3）土鸡的消费群体　土鸡以其独特的风味、优良的肉质赢得了众多消费者的认可，其价格一般较高，因此土鸡的主要消费者是有一定经济实力的消费群体。他们比较注重土鸡的质量、安全性和风味，较少考虑价格。因此，土鸡生产的健康发展，依赖于土鸡生产者自觉地执行无公害养殖技术，规范市场行为，避免商品杂交肉鸡冒充土鸡等不良现象发生。

2. 土鸡生态养殖的发展前景

随着人们生活水平的提高和社会文明的进步，笼养蛋鸡受疾病威胁严重、产品药残难以控制、污染破坏生态环境等问题日益明显。而以回归田野养殖形式的规模化生态养殖土鸡因其产品质量优、风味好、符合生态保护政策，越来越受消费者青睐。目前，欧美一些国家笼养和散养鸡蛋各自标明价格，且价格不同。基于食品安全和动物福利的考虑，欧盟规定 2012 年后，产蛋鸡禁止笼养，提倡蛋鸡散养，传达了这一重视产品质量、生态环境和动物福利的新信息。

在我国，生态养殖土鸡与集约化笼养现代配套系鸡这 2 种养殖形式不是对立、矛盾的，而是相辅相成的。2 种养殖形式瞄准不同消费群体。满足鸡蛋、鸡肉消费市场多样化需求。特别是在改善质量、发展优质高端禽产品上，生态养殖土鸡肯定会独树一帜、大放异彩。通过发展生态养殖土鸡，各地农村都涌现出许多增收致富的好典型。作为养鸡业一个新的增长点和突破口，肯定会成为一个有利于农业增产、农民增收、繁荣农村经济的大产业。

第二节　土鸡产品的特点与养殖要求

一、土鸡产品的特点

目前我国消费的土鸡产品主要以鲜蛋类和鲜肉类产品为主，部分产品深加工后采取真空包装等方法进行保鲜处理，便于携带与长途运输，可作为礼品馈赠亲友；有些羽毛色泽光鲜亮丽的品种还可以加工成标本作为工艺品销售；还有一些具有较高的药用价值，可以作为保健品直接食用或制成药物用于治疗（如乌鸡白凤丸等）。

1. 土鸡肉

养殖的土鸡，饲养空间大，养殖环境好，空气清新，光照充足，养殖时间长，饮用水是附近山泉的水，吃的食物是周围的各种植物和小虫子，或专门配制的不添加任何化学药物、抗生素和激素的全价日粮，所以土鸡的风味好、安全、营养价值比较高。主要表现如下：

相比现代饲养的快大型肉鸡，土鸡的肉更加结实，肉质结构和营养比例更加合理。土鸡肉中含有丰富的蛋白质、微量元素和各种营养物质，脂肪的含量比较低，对人体的保健具有重要的价值，是中国人比较喜欢的肉类制品，属于高蛋白的肉类。

鸡肉皮中含有丰富的胶质蛋白，能够被人体迅速吸收和利用，是一种非常好的胶质，可以作为滋补食品。孕妇生产以后，用土鸡来炖汤可以促进身体的恢复，人在患病以后的康复饮食中炖土鸡汤也是很好的选择，经常吃土鸡能够增强人体的体质，提高人体的免疫能力。

鸡肉品质的评判标准多种多样，因此鸡肉品质的评定是一个复杂的概念。狭义上是指人对鸡肉的色、香、味等的感觉和评价。广义上的品质评定是对鸡肉的风味营养价值以及各种理化特性的综合评判与测定。

一般来说，鸡肉品质可从理性上和感性上，即从客观上和主观上进行评定。

（1）客观标准 客观标准是从鸡肉的物理特性和化学特性上进行的评定。物理特性包括保水性、嫩度、剪切力、组织结构、胶原蛋白含量等；化学特性包括 pH、脂肪酸、氨基酸、风味成分、药残、毒物等。上述特性在国际和国内都有具体的测定方法，各地高校和科研部门都能进行测定。

（2）主观标准 主观标准是指主观通过眼、鼻、嘴，根据鸡肉的外观以及对其风味品尝的感觉来评定，是以色、香、味、形来评定的。目前还没有统一的标准，也还没有专门的品肉机构。当然，这方面的评定也并不是随意的和孤立的，感官评价与理性特性之间存在着极为密切的联系，而且在很大程度上反映出鸡肉品质的优势。

2. 土鸡蛋

人们通常认为，土鸡养殖在自然环境中，吃的是用天然饲料原料配制的全价日粮，不添加任何化学物质、药物，产出的鸡蛋品质自然会好一些。而一般养鸡场生产的鸡蛋，也就是人们常说的“洋鸡蛋”，因采用专门的产蛋鸡种和全价配合饲料，其品质可能不如土鸡蛋。特别是因为有些配合饲料可能会违规加入化学药物、抗生素和激素，以促进鸡快速生长、多产蛋以及避免在淘汰之前出现病死，因而“洋鸡蛋”可能会含有对人体健康有危害的物质。因此，即使价钱高出许多，很多人还是愿意购买土鸡蛋，尤其是给老人、孕妇和孩子吃。

从鸡蛋的外观上看，土鸡蛋个稍小、色浅，较新鲜的有一层薄薄的白色膜，蛋壳坚韧厚实；蛋黄呈金黄色，蛋清清澈黏稠，略带青黄；将熟鸡蛋剥壳放在手中揉捏，即使被捏得扁扁的，蛋白也不会开裂，还是一只完整的鸡蛋。土鸡蛋一般人均可食用，特别适宜体质虚弱、营养不良、贫血及妇女产后、病后调养；适宜婴幼儿发育期补养。

二、土鸡的生理习性与养殖要求

1. 土鸡的生理习性

（1）喜暖性　土鸡喜欢温暖干燥的环境，不喜欢炎热潮湿的环境。因此，在选择养殖场地时要注意环境条件的适合性，最好建在地势较高、不易积水的地方，坡地要选在阳坡。

（2）合群性　土鸡一般不单独行动，其合群性很强。刚出壳几天的雏鸡，就会找群，一旦离群就叫声不止。因此，土鸡很适合群体养殖。

（3）登高性　土鸡喜欢登高栖息，习惯上栖架休息，黑夜时鸡完全停止活动，登高栖息。在养殖区内应安排有与养殖量相应的栖架，以利于鸡群休息。

（4）认巢性　公、母土鸡能很快适应新的环境、自动回到原处栖息。同时，拒绝新鸡进入，一旦有新鸡进入便出现长时间的争斗，其中公鸡间的争斗更为剧烈，说明土鸡的认巢性很强。因此，在饲养过程中不要轻易改变环境、合群和并群。

（5）恶癖　高密度养鸡常造成啄肛、啄羽等恶癖。因此，在养殖过程中，要在一定空间条件下设定饲养量，以免造成不必要的损失。

（6）抱窝性　即就巢性。土鸡一般都有不同程度的抱窝性，在自然孵化时是母性强的标志。但这种特性在实际生产中会降低产蛋率，降低生产性能。因此，在饲养过程中应注意及时发现并采取醒抱措施。

（7）应激性　任何新的声响、动作、物品等突然出现都会引起胆小怕惊土鸡的一系列应激反应，如惊叫、逃路、炸群等。因此，设定养殖区时注意远离和避开城镇、厂矿、铁路、公路和噪声发生较多的环境，并注意恶劣天气（如大风、雷电等）时对鸡群进行提前防护。

（8）杂食性　土鸡的食谱广泛，觅食力强，可以自行觅食自然界中各种昆虫、嫩草、植物种子、浆果、嫩叶等食物。因此，可以利用草场、草坡、林间、果园等自然资源进行土鸡放牧饲养，减少精饲料消耗，降低生产成本，生产绿色产品。

（9）喜食粒状食物　土鸡的喙便于啄食粒状饲料，所以土鸡喜欢采食粒状饲料。在不同粒度的饲料混合物中，首先啄食直径 3 ～ 4 mm 的饲料颗粒，最后剩下的是饲料粉末。因此，在加工饲料时要定粒度，而且粒度均匀，有利于土鸡采食和满足均衡的营养需要。

（10）同步采食　土鸡喜欢群居生活，同时采食饮水。在自然光照条件下，成年土鸡每天有两个高峰期，一是日出后 2 ～ 3 h，二是日落前 2 ～ 3 h，在两个时段要保证饲料供应，满足生产、产蛋的需求，同时配足料槽、饮水器等，满足均衡生长的需要。

2. 土鸡养殖的基本要求

（1）选好土鸡品种　要选择中国境内品种，最好选择适合当地消费习惯、适应当地自然条件的本地特色品种。也可选择由当地土种鸡选育形成的配套系品种，或简单杂交后的杂交一代。

（2）饲料要求　土鸡的养殖，对饲料的要求很有讲究。土生土长的土鸡，原来是吃青草、虫子、杂粮的。但是，为了提高生产效益，土鸡经过选育。因此，在配制土鸡饲料时，要因地制宜，利用当地各种动植物饲料资源，做到饲料原料多样化，土鸡的生产性能才能大幅度提高。所配制的全价日粮，必须是不添加任何化学药物、抗生素和激素的全价日粮。

（3）场地要求　必须在宽敞、舒适的养殖场地，能够满足土鸡生物学习性。空气是对鸡肉质量影响最大的因素，在压抑环境下长大的鸡，不仅口感不好，对人体还会产生不良影响。

为鸡群提供一个清洁的环境，保证环境不受各种污染；讲究环境友好，在养鸡过程中不会对自然生态环境造成严重破坏。

（4）运动很重要　土鸡之所以“鸡味”浓，很大程度上得益于运动。因为鸡在运动时，肌肉可以得到充分生长和发育，肌间脂肪丰富，芳香性物质在脂肪中的比例增加，味道自然很香。因此，要保证土鸡充足的运动量。

（5）公母要分群　公母鸡生长速度、营养需要、羽毛生长速度以及管理措施等都有所不同，应实行分群养殖。如果饲养土蛋鸡产蛋，需要在母鸡群中混养部分公鸡，使鸡群公母比例基本保持在1∶25。母鸡公鸡在一起生长，可刺激母鸡生殖系统加快发育成熟，增加产蛋量。

三、生态养殖土鸡的中草药保健

生态养殖土鸡30日龄以内的雏鸡发病率及死亡率较高，需要采取相应的防范措施，最有效的措施包括细菌性、病毒性疾病的净化，采取“小西药、大中药”策略，尽量少用抗生素（按治疗量减半应用），如需使用最多为3～7 d，不能超过7 d。同时应配合中草药使用，其中，中草药主要作用是预防保健。生产实践中多用一些清热解毒、滋补气血的中药，以增强动物机体免疫力，提高抗病能力，使鸡不得病或少得病。在鸡群疾病流行期，应根据具体病情，选择当前适宜的中药配伍，必要时再配合西药一起使用，西药解表，中药祛根。推荐下列预防保健程序，供养鸡户参考。

1～3日龄，使用雏鸡开口药，可预防鸡呼吸道疾病、增强体质。以补充营养、防脱水为主，采用“复方电解多维（含多种矿物质元素、维生素）+黄芪多糖（高纯度）”混饮，建议采用较低浓度（多维0.5%、黄芪多糖0.2%），最适合该阶段雏鸡消化特点。

4～9日龄，白头翁散（白头翁、黄连、黄柏、秦皮等）按0.5%拌料投喂，可预防大肠杆菌病、沙门氏菌病、肠炎等。

10日龄和16日龄分别做好重大疫病疫苗免疫工作，适时接种新城疫、法氏囊疫苗，疫苗免疫期间连续混饮高纯度黄芪多糖液或太子参液（0.35%～0.5%）+复方电解多维液。

17～22日龄，重点做好球虫病的预防，优选组方为白头翁4份、苦参2份、黄连1份，加清水适量浓煎汤，待温热后混饮，以低浓度随饮为宜，1～2剂/d，连饮3～5 d。

23～30日龄，视具体情况，以黄芪多糖（混饮、强免疫）+清瘟败毒散（由石膏、生地、黄连、犀角、栀子、黄芩、知母、赤芍、桔梗、玄参、丹皮、连翘、竹叶、甘草等14味中药组成）+白头翁散，预防温热性（病毒性、细菌性）疾病。

育成鸡群至出栏期间，可合理选材、组方，配制相宜的饲用添加物，能够起到调节消化系统机能、提高饲料转化利用率、增强体质的作用，实现促生长、增重、促产蛋、抗病的协调统一。推荐组方：以"健鸡散（山楂、陈皮、神曲、麦芽、党参、大蒜粉、松针粉等）"为基础方，春夏高温时节可再添加刀豆粉（又称扁豆）1% 或绿豆粉 1%，增强清热解毒功效，预防鸡食物源、药源性中毒和眼疾；四季皆宜的添加物首选"复方黄芪多糖散（含黄芪多糖、青蒿素、人参皂苷、板蓝根、鱼腥草提取物等）"，对四季多发病均有一定的防治效果，可常用或定期使用。

第三节　土鸡生态养殖的一般模式

一、散放饲养

把鸡群直接养殖到野外场地，在场地内鸡群可以自由走动、自主觅食。这种生态养殖模式一般适用于饲养规模较小、放牧场地内野生饲料不丰盛且分布不均匀的条件下。适用于家庭果园、丰产林下养殖。

二、分区轮牧

在放牧养鸡的区域内，将放牧场地划分为 4 ～ 7 个小区，每个小区之间用尼龙网隔开，先在第一个小区放牧鸡群，2 d 后转入第 2 个小区养殖，依此类推。这种模式可以让每个养殖小区的植被有一定的恢复期，从而保证鸡群经常有一定数量的野生饲料资源提供，同时可以减少疫病发生。

三、流动放牧

在一定的时期内，在一个较大的场地中或不连续的多个场地中放牧鸡群。在某个区域内放牧若干天，将该区域的野生饲料采食完后，把鸡群驱赶到相邻的另一个区域，依次进行放牧。这种养殖方式没有固定的鸡舍，而是使用帐篷作为鸡群休息的场所。每次更换放牧区域都需要把帐篷移动到新的场地并进行固定。

四、带室外运动场的圈养

在没有养殖条件的地方，发展生态养鸡可以采用带室外运动场的圈养方式。这种方式是在划定的范围内按照规划原则建造鸡舍，在鸡舍的南侧或东南侧、西南侧，划出面积为鸡舍 5 倍的场地作为该栋鸡舍的室外运动场。运动场内可以栽植各种乔木。在一些农村，有闲置的场院和废弃的土砖窑、破产的小企业等，这些地方都可以加以修整用于养鸡。

这种生态饲养方式使鸡群在白天可以有较多的时间在运动场活动、采食、进行沙土浴。鸡舍内采用网上平养或地面垫料平养方式，供鸡群夜间或不良天气在室内活动与休息。

采用这种养殖方式要考虑为鸡群提供一个舒适、干净、能够满足其生物习性的环境。鸡舍的通风、采光、保温、隔热、隔离效果要好。鸡舍内要设置栖架，能够满足鸡只栖高的习性。采用这种生态养殖模式也要考虑青绿饲料的来源，在养鸡过程中需要经常在场地内撒一些青绿饲料让鸡群采食。

五、“林草禽”低密度生态养殖土鸡

近年来，林下种草养殖土鸡的“林草禽”多元农林复合生态系统在各地大力推行，该系统综合考虑林下生态系统平衡和资源环境协调等因素，开展了林下草地建植和地方土鸡养殖，综合配套简易鸡舍等设施设备、生态养殖管理技术和生物安全控制体系，通过养殖效益和生态效益综合评估，形成生物安全可靠、节本增效、生态循环的林间草地低密度生态养殖土鸡的生态种养模式。在丰富市民菜篮子的同时，提高了养殖户的经济效益和综合生态效益。

林下种植抗逆性强、适口性好的菊苣和黑麦草等优质牧草，同时在林地分散建立若干简易式小型鸡舍，低密度饲养（＜100只/亩，1亩≈667m^2）地方土鸡种，并适量补饲玉米、豆粕等精饲料，利用微生物发酵处理鸡粪，改善养殖环境。也可以依托合作社，在传统养殖的基础上进行转型升级，通过废弃厂房新打造的养殖基地进行土鸡养殖，在原来杂乱不堪的林地种植上鲜绿的牧草，为鸡提供良好的活动场所和丰美的食物来源，并进行“地理标志＋有机”双认证，或进行国际动物福利星级评选，日后将大大提升合作社品牌价值和经济效益。

与普通养殖鸡相比，生态养殖土鸡每只鸡饲料成本节约5元左右，同时，由于地方土鸡的蛋肉品质提升，每只鸡的价格能提升5～10元，每枚鸡蛋价格增加0.5元左右，综合计算，每只鸡每年纯收入可达100元以上。在目前整体养殖产能饱和的状况下，通过该模式发展适度规模的生态特色养殖，可实现部分替代传统饲料资源，并提供差异化的优质健康农产品，将对带动农民增收和乡村产业振兴发挥着重要作用。

大力推广生态养殖土鸡，不仅可以带动林下经济发展，还可以营造景观休闲农业，拓展农业多功能内涵，促进一、二、三产业融合发展，带动乡村产业振兴。

第二章　生态养殖土鸡品种选择

第一节　土鸡的类型

一、我国土鸡品种的分布

我国地域辽阔，土鸡类型多样，品种繁多，分布不均，各地区有自己的看家品种。在青藏高原区有藏鸡，蒙新高原区有边鸡、吐鲁番鸡，黄土高原区有正阳三黄鸡、静原鸡、边鸡、略阳鸡，西南山地区有武定鸡、彭县黄鸡、峨眉黑鸡、中国斗鸡（版纳斗鸡），东北区有林甸鸡、大骨鸡，黄淮海区有寿光鸡、北京油鸡、济宁百日鸡，东南区土鸡品种较多，主要有仙居鸡、萧山鸡、浦东鸡、白耳黄鸡、丝毛乌骨鸡（江西的泰和鸡、福建的白绒鸡、广东的竹丝鸡）、江山白羽乌骨鸡、崇仁麻鸡、河田鸡、惠阳胡须鸡、杏花鸡、清远麻鸡、霞烟鸡、桃源鸡、固始鸡、枣阳鸡、鹿苑鸡、狼山鸡、中国斗鸡（中原斗鸡、漳州斗鸡）。

二、土鸡的主要经济类型

按照标准分类法，可把生态养殖的土鸡分为肉用型、蛋用型、兼用型和专用型 4 种类型。

1. 肉用型品种

肉用型品种鸡以产肉为主。肉用型鸡体型大，体躯宽，胸部肌肉发达，鸡冠较小，颈短而粗，腿短骨粗，肌肉发达，外形呈桶状，羽毛蓬松，性情温驯，动作迟钝，生长迅速，容易育肥；但觅食能力差，成熟晚，产蛋量低。如清远麻鸡、惠阳胡须鸡、桃源鸡、溧阳鸡、武定鸡、杏花鸡、霞烟鸡、河田鸡等。

2. 蛋用型品种

蛋用型品种鸡以产蛋为主，包括培育蛋鸡品种和地方蛋鸡品种。蛋用型鸡体躯较长，后躯发达，皮薄骨细，肌肉结实，羽毛紧密，鸡冠发达，活泼好动。开产早（150 ～ 180 d 开产），产蛋多（年产蛋 200 ～ 300 枚），一般没有抱窝性，抗病能力弱，肉质较好，蛋壳较薄。如仙居鸡、汶上芦花鸡、白耳黄鸡、济宁百日鸡等。

3. 兼用型品种

介于肉用型品种与蛋用型品种之间，肉质较好，产蛋较多，一般年产蛋 160 ～ 200 枚。当产蛋能力下降后，肉用经济价值也较大。这种鸡性情比较温驯，体质健壮，觅食能力较强，仍有抱窝性。如狼山鸡、浦东鸡（九斤黄）、寿光鸡、庄河大骨鸡、萧山鸡、固始鸡、北京油鸡、林甸鸡、峨眉黑鸡、静原鸡等。

4. 专用型品种

专用型品种鸡是一种具有特殊性能的鸡，无固定的体型，一般是根据特殊用途和特殊经济性能选育或由野生驯化而成的，如集药用与观赏价值于一身的丝毛乌骨鸡；作为观赏和肉用的珍珠鸡、山鸡、火鸡；作为观赏用的长尾鸡斗鸡等。

第二节 土鸡的主要品种与选择

一、土鸡品种的体形外貌特点

优良的地方土鸡品种，体型小巧，反应灵敏，活泼好动，适应当地的气候与环境条件，耐粗饲，抗病力强，适宜养殖。各种土鸡的配套系、各种叫不上名称的土鸡，也都适宜于野外养殖。相反，那些先进的蛋鸡和快大型肉鸡品种，大多体型笨重、神经敏感、抗病性差，野外养殖成功率低。

我国土鸡品种众多，体型和体貌差异较大。从外观上看，土鸡的头很小，体型紧凑，胸腿肌健壮，鸡爪细，冠大直立、色泽鲜艳。仿土鸡接近土鸡，但鸡爪稍粗、头稍大。快大型鸡则头和躯体较大，鸡爪很粗，羽毛松散，鸡冠较小。

由于品种间相互杂交，因而土鸡的羽毛色泽较杂，常见有黑、红、黄、白、麻等；脚的皮肤也有青色、黄色、黑色、灰白色等。若引用其他肉鸡品种血缘，与国外肉鸡品种杂交后，通常称为“仿土鸡”；但是，如含外血较大，则不能称作真正意义上的土鸡。

把鸡宰杀洗净后，土鸡、仿土鸡、快大型鸡 3 种鸡的差别就会更明显。土鸡皮肤薄、紧致，毛孔细，呈网状排列；仿土鸡皮肤较薄，毛孔也较细，但不如土鸡；而快大型鸡则皮厚、松弛，毛孔也比较粗。土鸡和仿土鸡最重要的特点是肤色偏黄、皮下脂肪分布均匀，而快大型鸡的肤色光洁度较大，颜色也偏白。土鸡和仿土鸡烧好后肉汤透明澄清，脂肪团聚于汤汁表面，有香味；而快大型鸡则肉汤较浊，表面脂肪团聚较少。

二、常见土鸡品种

我国地方土鸡品种众多，从生长速度上可分为：快大型、中速型、优质型；从羽色上可分为麻羽、麻黄羽、黄羽，还有黑羽、花羽等；从皮肤和胫色上又分为：黄、青、乌等品种。此外，还有白羽乌骨鸡、全骨型乌骨鸡等；从用途上分，可分为蛋用型、肉用型、蛋肉兼用型、药用型、药肉兼用型、观赏型等类型。

1. 蛋用型

（1）*仙居鸡*　仙居鸡又称梅林鸡，是浙江省优良的小型蛋鸡地方品种。主要产于浙江省仙居县及邻近的临海、天台、黄岩等县。仙居鸡历来饲养粗放，主要靠放牧，野外自由觅食，因此体格健壮，适应性强。

仙居鸡体型较小，结构紧凑，体态匀称，全身羽毛紧密贴体，尾羽高翘，背平直，骨骼致密。仙居鸡有黄、花、黑、白 4 种羽色，黄羽鸡占多数，其次为花羽鸡，黑羽鸡、白羽鸡较少，目前资源保护场在培育的目标上，主要是黄羽鸡种的选育。黄羽鸡种羽毛紧凑，尾羽高翘，体型健壮结实，单冠直立，喙短，呈棕黄色，胫黄色无毛。部分鸡只颈部羽毛有鳞状黑斑，主翼羽红夹黑色，镰羽和尾羽均呈黑色，虹彩多呈橘黄色，皮肤白色或浅黄色。成年公鸡羽毛主要是黄色，梳羽，蓑羽色较浅、有光泽，主翼羽红夹黑色，镰羽和尾羽均黑。成年母鸡羽毛色较杂，以黄为主，尚有少数白羽、黑羽。雏鸡绒羽黄色，但深浅不同，间有浅褐色。

仙居鸡生长速度中等、个体小，属早熟品种，早期增重慢，180 日龄公鸡体重为 1 256 g、母鸡体重为 953 g，接近成年鸡的体重，半净膛屠宰率公鸡为 85.3%、母鸡为 85.7%；全净膛屠宰率公鸡为 75.2%、母鸡为 75.7%。在放牧饲养条件下，公鸡 90 日龄体重可达 1.5 kg，母鸡 120 日龄可达 1.3 kg，平均料肉比为 3.2∶1，饲养成活率在 98% 以上，商品鸡合格率在 96% 以上。

开产日龄 150 ～ 180 d，一般饲养条件下年产蛋 160 ～ 180 枚，高产的鸡达 200 枚以上，平均蛋重 42 g 左右；就巢母鸡一般占鸡群 10% ～ 20%；成年母鸡体重 1.25 kg；蛋壳以浅褐色为主。因体小而灵活，配种能力较强，可按公母 1∶（16 ～ 20）配种。

（2）济宁百日鸡　济宁百日鸡原产于山东济宁市，属蛋用型品种。

济宁百日鸡体型小而紧凑，背部呈“U”形。头型多为平头，凤头仅占 10%。母鸡毛色有麻、黄、花等羽色，以麻鸡为多。麻鸡头颈羽麻花色，其羽面边缘金黄色，中间为灰或黑色条斑，肩部和翼羽多为深浅不同的麻色。公鸡羽色较为单纯，红羽公鸡约占 80%，次之为黄羽公鸡，杂色公鸡甚少。单冠，公鸡冠高直立，冠、脸、肉垂鲜红色。脚主要有铁青色和灰色两种。皮肤多为白色。

初生重为 29.63 g，成年体重公鸡为 1.32 kg、母鸡为 1.23 kg。屠宰测定：6.5 月龄公鸡半净膛屠宰率为 77.3%、母鸡为 84%，公鸡全净膛屠宰率为 57.7%、母鸡为 63.8%。少数个体 100 d 就开产，称为“百天鸡”，开产日龄 146 d。年产蛋 130 ～ 150 枚，部分产蛋达 200 枚以上。平均蛋重为 42 g，蛋壳颜色为粉红色。

（3）白耳黄鸡　白耳黄鸡原产于江西省广丰县，属蛋用型地方鸡种。

白耳黄鸡又称白银耳鸡、上饶白耳鸡、江山白耳鸡，以其全身羽毛黄色，耳叶白色而得名，是我国稀有的白耳鸡种。主要产区在江西省的广丰、上饶、玉山和浙江省江山市，近年来江西景德镇种鸡场对白耳黄鸡进行了选育，常年向全国各地提供种鸡。

白耳黄鸡体型矮小，体重较轻，羽毛紧密，但后躯宽大。产区群众以“三黄一白”为选择外貌的标准，即黄羽、黄喙、黄脚呈“三黄”，白耳呈“一白”。耳叶要求大，呈银白色，似白桃花瓣。

成年公鸡体呈船形。单冠直立，冠齿一般为 4 ～ 6 个。肉垂软薄而长，冠和肉垂均呈鲜红色，虹彩金黄色。头部羽毛短、呈橘红色，梳羽深红色，其他羽毛呈浅黄色。

母鸡体呈三角形，结构紧凑。单冠直立，冠短，肉垂较短，与冠同呈红色。耳叶白色。眼大有神，虹彩橘红色。喙黄色，有时喙端褐色。全身羽毛呈黄色。公母鸡的皮肤和胫部均呈黄色，无胫羽。白耳黄鸡成年公鸡平均体重 1 510.6 g、母鸡 1 296.8 g。

2. 肉用型

（1）河田鸡　河田鸡产于福建省长汀、上杭两县，属于肉用型品种。

河田鸡体近方形，有“大架子”（大型）与“小架子”（小型）之分。雏鸡的绒羽均深黄色，喙、胫均黄色。成年鸡外貌较一致，单冠直立，冠叶后部分裂成叉状冠尾。皮肤肉白色或黄色，胫黄色。公鸡喙尖呈浅黄色。头部梳羽呈浅褐色，背、胸、腹羽呈浅黄色，蓑羽呈鲜艳的浅黄色，尾羽、镰羽黑色有光泽，但镰羽不发达。主翼羽黑色，有浅黄色镶边。母鸡羽毛以黄色为主，颈羽的边缘呈黑色，似颈圈。

成年体重公鸡为（1 725±103.26）g、母鸡为（1 207±35.82）g，初生重公鸡为 30.7 g、母鸡为 29.6 g。120 日龄屠宰测定：公鸡半净膛屠宰率为 85.8%、母鸡 87.08%；全净膛屠宰率公鸡为 68.64%、母鸡 70.53%。开产日龄 180 d 左右，年产蛋 100 枚左右，平均蛋重为 42.89 g，蛋壳以浅褐色为主，少数灰白色，蛋形指数 1.38。

（2）溧阳鸡　溧阳鸡是江苏省西南丘陵山区的著名鸡种，当地亦以“三黄鸡”或“九斤黄”称之。

溧阳鸡属肉用型品种。体型较大，体躯呈方形，羽毛以及喙和脚的颜色多呈黄色。但麻黄、麻栗色者亦甚多。公鸡单冠直立，冠齿一般为 5 个，齿刻深。母鸡单冠有直立与倒冠之分，虹彩呈橘红色。

成年体重公鸡为 3 850 g、母鸡为 2 600 g。屠宰测定：半净膛屠宰率公鸡为 87.5%、母鸡 85.4%；全净膛屠宰率公鸡为 79.3%、母鸡 72.9%。开产日龄为（243±39）d，500 日龄产蛋为（145.4±25）枚，蛋重为（57.2±4.9）g，蛋壳褐色。

（3）惠阳胡须鸡　惠阳胡须鸡原产地为广东东江和西枝江中下游沿岸的惠阳、博罗、紫金、龙门和惠东等县，属中型肉用品种。

惠阳胡须鸡体型中等，胸深背宽，胸肌发达，后躯丰满。喙粗短，呈黄色。单冠直立，冠齿 6 ～ 8 个，呈红色。耳叶呈红色。虹彩呈橙黄色。颌下有发达的胡须状髯羽，无肉垂或仅有一些痕迹。胫、皮肤均呈黄色。公鸡背部羽毛呈枣红色，颈羽、鞍羽呈金黄色，主尾羽多呈黄色，有少量黑色，镰羽呈墨绿色，有光泽。母鸡全身羽毛呈黄色，主翼羽和尾羽有些呈黑色。雏鸡全身绒毛呈黄色。

惠阳胡须鸡成年体重公鸡为（2 228.4±38.78）g、母鸡为（1 601±31.2）g。屠宰测定：项鸡（将要开产的肥育母鸡）半净膛率 84.8%、全净膛率 75.6%。公鸡 150 d 半净膛率 87.5%、全净膛率 78.7%。开产日龄为 115 ～ 200 d，年平均产蛋 98 ～ 112 枚，平均蛋重为 45.8 g，壳厚 0.3 mm，蛋形指数 1.3，壳色呈浅褐色。

（4）怀乡鸡　怀乡鸡原产地为广东省茂名市信宜县怀乡镇，具有耐粗饲、觅食性好、抗病力强等优点，对环境条件要求不高，适宜气温为 0 ～ 35℃，在南方任何地方都可以饲养，对环境的适应性极强。

怀乡鸡按体型可分为大型与小型两种。喙呈黄褐色。单冠直立，冠齿 5 ～ 7 个，冠、耳叶、肉髯均呈红色，虹彩呈橙红色。胫呈黄色。公鸡羽色鲜艳，全身羽毛黄色，头、颈部羽毛呈金黄色，主翼羽和副主翼羽呈黑色或带黑点，尾羽有短尾羽和长尾羽两种类型。长尾羽公鸡的大镰羽长而弯，呈墨绿色，有金黄色镶边；短尾羽公鸡没有大镰羽，只有一些主尾羽。母鸡羽毛多为全身黄色，主翼羽和尾羽呈黑色或部分黑色，少数肩羽有黄白相间的花纹。雏鸡绒毛呈黄色。

怀乡鸡成年体重公鸡为 1 770 g、母鸡为 1 720 g。屠宰率：半净膛公鸡为 82.4%、母鸡为 84.1%；全净膛公鸡为 73.8%、母鸡为 72.9%。怀乡鸡具有骨脆、肉嫩、味香、三黄（羽毛黄、皮黄、脚黄）、美观、脂肪含量低等优点，为高级酒楼和追求健康人士的第一选择。母鸡开产日龄 150 ～ 180 d，一般母鸡年产蛋约 80 枚，蛋重 43 g，蛋壳呈浅褐色。

（5）桃源鸡　桃源鸡俗称桃源大种鸡，属肉用型地方品种。桃源鸡原产地为湖南省桃源县。

桃源鸡体型高大，体质结实，胸较宽，背稍长。喙为黑褐色。单冠居多，冠齿 5 ～ 8 个，极少数玫瑰冠，冠和肉髯呈红色。皮肤白色居多，极少数呈黑色。胫呈黑褐色。公鸡头颈高昂，尾羽上翘，侧视呈“U”形。体羽多为金黄色，主翼羽和尾羽呈黑色，颈的基部间有黑羽；肉垂较发达，呈卵圆形；虹彩呈金黄色；无趾羽。母鸡体躯较长，羽毛蓬松，略呈楔形。羽色以浅黄色居多，麻羽次之，黑羽较少。黄羽鸡多数在颈羽、翼羽和尾羽处有黑色斑点，虹彩橙黄色。极少数个体一侧或两侧有趾羽。

雏鸡有黄羽、麻羽和黑羽之分，黄羽雏鸡绒毛为淡黄色；麻羽雏鸡背部有 2 条棕黄与褐黑相间的带状花纹，背部、颈下和腹部呈浅白色；黑羽雏鸡全身绒毛大多黑色，部分个体头、颈、背部为黑色，脸部、腹部呈白色。

桃源鸡成年体重公鸡为 3 342 g、母鸡为 2 940 g。屠宰测定：24 周龄公鸡半净膛率 84.9%、母鸡为 82.06%；全净膛公鸡为 75.9%、母鸡为 73.56%。开产日龄平均为 195 d，500 日龄平均产蛋（86.18±48.57）枚，平均蛋重为 53.39 g，蛋壳浅褐色，蛋形指数 1.32。

（6）武定鸡　武定鸡属肉用型品种，体型高大。

武定鸡体型有大、小之分。大型鸡体型高大，骨骼粗壮，胫较长，肌肉发达，体躯宽而深，头尾昂扬，步态有力，由于全身羽毛较蓬松，更显得粗大；小型鸡体型中等，背宽平，头颈昂扬高翘，全身羽毛丰满。头型多平头、凤头。喙黑色。多单冠，红色，直立，前小后大，有极少数鸡为玫瑰冠，大型公鸡多数有冠齿 7 ～ 9 个，小型公鸡、母鸡的锯齿多而大小不一。肉髯、耳叶红色，有部分乌骨鸡的耳叶紫红并带绿色。虹彩以橘红色最多，黄褐色次之。大型公鸡羽毛多呈赤红色，有光泽，而母鸡的翼羽、尾羽全黑，体躯及其他部分则披有新月形条纹的花白羽色；小型鸡毛色颇不一致，公鸡以赤红色居多，母鸡以麻栗色居多。皮肤白色，有部分为乌黑色。胫黑色，分有毛、无毛两种，有毛的整个腹部直到趾都长满羽毛，俗称“穿裤子鸡”，多数是大型鸡。武定鸡属慢羽型，120 ～ 150 日龄体重达 1 000 g 时才出现尾羽。此前，胸、背和腹部的皮肤常裸露在外，俗称“光秃秃鸡”或“精轱辘鸡”。

武定鸡大型鸡平均体重：30 日龄公鸡 265 g，母鸡 250 g；90 日龄公鸡 676 g，母鸡 479 g；180 日龄公鸡 1 680 g，母鸡 1 355 g；成年公鸡 3 500 g，母鸡 2 500 g。小型鸡平均体重：成年公鸡 2 500 g，母鸡 1 800 g；150 日龄大型公鸡平均半净膛屠宰率 85%，平均全净膛屠宰率 77.00%；成年大型母鸡平均半净膛屠宰率 85.4%，平均全净膛屠宰率 80.7%；150 日龄小型公鸡平均半净膛屠宰率 77.3%，平均全净膛屠宰率 57.7%；成年小型母鸡平均半净膛屠宰率 74.2%，平均全净膛屠宰率 51.1%。

6 月龄以后开产，一般产蛋 14 ～ 16 枚即就巢，年就巢 4 ～ 6 次，每次 6 ～ 20 d，有的达 1 月之久，影响产蛋量。一般年产蛋量为 90 ～ 130 枚，平均蛋重为 50 g，蛋壳浅褐色，蛋形指数为 1.27。

（7）清远麻鸡　清远麻鸡属肉用型地方品种。原产地为广东省清远市，中心产区为清远市所属北江两岸，周边市（县）也有少量分布。

清远麻鸡的特征可概括为“一楔、二细、三麻身”。“一楔”指母鸡体型呈楔形，前躯紧凑，后躯圆大；“二细”指头细、脚细；“三麻身”指母鸡背羽有麻黄、褐麻、棕麻 3 种颜色；喙呈黄色；单冠直立，冠齿 5 ～ 6 个，呈红色；肉髯呈红色；虹彩呈橙黄色。胫、皮肤均呈黄色。

公鸡头大小适中，颈、背部的羽毛呈金黄色，胸羽、腹羽、尾羽及主翼羽呈黑色，肩羽呈枣红色。母鸡头细小，头部和颈部上端的羽毛呈深黄色，背部羽毛有黄、棕、褐三色，有黑色斑点，形成黄麻、棕麻、褐麻 3 种。主翼羽和副羽的内侧呈黑色，外侧有麻斑，由前至后变淡而麻点逐渐消失。雏鸡背部绒毛呈灰棕色，两侧各有一条白色绒毛带。

以放牧为主时，其生长较快，在 120 日龄公鸡活重为 1.25 kg、母鸡活重为 1 kg。但在圈养低蛋白水平饲养情况下，生长速度较低，120 日龄公鸡体重 1 040 g、母鸡 830 g，要到 180 d 才能达到肉鸡上市标准。

在自然孵化情况下，农家饲养的清远麻鸡年产蛋 4 ～ 5 窝，每窝 12 ～ 15 枚，少则 8 ～ 10 枚，年平均产蛋 78 枚，高的可达 120 枚。成年母鸡蛋重平均为 46.55 g，蛋长轴平均为 5.07 cm、短轴平均为 3.88 cm，长短轴比例为 1.31。蛋壳可分为米黄和乳白色两种，但以米黄色居多。

（8）杏花鸡　杏花鸡又称米仔鸡，属肉用型地方品种。原产地为广东省封开县杏花乡，近年来江苏、北京等地也有少量分布。

杏花鸡结构匀称，被毛紧凑，前躯窄、后躯宽，体型似“沙田柚”。其外貌特征可概括为“两细（头细、脚细）、三黄（羽黄、脚黄、喙黄）、三短（颈短、体躯短、腿短）”。单冠直立，冠、耳叶、肉髯均呈红色，虹彩呈橙黄色。公鸡头大，冠大，羽毛呈黄色，略带金红色；主翼羽和尾羽有黑羽。母鸡头小，喙、颈、腿短，羽毛呈黄色或淡黄色，颈基部有黑斑点（称为“芝麻点”），形似项链；主翼羽和副翼羽的内侧多呈黑色，尾羽多数有几根黑羽。雏鸡全身绒毛呈淡黄色。

杏花鸡成年公鸡体重、体斜长、胸宽、胸深、胫长分别为：1 950 g、20.7 cm、31.9 cm、9.5 cm、7.3 cm，成年母鸡分别为：1 590 g、17.4 cm，28.9 cm、8.5 cm、6.1 cm。杏花鸡早期生长缓慢，羽毛生长速度较快，在农村养殖和自然孵化条件下，年产蛋量为 4 ～ 5 窝，共 60 ～ 90 枚。在群养及人工催醒的条件下，年平均产蛋量为 95 枚，蛋重为 45 g 左右，蛋壳褐色。杏花鸡属肉质特佳的优良地方品种之一。但尚存在产蛋量少、繁殖力低、早期生长缓慢等缺点。

（9）广西三黄鸡　广西三黄鸡属肉用型地方品种。广西三黄鸡原产地为广西壮族自治区桂平麻垌与江口、平南大安、岑溪糯洞、贺州信都。

广西三黄鸡体躯短小，体态丰满。喙黄色，有的前端为肉色渐向基部呈栗色。单冠直立，冠齿 5 ～ 8 个，呈红色，耳叶呈红色，虹彩呈橘黄色，皮肤、胫呈黄色或白色。公鸡羽毛呈绛红色，颈羽色泽比体羽稍浅，翼羽带黑边，主尾羽与镰羽黑色。母鸡羽毛黄色，主翼羽和副翼羽带黑边或呈黑色，少数个体颈羽有黑色斑点或镶黑边。雏鸡绒毛呈淡黄色。

平均体重 30 日龄公鸡 200 g，母鸡 195 g；60 日龄公鸡 445 g，母鸡 425 g；90 日龄公鸡 725 g，母鸡 703 g；120 日龄公鸡 1 000 g，母鸡 989 g；成年公鸡 2 050 g，母鸡 1 600 g。143 日龄公鸡平均半净膛屠宰率 84.31%，母鸡 85.5%；143 日龄公鸡平均全净膛屠宰率 75.77%，母鸡 76.89%。

母鸡平均开产日龄 165 d，早者 135 d。平均年产蛋 77 枚，平均蛋重 41 g，平均蛋形指数 1.32，蛋壳浅褐色。公鸡性成熟期 90 ～ 120 d。公母鸡配种比例 1∶（10 ～ 12）。平均种蛋受精率 86%，平均受精蛋孵化率 71%。公、母鸡利用年限 1 ～ 2 年。

（10）浦东鸡　浦东鸡属肉用型，浦东鸡体大，外貌多为黄羽、黄喙、黄脚，故群众又称它为“九斤黄”。产于上海市南汇、奉贤、川沙（今浦东新区）等一带，以南汇县的泥城、彭镇、书院、万象、老港等乡饲养的鸡种为最佳，分布甚广。由于产地在黄浦江以东的广大地区，故名浦东鸡。

19 世纪中叶（1847 年），曾有一种被称为“上海鸡”从上海运往美国，选育后被定名为“九斤鸡”载入标准品种志，其血缘可能与浦东鸡有关。

新中国成立后，建立了浦东鸡良种场，进行了提纯选育工作。上海市农业科学院畜牧兽医研究所自 1971 年起，用了 10 年多的时间，以浦东鸡为基础，培育成肉用型新品种新浦东鸡。

体躯硕大宽阔，近似方形，骨粗脚高。公鸡羽毛颜色分 3 种：黄胸黄背、红胸红背和黑胸黑背。主翼羽及副翼羽部分呈黑色，腹翼羽金黄色或带黑色。母鸡全身黄羽，有深浅之分，主翼羽及副翼羽黄色，腹羽杂有褐色斑点。公鸡单冠直立，母鸡冠小。冠、肉垂、耳叶和脸均呈红色，胫黄色，多数无胫羽。肉垂薄而小，喙短而稍弯。成年公鸡体重 3.6 ～ 4 kg、母鸡 2.8 ～ 3 kg。

浦东鸡早期生长速度不快，2 月龄后生长速度加快。早期长羽较缓慢，特别是公鸡，通常需经 3 ～ 4 月龄全身羽毛才长齐。90 日龄公鸡体重 1 600 g、母鸡 1 250 g；180 日龄公鸡体重 3 346 g、母鸡 2 213 g。公鸡阉割后饲养 10 个月，体重可达 5 ～ 7 kg。公鸡半净膛率、全净膛率分别为 85.11%、80.06%；母鸡分别为 84.76%、77.32%。屠体皮肤黄色，皮下脂肪较多，肉质优良。

平均开产日龄为 208 d，年平均产蛋量为 100 ～ 130 枚，最高者达 216 枚，平均蛋重 57.9 g，蛋壳浅褐色。公母鸡性别比例为 1∶10，种蛋受精率为 93.2%，受精蛋的孵化率为 82.7%。

（11）*鹿苑鸡*　鹿苑鸡产于江苏省张家港市鹿苑镇。以鹿苑、塘桥、妙桥和乘航等乡为中心产区，属肉用型品种。当地是鱼米之乡，主产区饲养量达 15 万余只。鹿苑鸡远在清代已作“贡品”供皇室享用，并作为常熟四大特产之一。常熟等地制作的“叫花鸡”以其做原料，保持了香酥、鲜嫩等特点。

鹿苑鸡体型高大，身躯结实，胸部较深，背部平直。全身羽毛黄色，紧贴身体。主翼羽、尾羽和颈羽有黑色斑纹。公鸡羽毛色彩较浓，梳羽、蓑羽和小镰羽呈金黄色，大镰羽呈黑色并富有光泽。胫、趾为黄色。成年公鸡体重 3.1 kg、母鸡 2.4 kg。

1980 年观测 90 日龄公母鸡活重分别为 1 475.2 g、1 201.7 g。半净膛屠宰率 3 月龄公母鸡分别为 84.94%、82.6%。1990 年上海市农业科学院畜牧兽医研究所经选育后，70 日龄活重鹿苑 1 系和 2 系公母鸡平均体重分别为 1 203.6 g、1 213.4 g。屠体美观，皮肤黄色，皮下脂肪丰富，肉味浓郁。

母鸡开产日龄 180 d，开产体重 2 000 g，年产蛋平均 144.72 枚，蛋重 55 g。公、母鸡性别比例为 1∶15，种蛋受精率 94.3%，受精蛋孵化率 87.23%，经选育后受精率略有下降。30 日龄育雏成活率 97% 以上。

3. 蛋肉兼用型

（1）*边鸡（右玉鸡）* 边鸡属肉蛋兼用型地方品种。

边鸡是一个蛋重大、肉质好、适应性强、耐粗抗寒的优良地方鸡种。产于内蒙古自治区与山西省北部相毗连的长城内外一带，因当地人民视长城为“边墙”，所以称这一鸡种为边鸡（在山西省也称为右玉鸡）。

边鸡体型中等，身躯宽深，体躯呈元宝形。胸部发达，肌肉丰满，背平而宽，胫长且粗壮。全身羽毛蓬松，绒羽较密。喙短粗略向下弯，以黑、褐、黄色居多。冠型有单冠、玫瑰冠、豆冠、毛冠，以单冠、玫瑰冠居多。公鸡冠较小，有明显的“S”状弯曲，色鲜红。眼大有神，虹彩呈红色或黑红色。脸、肉髯、耳叶均呈红色。脸部较清秀，着生有长短不一的细羽。公鸡羽色红黑或黄黑，少数黄白色和白灰色。母鸡羽色多种，有白、灰、黑、浅黄、麻黄、红灰和杂色，其中黄麻羽色又分为深褐、浅褐、红黄和麻黄。公鸡的主尾羽不发达，母鸡的尾羽短而上翘。胫部有发达的胫羽，胫多呈青色、黑色，少数呈肉色、灰色。

边鸡平均体重：成年公鸡 1 825 g、母鸡 1 505 g。成年公鸡平均半净膛屠宰率 79%、母鸡 74%；成年公鸡平均全净膛屠宰率 73%、母鸡 67.5%。

边鸡母鸡平均开产日龄 240 d，平均年产蛋 101 枚，平均蛋重

63 g，高者达 96 ～ 104 g。平均蛋壳厚度 0.39 mm，蛋壳深褐色，少数褐色或浅褐色。公、母鸡配种比例 1：(10 ～ 15)。

（2）北京油鸡（宫廷黄鸡） 北京油鸡属蛋肉兼用型地方品种。原产于北京城北侧安定门和德胜门的近郊一带，其邻近地区海淀、清河等也有一定数量的分布。

北京油鸡因具有外观奇特、肉质优良、肉味浓郁的特点，故又称宫廷黄鸡。北京油鸡具有抗病力强、成活率高、易于饲养的特点，是目前土蛋鸡养殖的更新换代品种，养殖开发潜力巨大。现为国家级重点保护品种和特供产品，北京市特色农产品开发的重点。

北京油鸡体躯中等，羽色分赤褐色和黄色，其中羽毛呈赤褐色（俗称紫红毛）的鸡，体型较小；羽毛呈黄色（俗称素黄毛）的鸡，体型略大。北京油鸡头较小，喙黄色，尖部褐色，单冠，冠小而薄，在冠的前段常形成一个小的“S”状褶曲，冠齿不甚整齐。凡具有髯羽的个体，其肉垂很少或全无。冠、肉髯、耳叶、脸红色。少数个体分生五趾。眼较大，虹彩棕褐色。冠羽、髯羽很明显，部分油鸡冠羽大而蓬松，常遮住视线。成年鸡的羽毛厚密而蓬松。公鸡的羽色鲜艳光亮，头部高昂，尾羽多呈黑色。母鸡头、尾微翘，腹部略短，体态墩实，尾羽与主翼羽、副翼羽中常夹有黑色或以羽轴为中界的半黑半黄的羽片。公母鸡均有冠羽和胫羽，部分个体兼有趾羽，不少个体的颌下或颊部生有髯须。因此，人们常将这“三羽”（凤头、毛腿和胡子嘴）性状看作是北京油鸡的主要外貌特征。初生雏全身披着淡黄或土黄色绒羽，冠羽、胫羽、髯羽也很明显，体浑圆，十分惹人喜爱。

北京油鸡成年公鸡平均体重 2 049 g、母鸡体重 1 730 g。成年公鸡平均半净膛屠宰率 83.5%、母鸡 70.7%；成年公鸡平均全净膛屠宰率 76.6%、母鸡 64.6%。

北京油鸡母鸡平均开产日龄 210 d，年产蛋 110 枚，蛋重 56 g。蛋壳褐色、淡紫色。公鸡性成熟期 60 ～ 90 d。公、母鸡配种比例 1：(8 ～ 10)。母鸡抱窝性较强，就巢率约 20%，就巢期长者大于 60 d，短者 20 d，平均为 25 d。公、母鸡利用年限 1 ～ 2 年。

（3）固始鸡 固始鸡属蛋肉兼用型地方鸡种，具有耐粗饲、抗逆性强、肉质细嫩等优点。自然养殖的固始鸡自由觅食，食青草、小虫，其具有产蛋多、蛋大壳厚、耐贮运、蛋清稠、蛋黄色深、营养丰富、风味独特、遗传性能稳定等特点，是我国宝贵的家禽品种资源之一。

固始鸡是在固始县独特的地理位置和特殊的气候环境下经过历史上长期闭锁繁衍而形成的具有特殊性能和优良品质的地方鸡种，因主产于固始而得名。

固始鸡个体中等，外观清秀灵活，体型细致紧凑，结构匀称，羽毛丰满，尾型独特。初生雏绒羽呈黄色，头顶有深褐色绒羽带，背部沿脊柱有深褐色绒羽带，两侧各有 4 条黑色绒羽带，成鸡冠型分为单冠与豆冠两种，以单冠者居多，冠直立，冠齿为 6 个，冠后缘冠叶分叉。冠、肉垂、耳叶和脸均呈红色。眼大略向外突起，虹彩呈浅栗色。喙短、略弯曲、呈青黄色。胫呈靛青色，四趾，无胫羽。尾型分为佛手状尾和直尾两种，佛手状尾尾羽向后上方卷曲，悬空飘摇，这是该品种的特征。皮肤呈暗白色。公鸡羽色呈深红色和黄色，镰羽多带黑色而富有青铜光泽。母鸡的羽色以麻黄色和黄色为主，属黄鸡类型，白、黑色很少。该鸡种性情活泼，敏捷善动，觅食能力强。

成年固始鸡平均体重公鸡 2 470 g、母鸡 1 780 g。公鸡半净膛屠宰率 81.76%、母鸡 80.16%；公鸡全净膛屠宰率 73.92%、母鸡 70.65%。

固始鸡母鸡性成熟较晚。开产日龄平均为 205 d，最早的个体为 158 d，开产时母鸡平均体重为 1 299.7 g，年平均产蛋量为 141.1 枚，产蛋主要集中于 3 ～ 6 月，平均蛋重为 51.4 g，蛋壳褐色，蛋壳厚为 0.35 mm，蛋黄呈深黄色。

固始鸡有一定的抱窝性。自然条件下抱窝者占总数 20.1%；舍饲条件下，抱窝占 10%。

（4）茶花鸡　茶花鸡因雄鸡啼声似“茶花两朵”，故名茶花鸡，傣族居民称之为“盖则傣”，直译为傣族鸡种，属兼用型地方品种。

茶花鸡体型较小，近似船形，性情活泼，好斗性强。头部清秀，多为平头，也有少数为凤头。翅羽略下垂。喙呈黑色，少数黑中带黄色。单冠，少数为豆冠，呈红色。肉髯呈红色。虹彩黄色居多，少数呈褐色或灰色。皮肤多呈白色，少数为浅黄色。胫呈黑色，少数黑中带黄色。

公鸡羽毛除翼羽、尾羽、镰羽为黑色或黑色镶边外，其余呈红色；颈羽、鞍羽有鲜艳光泽，尾羽特别发达，大镰羽、小镰羽有墨绿色彩。母鸡羽毛以黄麻色、棕色、黑麻色、灰麻色、酱麻色为主，少数为纯白、纯黑和杂花色。雏鸡绒毛以褐色居多，灰褐色、黄灰色、白色次之，腹部绒羽为浅黄色，头部至尾部有深褐色条纹。

成年茶花鸡公鸡平均体重 1 190 g，母鸡 1 000 g。180 日龄半净膛屠宰率公鸡为 75.6%，母鸡为 75.6%；全净膛屠宰率公鸡为 70.4%，母鸡为 70.1%。

茶花鸡开产日龄 140 ～ 160 d，年产蛋数 70 ～ 130 枚，平均开产蛋重 26.5 g，平均蛋重 37 ～ 41 g，种蛋受精率 84% ～ 88%，受精蛋孵化率 84% ～ 92%，就巢性强，每次就巢 20 d 左右，就巢率 60%。

（5）寿光鸡　寿光鸡又称慈伦鸡，属兼用型地方品种。

寿光鸡原产地为山东省寿光市稻田镇一带。寿光鸡体型高大，骨骼粗壮，胸部发达，背宽、平直，腿高而粗，脚趾大而坚实。全身羽毛纯黑，无杂毛，颈、背、前胸、鞍、腰、肩、翼羽、镰羽等部位呈深黑色并有绿色光泽。其他部位羽毛颜色略淡，呈灰黑色。尾羽有长短之分。喙略弯，呈黑色或喙尖为灰白色。单冠，冠、肉髯、耳叶均呈红色；虹彩多呈黑褐色；皮肤呈白色；胫趾呈黑色。

寿光鸡大型公鸡平均体重 3.8 kg，母鸡平均体重 3.1 kg，蛋重 70 ～ 75 g。中型公鸡平均体重 3.6 kg，母鸡平均体重 2.5 kg，蛋重 65 ～ 70 g。蛋壳较厚而红艳，便于运输。蛋质浓稠，蛋黄色深，特别是蛋质浓稠这一特点，在国际市场上一直被认为是一个突出优点。鸡的屠宰率也比较高，肌肉丰满，皮薄肉嫩，味道鲜美。

（6）萧山鸡　萧山鸡属肉蛋兼用型品种。萧山鸡又名“越鸡”。素以体大、肉质优良著称，特点是早期生长较快，早熟，易肥，屠宰率高。原产地是浙江省萧山市，以瓜沥、义蓬、坎山、靖江、城北等乡所产的鸡种为最佳，分布于杭嘉湖及绍兴地区。当地群众称萧山鸡为“沙地大种鸡”，现有饲养量约 100 万只。

萧山鸡体型较大，外形近似方而浑圆。公鸡体格健壮，羽毛紧密，头昂尾翘。单冠红色、直立、中等大小。肉垂、耳叶红色。眼球略小，虹彩橙黄色。喙稍弯曲，端部红黄色，基部褐色。全身羽毛有红、黄两种，二者颈、翼、背部等羽色较深，尾羽多呈黑色。

母鸡体态匀称，骨骼较细。全身羽毛基本黄色，但麻色也不少。颈、翼、尾部间有少量黑色羽毛。单冠红色，冠齿大小不一。肉垂、耳叶红色。眼球蓝褐色，虹彩橙黄色。喙、胫黄色。成年公鸡平均体重 2.75 kg，母鸡 1.95 kg。

萧山鸡早期生长速度较快，特别是 2 月龄阉割后的阉鸡更快。据杭州市农业科学研究院测定，90 日龄体重公鸡为 1 247.9 g，母鸡为 793.8 g；120 日龄体重公鸡为 1 604.6 g，母鸡 921.5 g；150 日龄体重公鸡为 1 785.8 g，母鸡为 1 206 g。150 日龄半净膛屠宰率公鸡为 84.7%，母鸡为 85.6%；全净膛屠宰率公鸡为 76.5%，母鸡为 66%。屠体皮肤黄色，皮下脂肪较多，肉质好而味美。

据萧山鸡原产地的调查，由于饲养管理条件不同，萧山鸡产蛋性能差异较大，农村饲养的水平，一般年产蛋 110 ～ 130 枚，蛋重 53 g 左右。母鸡平均开产日龄为 164 d，公、母鸡配种比例通常为 1∶12，种蛋受精率为 90.95%，受精蛋孵化率为 89.53%。母鸡就巢性强。

4. 药用型

（1）丝羽乌骨鸡　丝羽乌骨鸡以其体躯披有白色的丝状羽、皮肤、肌肉及骨膜皆为乌（黑）色而得名。主要产区以江西省泰和县和福建省泉州市、厦门市，以及闽南沿海等县较为集中。它在国际上被承认为标准品种，称丝羽鸡，日本称乌骨鸡。在国内则随不同产区而冠以别名，如江西称泰和鸡、武山鸡，福建称白绒鸡，广东、广西称竹丝鸡等。丝羽乌骨鸡由于体型外貌独特，早在 1915 年曾送往巴拿马万国博物展览会展出，从此誉满全球，世界各地动物园多用作观赏型鸡种。

丝羽乌骨鸡在国际标准品种中列入观赏鸡。头小，颈短，脚矮，体小轻盈，具有“十全”特征，即桑葚冠，缨头（凤头）、绿耳（蓝耳）、胡须、丝羽、五爪、毛脚（胫羽、白羽）、乌皮、乌肉、乌骨。除了白羽丝羽乌骨鸡外，江苏省家禽研究所等单位还培育出了黑羽丝羽乌骨鸡。据福建 1980 年的资料，丝羽乌骨鸡成年公、母鸡平均体重分别为 1 810 g、1 660 g。

150 日龄在福建公、母鸡平均体重分别为 1 460 g、1 370 g；江西分别为 913.8 g、851.4 g。半净膛屠宰率江西公鸡为 88.35%，母鸡为 84.18%，显著高于一般肉鸡，且肉质细嫩，肉味醇香。

福建、江西两地开产日龄分别为 205 d、170 d；年产蛋量分别为 120 ～ 150 枚、75 ～ 86 枚；平均蛋重分别为 46.8 g、37.56 g；受精率分别为 87%、89%；受精蛋孵化率分别为 84.53%、75% ～ 86%。公、母鸡配比一般为 1∶(15 ～ 17)。

（2）乌蒙乌骨鸡　乌蒙乌骨鸡主产于云贵高原黔西北部乌蒙山区的毕节市、织金、纳雍、大方、水城等地，是贵州省的药肉兼用型鸡种。

乌蒙乌骨鸡公鸡体大雄壮，母鸡稍小紧凑。多为单冠，公鸡冠大耸立，个别有偏冠，冠齿 7 ～ 9 个，肉髯薄而长，母鸡冠呈细锯齿状。羽色以黑麻色、黄麻色为主，少数白色、黄色和灰色。羽状多为片羽，少数翻羽。冠、喙、脚、趾、泄殖腔、皮肤、耳呈乌黑色。大部分鸡的皮肤、口腔、舌、气管、嗉囊、心、肺、卵巢、肠、肾脏、胰脏、骨膜、骨髓乌黑色。肌肉乌黑色较浅，颈部、背部肌肉乌黑色偏重。少数有胫羽。

平均体重，成年公鸡 1 870 g，母鸡 1 510 g。成年公鸡平均半净膛屠宰率 77.9%，母鸡 78.48%；成年公鸡平均全净膛屠宰率 67.96%，母鸡 68.99%。

母鸡平均开产日龄 161 d。平均年产蛋 115 枚，平均蛋重 42.5 g。蛋壳浅褐色。公鸡性成熟期 165 ～ 180 d。公、母鸡配种比例 1∶(10 ～ 12)。母鸡抱窝性强，每年 4 ～ 5 次，平均就巢持续期 18 d。

（3）金阳丝毛鸡　金阳丝毛鸡主产于四川凉山州，与产于中国江西、福建和广东的丝毛鸡在体形外貌、生产性能和遗传性等方面均有显著的区别。

金阳丝毛鸡的外貌特点是全身羽毛呈丝状，头、颈、肩、背、鞍、尾等处的丝状羽毛柔软，但主翼羽、副翼羽和主尾羽具有部分不完整的片羽。由于该鸡全身羽毛呈丝状，似松针或羊毛，故当地群众称为“松毛鸡”或“羊毛鸡”。

母鸡体格较小，头大小适中，红色单冠，喙肉色，耳叶多为白色，脸红色或紫红色，虹彩橘黄或橘红色；体躯稍短。皮肤白色，个别黑色，也有乌骨、乌皮、乌肉的个体，胫肉色或黑色，大多数开胫羽，脚趾 4 个。公鸡体格中等大小，红色单冠直立，肉垂发达；颈较粗壮，体躯宽阔稍短，两脚开张，站立稳健。

金阳丝毛鸡体格较小，但屠体丰满，早熟易肥。在中等营养水平条件下，据测定，一周岁公鸡全净膛屠宰率为 80.1%。500 d 产蛋量 57.11 枚，平均蛋重（52.4±0.75）g，大小均匀，蛋壳呈浅褐色，平均厚度为 0.31 mm。

金阳丝毛鸡性成熟较早。公鸡开啼日龄为 120 d 左右，母鸡开产日龄为 160 d 左右。 金阳丝毛鸡抱窝性强，在不采取任何醒抱措施的情况下，持续期长，一般 1 个多月，长者可达 2 个月。每产 10 ～ 15 枚蛋抱 1 次。

5. 药肉兼用型

（1）兴文乌骨鸡　兴文乌骨鸡又名四川山地乌骨鸡。属肉药兼用型鸡种。主产于四川省南部山地的兴文县，分布于珙县、筠连、高县、叙永等地，宜宾、屏山和江安等地南部的山丘地带亦有少量分布。

兴文乌骨鸡体型较大，体质结实，健壮。冠型大多为单冠，复冠很少。大多数喙、冠、肉髯、脸、胫、趾、皮肤和舌头均为乌黑色，屠宰后可见肉乌、骨乌和内脏乌（群众称十全乌骨鸡），也有舌头不乌的白肉乌骨鸡（当地群众称半乌骨鸡）。全身黑羽鸡居多，麻黄羽次之，白羽甚少。羽毛形状大多数是片羽，翻羽和丝毛羽少见。

兴文乌骨鸡肉质细嫩多汁，香味浓，具有一定的保健作用。成年公鸡体重 2 828 g，母鸡 2 230 g。180 日龄和 300 日龄平均全净膛屠宰率分别为 79.5% 和 79.4%；365 日龄公鸡全净膛屠宰率 81.1%，母鸡

78.4%。

母鸡平均开产日龄 195 d。平均年产蛋 110 枚，平均蛋重 58 g。蛋壳浅褐色。公鸡性成熟期 150 ～ 180 d。公、母鸡配种比例 1∶(8 ～ 12)。母鸡有抱窝性，每年就巢 7 ～ 8 次，每次平均就巢持续期 21 d。

(2) 沐川乌骨黑鸡　沐川乌骨黑鸡属药肉兼用型鸡种，是四川省地方特优品种，又称大楠黑鸡。其中心产区在四川省沐川县的大楠、底堡、干剑、沐溪、建和、幸福、永福和炭库 8 个乡、镇，分布于沐川全县及其毗邻县区。

沐川乌骨黑鸡体躯长而大，背部平直，胸丰满。头中小，清瘦。喙短，前端稍弯曲，呈黑色。冠型单冠、玫瑰冠、复冠，呈黑灰色，冠直立，冠齿 5 ～ 7 个。肉髯乌黑色。耳叶椭圆形。脸部皮肤松弛、粗糙，呈黑色或紫色。眼椭圆形，暗黑色，瞳孔、虹彩乌黑色。颈弯曲适中。主尾羽发达、直立，全身羽毛黝黑，泛蓝绿色光，鞍羽和尾羽更为明显。全身皮肤乌黑色。胫较长，多数有胫羽，趾乌黑色。

兴文乌骨鸡平均体重，成年公鸡 2 680 g，母鸡 2 290 g。成年公鸡平均半净膛屠宰率 84%，母鸡 75%；成年公鸡平均全净膛屠宰率 79%，母鸡 69%。

母鸡平均开产日龄 225 d。每窝产蛋 10 ～ 15 枚，平均年产蛋 110 枚，平均蛋重 54 g，蛋壳浅褐色。公鸡平均性成熟期 200 d。母鸡抱窝性弱。

6. 观赏型

鲁西斗鸡是观赏型土鸡的代表品种。

鲁西斗鸡古称唆鸡，俗称咬鸡，是我国特有的观赏型珍贵鸡种，享有中国四大斗鸡之首的美称。原产于山东西南部古城曹州一带，即今菏泽、嘉祥、曹县、成武等县。

鲁西斗鸡体型高大魁梧，体质健壮，体躯长，成年斗鸡具有鹰嘴、鹅颈、高腿、鸵鸟身，肌肉丰满，体质紧凑结实，公鸡胸肌发达，颈长腿高，尾羽高举，体态英俊威武。体型呈半梭型，头小，头皮薄而坚。脸狭长，毛细。冠呈瘤状，肉垂已不明显。喙短粗、呈弧形。眼大，眼窝深，水彩为水白眼和豆绿眼，耳叶短小，斗鸡羽色种类较多，主要有黑色、红色和白色。胫呈肉色，无胫羽。四趾间距离宽，鸡冠有仙鹤顶和泰山顶两种。仙鹤顶又称花冠，泰山顶又称平冠。花冠又分大花冠、小花冠、肘花冠、三道梁冠、泥鳅冠、麦穗花冠等。平冠又分大平冠、小平冠、疙瘩冠、柿饼冠。

成年公、母鸡体重分别为 3.87 kg 和 3.02 kg。斗鸡开产日龄较晚，一般 200 ～ 250 d，年产蛋 48 枚，最多 60 枚，蛋重 50 ～ 75 g，蛋呈暗红色较厚，质地细密，不易破碎。公、母比例 1 :（4 ～ 5）。抱窝性每年 1 次，持续 15 ～ 30 d。

三、土鸡生态养殖品种的选择原则

1. 品种的适应性强

生态养鸡首先应选择适应性强的品种，在养殖模式下，野外的环境多变，温度、湿度、光照、风雨时常变幻，选择适应性强的鸡能有效减少伤亡率。

草原、果林、农田、竹林等环境存在不同差异，养殖品种及方法会有所不同。中国的土鸡品种较多，土鸡对当地环境通常具备较好的适应能力，建议养殖者从当地选择较为优秀的土鸡品种养殖。

生态养鸡在选择品种时，尽可能选择当地土鸡品种。这样的鸡种一般都会具有较强的适应力、抗病力、觅食力，行动更加灵活，耐粗放。也可以选择其他地方鸡种，在某些山场，一些杂交鸡种也能够进行很好的养殖，这就需要根据不同环境进行区分和选择。对于雨林与严寒都能够较好适应的鸡种，一般容易养殖，抗病力也很强，尤其是体型和羽色经过提纯后的本地鸡种，更能适应当地的环境气候，发病少，生长周期适宜，在市场上的售卖价格也会更高一些。

2. 明确经济用途

养殖户在进行鸡种选择时，还应当参考具体的经济用途，是蛋用型、肉用型还是二者兼有。如果其经济用途是蛋用型，那么鸡种的选择就偏向于产蛋多、开产早的鸡种；如果是肉用型，就偏向于肉质好、生长快、体型大的鸡种。不同的经济用途要选择不同的鸡种，这样在后期的养殖过程中才能有针对性。

3. 考虑市场需求和市场价格

随着人民生活水平不断提高，大家都喜欢吃土鸡，因为土鸡口感好，加上健康的生态养殖方式，产品更安全、更绿色。土鸡成年后，公鸡直接上市，母鸡留作产蛋，生产的鸡蛋口感香醇，品质优良，但产蛋量低，上市鸡蛋数量少，售价高。但不同地区由于消费习惯不同，对土鸡外貌特征有不同要求，所以选择品种时要考虑销售地区和消费对象的需求，选择他们喜爱的羽色、皮肤颜色（特别是鸡爪颜色）的品种。

4. 根据养殖条件选择品种

生态养殖地区的情况复杂多样，如草地养殖、大田养殖、山地养殖等，要根据不同地区的实际情况选择养殖品种。一般地，林地养殖、果园养殖、山地养殖要求选择腿细长，奔跑能力、觅食能力、抗病力强，肉质好的小体型土鸡（最大能长到 1 ～ 1.5 kg）。这种土鸡觅食活动半径能够达到几百米，身体灵活，能逃避兽害，尽管生长速度慢，但成活率高，市场售价高。如果是生态圈养，可选择利用杂交方式选育的一些黑羽红冠带有土鸡特点的品种鸡，这些鸡生长速度快，体重较大，但觅食能力和活动能力较差，仅可以在集中进行生态喂养条件下圈养。

第三节　土鸡的主要遗传性状及选育

一、土鸡的主要遗传性状

（一）繁殖力

受精率是繁殖力的直接指标，受种鸡的品种、生理状态、环境因素、饲养管理的影响，属低遗传力性状。孵化率是反映种鸡场技术水平的灵敏指标，受种鸡的饲养管理条件和孵化技术等因素影响。近交导致受精率和孵化率下降，杂交可获得较大的杂种优势，使上述两性状性能均提高。

（二）生活力

生活力包括育雏育成期和产蛋期存活率，生活力高低与机体的抗病力有关。生活力受环境因素的影响非常大，其遗传力很低（估计值约 0.1）。生活力在近交时下降，杂交时可产生杂交优势。

（三）饲料效率

饲料效率是养鸡业特别重要的经济性状之一。一般来说，生产性能（产蛋多、生长快）高，饲料效率就高，但同样的产蛋量和生长速度、饲料效率仍有差别，饲料转化率的遗传力为中等（0.3 左右）水平。因此，直接选择即可获得一定的选择反应。饲料效率在蛋鸡上称为料蛋比（某年龄段饲料耗量与产蛋总量之比），在肉鸡称为料重比（某年龄段内饲料消耗量与增重之比）。

（四）蛋重

蛋重不但影响产蛋总重，而且与种蛋合格率、孵化率等有关，因而在蛋鸡及肉鸡的育种方面都备受重视。

蛋重主要受母鸡年龄、体重、开产日龄影响，同时也与母鸡的营养水平、气温、光照时间、湿度、疾病等因素有关。同一品种内体重大者，蛋重也大；早产的蛋重小；初产时蛋重较小；夏天气候炎热，鸡采食量减少，蛋重也减轻，饲养不良时蛋重往往减轻。蛋重的遗传力为 0.5 左右，重复率高达 0.7 左右。蛋重与产蛋数呈负的遗传相关，与开产日龄呈正的遗传相关，理想的鸡种是早熟和产大蛋的。

（五）产蛋量

产蛋量受遗传、外界环境和饲养管理因素的影响，其遗传力低（0.05～0.10）。性成熟时间、产蛋强度、抱窝性、休止性（休产在7 d以上而不是抱窝性）和产蛋持久性是影响产蛋数的五大可遗传性状。且产蛋数、开产日龄和抱窝性在某种程度上与伴性基因有关，使用产蛋数多、成熟早的品种作父本，比产蛋量低、成熟晚的品种作父本所生后代的产蛋量高、成熟早。产蛋数与肉用仔鸡的初生体重及成年体重呈负相关（–0.14～–0.31），与蛋重呈高度负相关，与开产日龄呈负相关（–0.3 左右）。

（六）蛋品质

主要包括蛋壳质量、壳色泽、哈氏单位及血（肉）斑率等。

蛋壳质量用蛋壳强度（一般用强度计测定，正常强度在2.3 kg/cm^2）表示，遗传力中等（0.3～0.4），蛋壳厚度与蛋壳强度呈正相关（+0.73），蛋的相对密度与蛋壳强度也呈高度正相关。

蛋壳颜色受多基因控制，遗传力较高（0.42～0.48）。白壳蛋鸡和褐壳蛋鸡间的杂种鸡产浅褐壳蛋。蛋壳色泽常受疾病、喂药、应激、年龄等因素影响而出现异常。

一般新鲜蛋的浓蛋白高，浓蛋白高度的遗传力较高（0.4），受蛋重大小的影响，通常蛋大则浓蛋白浓度也高。哈氏单位是浓蛋白高度和蛋重加权得出的一个统计量，哈氏单位遗传力高（平均0.4～0.5），其与浓蛋白高度呈强相关性，与产蛋数呈较弱的负遗传相关性。哈氏单位受年龄影响，初产时高，而后逐渐下降。

（七）屠宰性能

1. 屠宰率

是肉鸡生产中的重要性状，同样，在土鸡育种及生产中也越来越受重视。屠宰率的遗传力估计值在0.3左右。

（1）屠宰率　是指屠体重占活重的百分比。屠宰率是肉鸡生产中的重要经济性状，其遗传力估计值在 0.3 左右。随着分割肉鸡的普及，对屠体各部分比例的遗传力也有研究，但是由于准确测量这些性状比较困难，而且样本较少，影响了这些性状的直接改良。目前一些大的育种公司以活体性状间接测定为主、屠宰后直接测定为辅的方法进行选择，使屠宰率和产肉率提高，形成高产肉率的肉鸡新类型。

（2）屠体品质　对鸡肉的品质要求从感官上是肉嫩而鲜，脂少而匀，皮薄而脆，骨细而软，口味较佳。目前，还常采用仪器分析对屠体化学成分、脂肪分布、肌纤维粗细和拉力进行评定。一般认为，地方品种鸡肉质较鲜美，而引进肉鸡品种生长速度快，肉味稍逊，所以，在生产和市场上，有“优质肉鸡”和“快大肉鸡”之分。不过优质和非优质与不同人的口味和生活习惯有关，与加工工艺有关，快大型肉鸡照样也能做出肯德基之类的美味佳肴。屠体化学成分的遗传力估计值较高。有研究表明，屠体含水量的遗传力为 0.38、蛋白质含量为 0.47、脂肪含量为 0.48、灰分量为 0.21。这些成分间的相关也非常高，屠体化学成分与饲料转化率的相关较高，而与采食量的相关很低。屠体中水分、蛋白质、脂肪、灰分含量与增重的遗传相关分别为 0.32、0.53、0.39 和 0.14；与采食量的相关为 –0.18、–0.06、–0.10、–0.17；与饲料转化比的相关分别为 –0.63、–0.80、–0.65 和 –0.40。

（3）腹脂率　低脂肉鸡在当前普遍受到人们的欢迎，而目前一些肉鸡品种却腹脂过量，是育种生产中面临的一个重要问题。腹脂率的遗传力很高，一般为 0.6 左右，通过直接选择可迅速获得显著的遗传改良。但是腹脂量、腹脂率与体重有 0.38 的遗传相关，腹脂的降低往往会影响体重的增加。腹脂率和腹脂量与耗料量之间的遗传相关为 0.40 和 0.25 左右，与饲料转化比的遗传相关为 –0.62 和 –0.69。

（4）屠体缺陷　肉鸡的屠体缺陷主要有胸囊肿、腹水、龙骨弯曲和绿肌病等。这些缺陷对屠体的价值影响很大，而且随着肉鸡早期生长速度的提高，这些缺陷的发生率有增高的趋势。屠体缺陷与遗传和饲养管理都有关系，通过育种措施彻底除去土鸡的龙骨突起，可以基本上克服胸囊肿。

2. 生长速度

早期生长速度是反映鸡肉用性能的重要指标。生长速度的遗传力高（0.4 ～ 0.8），经选择可以使该性状得到有效的改良。不同的品种、品系其生长速度不同。据研究，在同品种或品系内，雄性生长速度较雌性快，可见生长速度有伴性遗传现象。

鸡的生长速度和成年产蛋量呈负的遗传相关。生长速度与胫长、胸宽、羽毛生长快慢呈正相关，改良这些性状，生长速度也将得到改良。

二、土鸡的选育

选择是育种工作的核心。选择分为天然选择（也称自然选择）和人工选择。选择可以使群体的遗传结构发生变化，自然选择是指自然条件对于鸡的选择作用；人工选择是指人类为了生活和生产的目的而对鸡进行的选择。人工选择在某种程度上破坏了鸡自然生存的能力，降低了其适应性和抗病力，提高了生产性能。在育种实践中，主要包括质量性状和数量性状的选择、表型选择和基因型选择、个体选择与家系选择相结合、单性状选择和多性状选择、直接选择和间接选择等。

（一）表型选择

根据鸡的外貌特征、生理特征、生产性能记录和某些生化性状进行选择。在育种实践中，快羽、慢羽的选择是在雏鸡出壳后第 1 天根据主翼羽和覆主翼羽的长短选择出快羽、慢羽，分别组群繁殖，在以后各代中逐步选择淘汰慢羽群中的快羽，或经过测定淘汰慢羽群中杂合子公雏。绿壳蛋鸡鸡冠发育迟早的选择是在 30 日龄左右选择鸡冠发育快、鸡冠红润的个体留种；此外，绿壳蛋、羽毛颜色、皮肤颜色、胫部颜色和冠形等性状的选择均采用表型选择。

（二）个体选择

个体选择是指依据个体表型值进行的选择。个体选择是育种实践中广泛采用的一种方法，它适合于质量性状和遗传力中等以上数量性状的选择，个体选择可以有效地改进体重、蛋重、蛋壳颜色、羽毛生长速度和早熟性，是绿壳蛋鸡育种实践中常用的方法之一。

（三）基因型选择

基因型选择是以表型选择为基础，根据被选个体的祖先、同胞、后裔和个体本身的遗传性能表现进行选择。

质量性状的基因型选择比较容易，利用孟德尔定律进行遗传分析。例如，单冠性状的选择，选择单冠的个体留种纯繁就可选育出纯种，单冠是隐性性状。显性基因选择比较困难，因为显性纯合体和显性杂合体的表型相同。因此，除根据表型淘汰隐性个体外，还可应用测交淘汰杂合子。

数量性状的选择比较复杂。任何一个数量性状的表型值都是遗传和环境共同作用的结果。一般我们把遗传效应分为加性效应、显性效应和互作效应。加性效应的基因值可真实地遗传给后代，而显性效应和互作效应虽然也受基因控制，但不能真实地遗传给后代，育种过程中不能固定，对育种工作意义不大。我们把加性效应造成的部分称为基因的加性值或育种值，而将显性效应和互作效应造成的部分称为剩余值。育种值不能直接度量，要从表型值进行间接估计。

（四）家系选择

家系选择是指根据家系的表型值进行选择的一种方法。家系选择是现代家禽育种和商业育种实践中广泛采用的一种方法，适用于遗传力低，但又很重要的经济性状的选择，如产蛋量、受精率和生活力等。家系选择并不以个体表型值的大小为依据，而是以家系表型均值的大小为依据，以家系为单位进行选择。在家系中个体表型值除影响家系均值以外，对其本身在选择上来说意义不大，家系一般分为父系家系和母系家系。

家系选择与同胞选择属于同一范畴，但又有所不同，家系选择直接选留优秀家系，而同胞选择则是根据同胞成绩选留优秀个体。家系大时二者没有多大差别，家系小时二者有一定的差别，因同胞选择中同胞成绩对被选留种禽的育种值没有直接影响，同胞选择常用于对公禽的选择。

然而在育种实践中，个体选择和家系选择结合进行，不能简单地割裂开来。

（五）单性状选择

针对某一个性状的选择称为单性状选择。单性状选择在绿壳蛋鸡育种实践中也经常用到，特别是在一个有稳定遗传结构的群体中选择某一标志性状时采用，如青胫性状和青胫、绿壳蛋等性状的选择。

（六）多性状选择

多性状选择是指育种实践中对多个性状同时选择的一种方法，是家禽育种中常采用的方法。多性状的选择方法有顺序选择法、独立淘汰法和综合指数选择法，应用最广泛的是综合指数选择法。

顺序选择法是指将要选择的几个性状，逐个按时间顺序选择，一个阶段只选一个性状。这种选择方法浪费时间，对于同时选择的性状间是负相关的性状不利，如蛋重和产蛋率是负相关。

独立淘汰法是指将要选择的几个性状都给一个最低标准值。选择过程中被选个体只要有一个性状低于标准就被淘汰，留下来的都是一些中庸个体。专门化品系选育法则克服了这种把某一性状特别优秀而其他性状良好的个体淘汰的缺点。

综合指数选择法是对几个性状同时进行选择时，按照每个性状的遗传力和相关程度在经济上的重要性，制订一个能代表育种值的综合指数作为选择依据，选择指数比较高的个体留作种用。制订综合指数时，按照每个性状的经济重要性或选择重要性不同给以不同的加权值。

第四节　土鸡的繁育与配种方法

一、土鸡的繁育方法

鸡的繁育方法可分为纯种繁育和杂交繁育两种。

（一）纯种繁育

用同一品种内的公、母鸡进行配种繁殖，这种方式能保持一个品种的优良性状，有目的地进行系统选育，能不断提高该品种的生产能力和育种价值，所以，无论在种鸡场还是商品鸡场都被广泛应用。但要注意，采用本品种繁育，容易出现近亲繁殖的缺点，尤其是规模小的养鸡场，鸡群数量小，很难避免近亲繁殖，而引起后代的生活力和生产性能降低，体质变弱，发病率、死亡率增加，种蛋受精率、孵化率、产蛋率、蛋重和体重都会下降。为了避免近亲繁殖，必须进行血缘更新，即每隔几年应从外地引进体质强健、生产性能优良的同品种种公鸡进行配种。

（二）杂交繁育

不同品种间的公、母鸡进行交配称为杂交。由两个或两个以上的品种杂交所获得的后代，具有亲代品种的某些特征和性能，丰富和扩大了遗传物质基础和变异性，因此，杂交是改良现有品种和培育新品种的重要方法。由于杂交一代常常表现出生活力强、成活率高、生长发育快、产蛋产肉多、饲料报酬高、适应性和抗病力强的特点，所以在生产中利用杂交产出的具有杂种优势的后代，作为商品鸡是经济有效的。根据杂交目的不同可分为育种性杂交（级进杂交、导入杂交和育成杂交）和经济性杂交（简单经济杂交、三元杂交和生产性双杂交）。

1. 杂交亲本的选择

土鸡的杂交以有特殊性状的品系选育为基础，确定父系和母系两个选育方向，再用父系公鸡和母系母鸡杂交生产 F_1 代土鸡。土鸡亲本的选择应从以下 3 个方面进行：

（1）具有特殊性状的品系选育　特殊性状是指土鸡的标志性状，例如胫色、羽色、冠型和肤色等性状。芦花羽系：选择芦花羽的公鸡和母鸡建立核心群，淘汰杂种芦花公鸡，选育出纯种芦花羽公鸡和母鸡建立芦花羽系。青胫品系：青胫属隐性基因控制，选择青胫的公鸡和母鸡建立核心群，选育出纯种青胫系。土鸡的标志性状多为质量性状。

（2）父系选择　父系要求体型大，肌肉丰满，生长速度快，有一定的早期生长速度，肉质滑嫩，味道鲜美。羽毛以快羽为佳，羽毛丰满有光泽，羽色杂；鸡冠发育较早，鸡冠鲜红；胫以青色为佳；产蛋性能良好。父系公鸡与母鸡杂交 F_1 代土鸡外貌符合土鸡的特征，生产性能符合土鸡的生产性能的指标。

（3）母系选择　母系选择要求体型中等，有一定的载肉量，肉质鲜嫩，骨细，皮脆味鲜，产蛋率高，蛋重较大，适合于各种饲养方式。属快羽型，羽毛紧贴体躯，羽色多样。性成熟早，鸡冠发达，鸡冠的颜色以鲜红为主，也可以为乌冠。胫、喙以青色、黑色为佳，黄色少，其他胫色均可。与父系公鸡杂交 F_1 代土鸡外貌和生产性能符合土鸡的外貌特征和生产性能指标。

2. 杂交利用模式

土鸡选育的目的就是通过品系间、品种间或品系与品种间杂交配套生产出符合市场需求的商品土鸡。亲本品系、品种选择确定后，品系、品种间杂交，进行配合力测定，选出最佳杂交配套模式用于生产商品土鸡。杂交利用模式的主要方式如下。

（1）品种间、品系间或两品系间杂交配套　这种杂交利用模式实际上是二元杂交和级进杂交。

（2）三元杂交　采用 3 个品系或 3 个地方品种，3 个品系或品种之间等杂交配套生产 F_2 代土鸡。

（3）杂交选育　采用以上两种杂交利用模式快速生产开发利用的同时，为了长远利益，杂交选育自己的配套品系是很有必要的。这种方式是采用品种间、品系间或品种与品系间杂交产生的后代闭锁繁育，再经过 3 ～ 10 年培育出纯系和杂交配套品系的一种方法。这种方法耗时、成本高、见效慢，在育种实践中较少使用。

二、土鸡的配种方法

（一）自然交配

1. 大群配种

大群配种是指一定数量的公鸡和一定数量的母鸡按照 1 :（10 ～ 12）的比例组成 100 只以上群体，使每只公鸡和母鸡间的交配次数均等的配种方法。这种方法多用于种鸡的繁殖扩群和商品土鸡苗的制种，大群配种的受精率高、孵化率高，而且公鸡数需求较少。

2. 小间配种

8 ～ 12 只母鸡配 1 只公鸡，养殖在单独的小间或饲养笼内，进行小范围的交配。种鸡和种蛋鸡均编号，种鸡用间号或脚号，而将配种间号、公鸡号、母鸡号写在种蛋的小头便于谱系孵化。这种方法可以明确雏鸡的父母，多用于家系繁殖。

（二）人工授精

通过人工的方法，将精液输入雌鸡腹中。这种方法比较烦琐费事，但可提高品种质量。

1. 种公鸡的调教

种公鸡要进行单笼饲养，按营养需要供给全价配合日粮，在参加配种前 1 周要进行采精调教，经过调教好的公鸡如果停止使用一个时期，再用时也需提前 3 ～ 4 d 的调教，并剪去种公鸡尾羽以及泄殖腔周围的羽毛。

2. 人工授精器械的准备

（1）器械的准备　授精盒包括器具箱、集精管和输精器。器具箱中间有一层隔板，一侧放消毒干燥的注头，一侧放用后的注头，挎带长短可调节；集精管为 15mm×100 mm 的试管；输精器由注头 500 支、注射器 1 支、微量吸头 1 个组成。

（2）洗刷与消毒　先用清水冲洗，再用清水泡，然后加入洗衣粉反复洗刷，再用清水冲洗干净，最后用蒸馏水或凉开水冲洗一次；注头和微量吸头应甩去管内的水，全部放入干燥箱，升温 80℃左右。要保证全部器械清洁干燥。

3. 采精

采精时一手握住集精管，握的方法：小指在集精管手心侧，其他两个手指在集精管背侧，握住集精管，其拇指根部盖在集精管口上以防杂物进入。另外握集精管的手中指根部两侧夹一块药棉（或卫生纸），药棉伸长部分向手背方向展开，如公鸡排粪则用药棉拭去，操作时拇指与食指张开将肛门下缘的羽毛挡住，采精后拇指根部仍盖在管口，勿晃动，直到采精管九分满时。冬天可把握集精管的手放在腋下，输精时再取出。此方法采精，精液不需保温设备、不需稀释。

4. 精液品质检查与稀释

一般要求每周对精液品质进行 1 次检查，测定活力、密度等指标，如不合格及时解决。

合格的精液在输精前要进行稀释，稀释液的配方是：①葡萄糖 1.4 g、柠檬酸钠 1.4 g、磷酸二氢钾 0.36 g、蒸馏水 100 mL；②果糖 1.8 g、谷氨酸钠 2.8 g、蒸馏水 100 mL。先将以上稀释液的温度升到 20 ～ 25℃，再将采得的鲜精液用带刻度的玻璃吸管吸入试管中，然后用另一吸管吸入与精液等量或加倍的稀释液（视所需的稀释倍数而定），徐徐地进行充分混匀。

5. 输精

输精时间应在 15 : 00—19 : 00 进行，避开产蛋高峰时间，第一次输精后，隔 5 ～ 7 d 后再输精 1 次。

输精人员将授精盒挎在胸前，把一个注头安在注射器上，从集精管中吸取 0.025 mL 精液（用肉眼看注头的玻璃管 0.5 cm 高处），待翻肛人员将阴道部与泄殖腔外翻时，速将注头从阴道口插入管腔 1 ～ 2 cm 深，推注。输精完一只后迅速把用过的注头取下，放入盒中另一侧，再取出未用过的注头装上，吸取精液准备输精，要认真做到每只鸡用一个注头。输精时两人一组，每小时可输精 200 只鸡，每天可输精 800 只鸡。

第五节　土鸡种蛋的处理

一、种蛋的收集

种蛋收集要勤，增加收蛋次数，避免种蛋污染、破损。在鸡舍和场地四周暗处设置产蛋箱，从产蛋初期就要训练母鸡在产蛋箱产蛋，减少窝外蛋。及时从产蛋窝将种蛋收走，可以减少土鸡抱窝率，提高群体的产蛋量。收蛋前注意用消毒液洗手，收蛋器具也要常消毒，避免种蛋交叉污染。每次收蛋后要清点数量，将不合格种蛋（破蛋、裂纹蛋、脏蛋、软壳蛋、沙皮蛋等）挑出分别统计；合格种蛋要及时放入种蛋库进行消毒、合理保存。

1. 要做好鸡舍的环境卫生工作

平养时，产蛋箱和蛋箱垫料的卫生尤为重要，垫料每周更换 1 ～ 2 次；垫料选择柔软、干燥的材料，如木屑、稻壳、稻草等。

2. 增加种蛋收集次数

勤收土鸡蛋可以减少种蛋破损，保持蛋面清洁。每天收蛋 3 ～ 4 次较为合理，过冷或过热的季节每天收蛋 5 ～ 6 次。平养时，每天最后一次收蛋后要关闭产蛋箱，防止母鸡在产蛋箱中过夜引起抱窝性。

3. 减少窝外蛋

初产母鸡未经训练、产蛋箱不足或垫料潮湿、不清洁是造成窝外蛋的主要原因。窝外蛋很容易受到污染，而且会造成土鸡食蛋的恶癖。一般每 4 ～ 6 只鸡要配备 1 个产蛋箱，产蛋箱放置在光线较暗的地方，保证有充足的垫料，为产蛋创造舒适的环境。刚开产的青年母鸡，可以在产蛋箱中放置引蛋，引诱其进入产蛋箱中产蛋。

4. 种蛋的分类

收集种蛋时，把特大、特小、畸形、破损和污染严重的种蛋挑出，单独放置，不进入种蛋库，这样可以减少对其他种蛋的污染，而且大大节省种蛋选择的时间。

二、种蛋的挑选

合格种蛋是孵化健康雏鸡的保证，只有对种蛋进行严格的挑选，才能提高孵化率和健雏率。种蛋的挑选应从以下几个方面进行。

1. 种蛋来源

种蛋应选自健康无病的高产土鸡鸡群。有一些传染病可以通过种蛋垂直传播，如鸡白痢、鸡伤寒、鸡副伤寒、鸡慢性呼吸道病、传染性支气管炎等。土鸡种蛋有很多是从农户手中收购的，收购前先要观察鸡群的饲养状况，看鸡群是否健康，还要看公鸡数量是否充足。

2. 蛋龄

蛋龄是指鸡蛋产出后保存的天数。蛋龄越小，孵化率越高。一般要求蛋龄在 2 周以内，夏季在 1 周以内。在农村收购土鸡蛋时，可以通过照检，观察气室的大小判断蛋龄，气室越大，蛋龄越大。

3. 蛋壳品质

蛋壳要求清洁卫生，没有粪便污染。蛋壳薄厚均匀一致，厚度在 270 ～ 370μm，蛋壳太厚的钢皮蛋、蛋壳太薄的沙皮蛋以及皱纹蛋都要淘汰。蛋壳颜色要符合品种要求。破蛋和裂纹蛋也要剔除。

4. 蛋重

土鸡种蛋的蛋重范围以 45 ～ 60 g 为好，不同品种要求不同。蛋重的大小会影响到雏鸡的体重和成活率。刚开产的土鸡蛋重过小，而且畸形蛋较多，这时不适合进行孵化。开产 1 个月，蛋重达到标准后，可以进行孵化。

5. 蛋形

种蛋要求椭圆形，大头、小头区分明显，蛋形指数（横径比纵径）为 0.72 ～ 0.75。要淘汰畸形蛋，如葫芦形、腰鼓形、橄榄形蛋等。

三、种蛋的包装和运输

装运种蛋是良种引进、交换和推广过程中不可缺少的一个环节，孵化期应给予高度重视，否则将引起较大的经济损失。

1. 种蛋的包装

引进种蛋需要对种蛋进行较长距离的运输，如果保护错误、保护不当，往往引起种蛋破损、卵黄系带松弛、气室破裂而使孵化率降低。种蛋最好采用规格化的种蛋箱包装，蛋箱要结实，能承受一定的压力，用纸格逐个隔开或用特制的纸蛋托，避免相互接触，以免碰撞。一箱可容纳 300 枚，装满后用胶带纸或打包带把箱口封好，便可装车运输。如果没有专用种蛋箱，也可用木箱或竹筐装运，这时可用废纸将蛋逐个包好，装入箱（筐）内，种蛋箱各层之间填充锯木面或刨花、稻草等垫料，种蛋箱以防撞击和震动，防止蛋与蛋的直接接触。不论使用什么种蛋箱，大头向上或平放，排列整齐，以减少蛋的破烂。

2. 种蛋的运输

在种蛋的运输过程中，不管使用什么交通工具，都应注意防止日晒雨淋。因此，在夏季运输种蛋时，要有遮阴和防雨器具；种蛋冬季运输时注意保暖以防受潮，运输交通工具要求快速平稳，减少震动，搬运时轻装轻放，严禁猛烈震动，防止蛋黄膜破裂、系带折断等现象。运输种蛋的最好交通工具是飞机、火车、汽车等。种蛋运到后，应尽快开箱检查，剔除破损蛋，及时码盘、消毒、入孵。

四、种蛋的保存

即使来自优良种鸡又经过严格挑选的种蛋，如果保存不当，也会导致孵化率下降，甚至造成无法孵化的后果。因为受精蛋中的蛋胚，在蛋的形成过程中（输卵管里）已开始发育，因此，种蛋产出至入孵前，要注意保存温度、湿度和时间。

1. 种蛋保存的适宜温度

蛋产出母体外，胚胎发育暂时停止，随后在一定的外界环境下胚胎又开始发育。当温度偏高，但不是胚蛋的适宜温度（37.8℃）时，则胚胎发育是不完全和不稳定的，容易引起胚胎早期死亡。当温度长时间偏低时（0℃），虽然胚胎发育处于静止状态，但是胚胎活力严重下降，甚至死亡。据测定，鸡胚胎发育的临界温度是23.9℃，即当温度低于23.9℃时，鸡胚胎发育处于静止状态。但是一般在生产中保存种蛋的温度要比临界温度低。因为温度过高，给蛋酶的活动以及细菌的繁殖创造了条件。为了抑制酶的活性和细菌繁殖，种蛋保存适宜温度应为13～18℃。保存时间短，采用温度上限；时间长，则采用下限。

2. 种蛋保存的适宜相对湿度

种蛋保存期间，蛋内水分通过气孔不断蒸发，其速度与存储室里的湿度成反比。为了尽量减少蛋内水分的蒸发，必须提高存储室里的湿度，一般相对湿度保持在75%～80%。这样既能明显降低蛋内水分的蒸发，又可防止霉菌滋生。

3. 种蛋存储室的要求

环境温湿度是多变的，为了保证种蛋保存的适宜温湿度，需设种蛋库。其要求是：隔热性能好（防冻防热）、清洁卫生、防沙尘、杜绝蚊蝇和老鼠，不让阳光直射和穿堂风（间隙风）直吹到种蛋上。

4. 种蛋保存时最好用有空调设备的种蛋存储室

种蛋保存2周以内，孵化率下降幅度小；若保存2周以上，孵化率下降明显。一般种蛋保存5～7 d为宜，不要超过2周。温度在25℃以上时，保存不超过5 d；温度超过30℃时，种蛋应在3 d内入孵。原则上天气凉爽时保存时间可长些，严冬酷暑时，保存时间应短些。总之，在可能的情况下，种蛋入孵越早越好。

5. 种蛋保存期的转蛋和保存方法

保存期间转蛋的目的是防止胚胎与壳膜粘连，以免胚胎早期死亡。一般认为，种蛋保存 1 周内不必转蛋；超过 1 周，每天转蛋 1 ～ 2 次。尤其超过 2 周以上，更要注意转蛋。转蛋有利于提高孵化率。

种蛋保存一般大头向上，可防止系带松弛，蛋黄贴壳。后来试验发现，种蛋小头向上存放可提高孵化率。所以种蛋保存超过 1 周，采用种蛋小头向上、不转蛋的保存方法，可以节省劳力。

五、种蛋的消毒

种蛋在鸡体内基本上是无菌的，一经产出体外，就会受到细菌的侵袭。研究发现，蛋刚产出时，蛋壳上细菌数为 300 ～ 500 个；15 min 后，细菌数为 1 500 ～ 3 000 个；1 h 后，繁殖到 2 万～ 3 万个。可见细菌的繁殖速度相当快，一定要做好种蛋的及时消毒。

1. 消毒时机

种蛋在入孵前要进行 2 次消毒。第 1 次在种蛋收集后立即进行，要求在种鸡舍旁放置的消毒柜内完成，消毒后放入种蛋库，防止交叉污染。入孵时进行第 2 次消毒，一般在孵化器中进行熏蒸消毒。

2. 消毒方法

（1）*甲醛熏蒸法*　甲醛熏蒸法为种蛋最常用的消毒方法，方法简便、效果好，特别适合大批量种蛋消毒。消毒药品按每立方米空间 30 mL 福尔马林（40% 甲醛溶液），15 g 高锰酸钾。消毒温度 25 ～ 28 ℃，相对湿度 75% ～ 80%，密闭熏蒸时间为 20 ～ 40 min。严格控制药品的用量和熏蒸时间。盛放消毒药品的容器要求为陶瓷器皿，而且容积要大；加药的顺序是先放高锰酸钾，再加福尔马林；甲醛气体有毒，操作人员要避免吸入，福尔马林溶液不能接触皮肤。

（2）*浸泡消毒*　适合小批量孵化和传统孵化法，养殖土鸡种蛋，蛋壳较脏时多采用，在消毒的同时，对入孵种蛋起到清洗和预热的作用。常用的消毒剂有 0.1% 新洁尔灭、0.01% 高锰酸钾等，水温控制在39～40℃，要略高于蛋温。

（3）喷雾消毒　适合分批入孵，为避免污染和疾病传播，种蛋装上蛋架车后，用0.1%新洁尔灭或0.3%～0.5%百毒杀溶液进行喷雾消毒。

第六节　种蛋孵化与日常管理

一、种蛋孵化的条件

1. 温度

温度是鸡胚孵化的首要条件。只有在适当的温度条件下，鸡胚才能正常发育。土鸡孵化期（1～18 d）的最适温度为37.8℃，出雏期（19～21 d）的适宜温度为37～37.5℃。一般孵化温度较高，鸡胚的发育加快，但雏鸡较弱。温度超过41.5℃，胚胎的死亡率迅速增加。温度低至24℃,30 h胚胎全部死亡。孵化有恒温孵化和变温孵化两种。恒温孵化适合种蛋数量有限、小批量分批入孵，一般设定37.8℃。变温孵化适合批量生产，整批入孵，采取逐渐降低温度的方法，0～2 d 38.1℃，3～5 d 38℃，6～8 d 37.8℃，9～14 d 37.7℃，15～18 d 37.6℃，落盘后37.3℃。冬季各阶段均提高0.1℃。

2. 湿度

湿度与蛋内的水分蒸发与鸡胚的物质代谢有关。孵化的早期，适宜的湿度可使胚胎受热均匀良好；孵化末期，提高湿度有利于散热和雏鸡啄壳。一般要求孵化期（1～18 d）湿度为50%～55%，出雏期（19～21 d）的适宜湿度为65%～70%。湿度可以通过湿度计来进行测量，现代孵化设备实现了湿度的自动调节。

3. 通风

（1）通风与胚胎的气体交换　胚胎在发育过程中除最初几天外，都必须不断与外界进行气体交换，而且随着胚龄增加而加强，尤其是孵化 19 d 以后，胚胎开始用肺呼吸，其耗氧量更多，因此必须加强通风。

（2）孵化器中的氧气和二氧化碳含量对孵化率的影响　氧气含量为 21% 时，孵化率最高，每减少 1%，孵化率下降 5%。氧气含量过高，孵化率也会降低，在 30% ～ 50% 范围内，每增加 1%，孵化率下降 1% 左右。不过大气的含氧量一般为 21%。在孵化过程中，胚胎耗氧，排出二氧化碳，不会产生氧气过剩的问题，而是容易产生氧气不足。新鲜空气中氧气含量 21%、二氧化碳含量 0.03% ～ 0.04%，这对于孵化是合适的。一般要求氧气含量不低于 20%；二氧化碳含量 0.4% ～ 0.5%，不能超过 1%。二氧化碳含量超过 0.5% 时孵化率会下降，超过 1.5% 时孵化率大幅度下降。只要孵化器通风系统设计合理、运转操作正常、孵化室空气新鲜，一般二氧化碳含量不会过高，应注意不要通风过度。

（3）通风与温度、湿度的关系　通风换气、温度、湿度三者之间有密切的关系。通风良好，温度低，湿度就小；通风不良，空气不流畅，湿度就大；通风过度，则温度和湿度都难以保证。

（4）通风换气与胚胎散热的关系　在孵化过程中，胚胎不断与外界进行热能交换。胚胎散热随胚龄的递增呈正比例增加，尤其是孵化后期，胚胎代谢更加旺盛，产热更多，如果热量散不出去，温度过高，将严重阻碍胚胎的正常发育，甚至“烧死”。所以，孵化器的通风换气，不仅可提供胚胎发育所需的氧气、排出二氧化碳，还可使孵化器内温度均匀，驱散余热。

此外，孵化室的通风换气也是不可忽视的，除了保持孵化器与天花板有适当距离外，还应配备排风设备，以保证室内空气新鲜。

（5）翻蛋　翻蛋就是改变种蛋的孵化位置和角度。翻蛋的目的有：①避免鸡胚与蛋壳膜粘连；②保证种蛋各部位受热均匀，供应新鲜空气；③有助于鸡胚的运动，促进发育。在孵化的早期翻蛋更为重要。蛋盘孵化时，每次翻蛋的角度以水平位置前俯后仰各 45°为宜，每 2 h 翻蛋 1 次。炕孵、缸孵时，翻蛋更为重要，一般主要改变蛋的孵化位置，保证受热均匀。

二、孵化前的准备工作

1. 制订孵化计划

制订孵化计划，应根据自己的孵化设备条件、孵化出雏能力、种蛋供应能力及销售能力等具体情况而定，最好签订合同，办好手续。计划一经制订，非特殊情况不能随便改动，以便使整个工作有条不紊地进行。

孵化人员的安排，要根据实际情况及孵化技术水平，适当搭配，选出负责人。另外，要把费工费力的工作（如上蛋、验蛋、落盘、出雏等工作）错开。一般每 5 d 孵一批，也有 7 d 入孵两批的，即 3 d 入一批，4 d 入一批，这样工作效率比较高。

2. 孵化室与孵化设备准备

（1）孵化室的准备　孵化室应与外界隔离，工作人员和一切物件的进入，均须遵循消毒规定，以杜绝外来传染。孵化室应配置良好的通风设备，保持室内空气新鲜。孵化室内按工作流程设有消毒间、储蛋间、孵化间、出雏间、洗涤间、雏鸡存放间等。从种蛋验收到发送雏禽的全部过程，只允许单向流动，不能交叉和往返，以防交叉污染。孵化室房屋的檐高一般为 3.1 ～ 3.5 m，室内需设天花板，四周墙壁应便于清洗消毒，地面要求排水良好，最好设排水沟。各房间的具体要求如下。

①消毒间。为人员进出孵化室的唯一通道，地面设消毒池，人员进入需更换工作服，消毒间还应有紫外线灯等消毒措施。

②储蛋间（种蛋库）。储蛋温度应保持在 18℃左右，要有空调设备。储蛋间要留有窗口，种蛋通过窗口进入储蛋间，既方便操作，又防止交叉污染。窗口大小一般为窗台高 1 m，窗高 0.8 m，窗宽 2 m。储蛋间通过房门与孵化间相连，方便孵化操作。

③孵化间。孵化间除容纳一定数量的孵化器外，应留有便于工作的通道，通道宽度要方便蛋架车进出孵化器。单列式孵化间宽度至少 6 m，双列式孵化间宽度不低于 9 m。孵化间要求卫生条件良好，便

于冲洗消毒，保温性能良好，室温保持在20℃。

④出雏间。孵化18 d后的种蛋需要落盘，转入出雏器继续孵化。出雏间需要容纳与孵化器配套数量的出雏器，一般每3台孵化器配备1台出雏器，其他基本要求与孵化间相同。出雏间空气质量较差，与孵化间之间要设置推拉门，形成独立的出雏空间。

⑤雏鸡存放间。存放出壳后的雏鸡等待运输。要求室温应保持在29～31℃，防止雏鸡受凉，要注意清洁卫生和消毒。特别注意运雏盒不能直接放置在水泥地上，防止受凉，要放置在垫高的木板上。

⑥照检间和洗涤间。照检间应设在孵化间旁边，与孵化室由通道相连，里面配备照蛋工作台、照蛋器等设施，有通风设施，白天不透光便于照蛋观察。也有孵化室没有专门的照检间，下午或夜晚直接在孵化器内进行照检。洗涤间可以设在出雏间旁边，里面配备浸泡消毒池、高压清洗机等设施。也可以在室外设浸泡消毒池和冲洗设施，浸泡消毒池要大，水深不低于1.5 m，方便浸泡孵化蛋盘和出雏盒。

（2）孵化设备准备　现代规模化土鸡孵化均采用全自动箱式孵化器，配备有蛋架车（或蛋架）、孵化盘、出雏盘，另外准备照蛋器、清洗机、液氮罐等用具。目前我国研制的孵化器已达到国际领先水平，实现了自动控制温度、湿度与翻蛋。孵化器以电加热为主，因此孵化厅要备用发电机组，以防长时间停电引起鸡胚死亡。电力不足、供电不稳定或电费偏高的地区，应选用近几年来研制成功的煤电两用节能式孵化器。煤电两用孵化器，机箱、蛋架、蛋盘、照蛋器和煤炉可自行设计，需要购置风扇、温度和湿度自动控制器。传统火炕孵化、水床孵化等传统方法，需要有经验的师傅来操作，劳动强度大，不适合规模生产。

从孵化器的翻蛋类型来看，有两种模式，即八角架式和跷板式蛋架车。八角架式翻蛋结构，翻蛋时整个蛋架以中轴为圆心，向前或向后倾斜45°，这种结构整体牢固性好，翻蛋角度大，翻蛋时蛋所处的位置改变幅度大，能起到调节温度的作用。它最大的弱点是不能做成蛋架车，与孵化器不能分开。跷板式蛋架车的翻蛋原理很像跷板，以其纵轴为中心，向左或向右倾斜45%可以做成蛋架车，蛋架车与孵化器连接简便，可以推入种蛋库进行装蛋操作，大大节约人工，提高效率。

（3）孵化器与用品的准备　每一批种蛋孵化前要对孵化器进行全面检修，保证孵化过程中孵化器良好的运行状态。孵化一段时间或孵化率出现下降，要用温度计检验孵化器内的各部温差，上下、前后、左右温差要求不超过 0.2℃。每次孵化结束要对孵化器进行清洗消毒。孵化用品包括福尔马林、高锰酸钾等消毒药品、熏蒸消毒盆（陶瓷或搪瓷）、温度计、湿度计、照蛋器、马立克液氮苗、连续注射器、各种记录表格等。

（4）孵化器及孵化室的消毒　在入孵前 7 d，孵化室、孵化器要清理消毒。屋顶、地面各个角落都要清扫干净，机内也要刷洗干净，然后按房间及机器的体积每立方米用高锰酸钾 7 g，福尔马林 14 mL 进行熏蒸消毒，一般密闭熏蒸 30 ～ 40 min。

（5）试机定温湿度　在开始孵化前，应全面检查孵化器，看风扇转动和翻蛋装置是否正常，各部分的配件是否完整，红绿指示灯是否正常。如有问题及时修理，然后进行定温和调湿度，一切正常即可上蛋进行孵化。

（6）种蛋的预热　种蛋在种蛋库中温度较低，在入孵前要进行预热，使胚胎发育从静止状态中“苏醒”过来，避免蛋表凝水（出汗），提高入孵消毒的效果，预热后还有利于提高孵化率，通常种蛋要在温度 25℃左右的孵化室内预热 6 ～ 10 h。

（7）码盘　将合格种蛋大头向上放置在孵化盘的过程称码盘。在码盘过程中对种蛋进行严格挑选，太大的蛋、太小的蛋、破损蛋、裂纹蛋、蛋壳品质不良的要挑出，裂纹蛋要仔细辨别才能发现。可以用照蛋灯透视检查，将蛋壳品质不良或裂纹的蛋挑出。小头向上放置孵化会造成胎位不正，出壳困难。

三、入孵及入孵消毒

根据出雏时间、种蛋日龄、保存时间来判断孵化器，确定入孵时间。对于刚开产种蛋可提前 3 ～ 4 h 入孵，入孵时间与出雏时间有关系，最好控制入孵时间，使出雏时间在白天，方便进行雏鸡的分级、性别鉴定、疫苗接种和装箱等工作。种蛋要大头向上码入蛋盘中，分批入孵时，“新蛋”与“老蛋”交错放置，彼此调节温度。

整批入孵，当机内温度升高到27℃、相对湿度达到65%时，进行入孵消毒。方法为甲醛熏蒸法，孵化器每立方米空间用福尔马林28 mL、高锰酸钾14 g，熏蒸时间20 min，然后打开排风扇，排除甲醛气体。

四、孵化的日常管理

1. 做好观察记录工作

孵化开始后，要对孵化室温度和湿度、机显温度和湿度、门表温度和湿度、翻蛋状态进行观察记录。一般要求每隔1 h观察1次，每隔2 h记录1次，以便及时发现问题并得到尽快处理。值班人员要认真填写孵化条件记录表。

2. 照蛋

照蛋的目的，一是查明胚胎发育情况及孵化条件是否合适，为下一步采取措施提供依据；二是剔出无精蛋和死胚蛋，以免污染孵化器，影响其他蛋的正常发育。

（1）头照　一般在入孵后第5天进行，主要是检出无精蛋和死精蛋。照蛋特征有“黑色眼点”，称为“起珠”。无精蛋颜色发淡，只能看见卵黄的影子，其余部分透明，旋转种蛋时，可见扁形的蛋黄悠荡飘转，转速快。活胚蛋可见明显的血管网，气室界限较明显，蛋转动胚胎也随着转动，剖检时可见到胚胎黑色的眼睛。死精蛋可见不规则的血环或几条血线贴在蛋壳上，形成血圈、血弧、血点或断裂的血管残痕，无放射形的血管。

（2）二照　一般在入孵后第10～11天进行，主要观察胚胎的发育速度及检出死胚。照蛋特征为“尿囊合拢”。种蛋的小头有血管网（已经合拢），说明胚胎发育速度正好。死胚蛋的特点是气室界限模糊，胚胎黑团状，有时可见气室和蛋身下部发亮，无血管，或有残余的血丝或死亡的胚胎阴影。如是活胚则呈黑红色，可见到粗大的血管，看到胚胎活动。二照时胚蛋气室非常清晰。

（3）三照　一般在入孵后第18天结束落盘时进行。照蛋特征为“斜口”，此时，如见气室显著增大，在大头倾斜，胚蛋小头不透光。

生产中为了降低劳动强度，减少对胚蛋的影响，只进行1次照蛋，时间为第10天至第11天（二照），对全部胚蛋进行照检，剔除不合格种蛋（无精蛋、死精蛋、裂纹蛋），发现小头向上放置的要将大头向上调整。照蛋在傍晚下班前或晚上进行，便于观察。为了减少对鸡胚发育的影响，先将孵化室温度升高，然后手动将蛋架蛋盘翻转到水平位置，将蛋架车拉出进行照蛋。助手将孵化盘从蛋架车轻轻取下，放在操作台上，禁止在桌面推拉，照蛋人员右手持照蛋器，将照蛋器口斜对胚蛋大头，逐一划过胚蛋。不要将胚蛋拿起观察，主要观察气室是否清晰、边缘是否整齐，左手将无精蛋和死精蛋拿出。正常发育胚蛋气室清晰，边缘整齐，整个蛋被红色尿囊血管包围。精蛋气室模糊，通体透亮；死精蛋气室比较模糊，只有少量血线。

3. 落盘（移盘）

鸡胚孵化到第18天时，将胚蛋由孵化蛋盘转到出雏盘中，移至出雏箱，降低温度，提高湿度，停止翻蛋，继续孵化等候出雏，这个过程称落盘。落盘时间可以提前到第16天，但不能推迟到第19天以后，防止在孵化蛋盘上出雏，以致雏鸡被风扇打死或落入水盘溺死。值班人员在落盘前对出雏器进行预温，一般冬季预温5 h、夏季预温3 h。预温时应检查每台出雏器的风机、风门、电热管等工作是否正常。落盘前应安排落盘的顺序，确保每台出雏器内种蛋的栋号和孵化机号记录相对应，在落盘工作结束后，把干湿球温度计挂好，检查出雏车是否在正确的位置，门槛是否放好，然后关门开机。

4. 拣雏

孵化至第20.5天到21天时开始出雏。这时要保持机内温湿度的相对稳定，并按一定时间拣雏，将绒毛完全干燥的雏鸡拣出。帮助那些自行出壳困难的鸡胚，若雏鸡已经啄破蛋壳，壳下膜变成橘黄色时，说明尿囊血管已萎缩，出壳困难，应实行人工破壳。若壳下膜仍为白色，则尿囊血管未萎缩，这时人工破壳会造成出血死亡。人工破壳是从啄壳孔处剥离蛋壳，把雏鸡的头颈拉出并放回出雏箱中继续孵化至出雏。

5. 清扫与消毒

为保持孵化器的清洁卫生，在每次出雏结束后，必须对孵化器进行彻底清扫和消毒。在消毒前，先将孵化用具用水浸润，用刷子除掉脏物，再用消毒液消毒，最后用清水洗干净，沥干后备用。孵化器的消毒，可用 3% 来苏尔液喷洒或用福尔马林熏蒸法（同种蛋）消毒。

6. 停电时的孵化管理

孵化过程是一个生命体的发育过程，停电对孵化的影响较大，一般大型孵化厂应自配与孵化功率相匹配的发电机，如在生产中出现停电现象，应视室温和胚蛋的不同时期而采取不同的管理措施。

（1）孵化过程中停电的管理　当孵化器停电时，巷道式孵化器首先打开前门，关闭风机，如时间超过 10 min，应将孵化器的后门也打开，并将后期胚蛋车推到孵化室中。来电后先关孵化机后门，然后关孵化机前门，打开风机。

（2）出雏过程中停电的管理　如刚落盘且停电时间短，只需关闭风机开关，打开出雏器的门；如已出 50% 以上的雏鸡，应立即把出雏车的筛子每隔 1 个抽出。若夏季停电超过 0.5 h，把出雏车拉到通风好的地方，来电后将出雏车恢复原位，关门、开风机，一切做好后将出雏室风机打开，彻底更换出雏室空气。

7. 孵化率统计

每批孵化结束后，要对本批孵化情况做出统计。

受精率（%）= 受精蛋数（包括死精蛋）/ 入孵蛋数 ×100；

受精蛋孵化率（%）= 出雏数 / 受精蛋数 ×100；

入孵蛋孵化率（%）= 出雏数 / 入孵蛋数 ×100，健雏率（%）= 健雏数 / 出雏数 × 100。

五、孵化期胚胎死亡原因

鸡蛋在孵化期常出现胚胎死亡的现象，主要存在着两个死亡时间：第一个出现在孵化前期，鸡胚在孵化第 3 ～ 5 天，死亡原因是：第 3 ～ 5 天胚龄正是胚胎生长迅速、形态变化显著时期，各种胎膜相继形成而作用尚未完善。胚胎对外界环境的变化很敏感，稍有不适，便影响一些弱胚的发育，甚至引起死亡。第二个出现在孵化后期，鸡胚在孵化第 18 天以后，原因是此时胚胎从尿囊绒毛膜呼吸过渡到肺呼吸的时期，胚胎生理变化剧烈、需氧量大、胚胎自身温度剧增，对孵化环境要求高，若通风换气不良、散热不好，将会进一步加大胚胎死亡率。孵化期其他时间胚胎死亡，主要是受胚胎生活力的强弱影响。

1. 前期死亡

种蛋的营养水平及健康状况不良。营养：主要是缺维生素 A、维生素 B_{12}、维生素 E、维生素 K 和生物素；疾病：感染白痢，伤寒；种蛋贮存时间过长，保存温度过高或受冻；种蛋熏蒸消毒不当；孵化前期温度过高或过低；种蛋运输时受剧烈振动；种蛋受污染；翻蛋不足。

2. 中期死亡

种鸡的营养水平及健康状况不良。例如，维生素 B_2 或硒缺乏症，维生素缺乏时多出现水肿现象；感染鸡白痢、伤寒、副伤寒、沙门菌、传染性支气管炎等；孵化过程中脏污蛋未消毒、孵化温度过高、通风不良等。

3. 后期死亡

种鸡的营养水平差，如缺乏维生素 B_{12}、维生素 D_3、维生素 E、叶酸或泛酸；钙、磷、锰、锌或硒缺乏；蛋贮放太久。小头朝上孵化，翻蛋次数不够，温度、湿度不当，通风不足，转蛋时种蛋受寒、细菌污染等，均可导致胚胎后期死亡。

4. 啄壳后死亡

若洞口多黏液，主要是高温高湿；出雏期通风不良；在胚胎利用蛋白时遇到高温，蛋白未吸收完，尿囊合拢不良，卵黄未进入腹腔；移盘时温度骤降；种鸡健康状况不良；小头向上孵化；前 2 周内未翻蛋；翻蛋时将蛋碰裂，第 18 ～ 21 天孵化温度过高、湿度过低。

5. 已啄壳，但雏鸡无力出壳

种蛋贮放太久；入孵种蛋时小头朝上；孵化器内温度太高、湿度太低或翻蛋次数不够；种鸡饲料中维生素或微量矿物质不足。

6. 温度偏低

孵化温度偏低，将延长种蛋的孵化时间，胚胎发育迟缓，气室偏小，胚胎死亡率相应增加，初生雏鸡质量下降。解剖死胚主要特征为全身贫血、胚膜和内壳膜粘连、尿囊充血、心脏肥大、卵黄呈绿色、残留胶状蛋白等。与一般条件下相比，温度不足是较多和较明显地见到，头部皮下和颈部肌肉水肿，在许多情况下，有类似血肿的明显出血，在切开皮肤时，可见皮下有黏液的集聚。小鸡表现为：脐带愈合不好，体弱、站不稳、腹部膨大，在蛋壳中常见有残留未被利用的蛋白和胎粪。在孵化的任何日龄对胚蛋长久和强烈低温时，胚胎会进入特殊的假死状态，最终死亡。低温时对胚胎发育的影响与胚龄、持续时间和温度降低的程度密切相关，胚龄越小影响越大，持续时间越长影响越大。

7. 温度偏高

孵化温度偏高，在尿囊合拢之前的孵化温度偏高能促进胚胎的生长和发育，但在尿囊合拢之后的高温会抑制胚胎的生长和发育。当孵化温度超过 42℃，胚胎在 2 ～ 3 h 死亡，如前两天孵化温度过高，在第 5 ～ 6 天出现粘壳胚蛋较多，畸形增多；在第 3 ～ 5 天孵化温度过高，尿囊“合拢”提前；在长久的过热条件下，幼雏的啄壳和出壳提前开始，有时可提前到第 18 天胚龄，但出壳不整齐，出雏时间要拖长；若短期强烈温度偏高，尿囊合拢提前，尿囊血液呈暗黑色，解剖 19 d 胚龄后的胚蛋可见皮肤、肝、脑和肾有点状出血，胚胎的错位增多，多为头弯在左翅下或两腿间。在孵化后期长时间温度偏高时，将使幼雏收脐未完全已出壳，出雏较早，但出雏持续时间延长，破壳后死亡多，解剖可见卵黄囊大而未被吸入腹腔，剩余尚未被利用的黏稠的蛋白，色浅黄，头和足位置不正，皮肤、卵黄囊、心脏、肾脏和肠充血，肝多呈暗红色，充满血液。温度偏高所孵出的雏鸡一般表现为：体型瘦小，许多雏鸡脐环扩大，卵黄囊收缩不完全（钉脐）的比例增大。

8. 湿度过高

湿度过高，胚胎发育迟缓，胚蛋失重不足（1 ～ 18 d 正常失重率为 10.3% ～ 13.5%）。常见现象有胚蛋气室小、尿囊合拢迟缓、雏鸡精神不振、腹部膨胀、绒毛较长、脐部愈合不良，很多雏禽陆续死亡于出壳后 1 周之内。闷死在蛋壳里的幼雏，黏液包裹着幼雏的喙或从啄壳部位溢出，并迅速干涸，从而使胚胎窒息死亡，或喙和头部绒毛与蛋壳粘连，使雏禽头部不能活动。啄壳时洞口黏液多、喙粘在壳上，解剖常见蛋中仍存留有羊水、尿囊液和未被利用的主要是蛋白，卵黄呈绿色，胃、肠充满黏性的液体。

9. 湿度过低

湿度过低时，胚胎生长发育稍加快，出壳时间提前，胚胎死亡率与相对湿度偏低的程度呈负相关，相对湿度越低，胚胎死亡率越高。蛋内水分蒸发过快，气室增大，啄壳部往往在靠近禽蛋的中央处（正常为 1/3 处），雏鸡表现为：体型瘦小，绒毛较短且干燥无光泽、发黄、有时粘壳，这些症状和过热的结果相似。解剖死胚可见羊水完全消失，绒毛干燥，卵黄黏滞。此外，由于缺少羊水的润滑作用，雏禽难以围绕蛋的纵轴翻转，小雏难以破壳出来，以使助产增多，在这样的情况下啄壳会导致尚未萎缩的尿囊血管机械性损伤而出血，常见蛋壳干燥，有出血的痕迹。

10. 通风不良

在孵化过程中，胚胎发育要不断进行气体交换，吸入氧气和排出二氧化碳气体。当孵化器内含氧量低于 21% 时，每降低 1% 的含氧量，孵化率将降低 5% 左右。含氧量高于 21%，也会降低孵化率。若出现机内二氧化碳含量高于 0.5% 时（应保持在 0.2% 左右），将对孵化率产生影响；高于 2%，孵化率急剧下降；超过 5% 时，孵化率为零。通风换气、温度和湿度三者有密切的关系。通风换气增大时，温度、湿度均降低；通风换气不良时，机内外空气不流通，湿度增高，当环境温度增高时，易出现超温，冷却频繁，对温度均匀性有影响。通风换气与胚胎二者之间也有密切的关系，在孵化过程中，胚胎除了与外界不断进行气体交换外，还不断与外界进行热能交换。尤其孵化后期，胚胎代谢热随胚龄不断增大，如果热量散不出去，机内积温过高，将严重影响胚胎正常发育，以至引起胚胎死亡率加大。例如，入孵第 19 天产生的热量是第 4 天的 230 倍左右。因此，在孵化过程中，一定要做好室内和孵化器的通风换气。通风不良主要导致胚胎发生氧饥饿，当胚胎在严重氧饥饿条件下呼吸停止和二氧化碳在体内的积聚。低浓度氧气对胚胎死亡率的影响：作用时的胚龄越大，死亡率越高；作用时间越久，死亡率越高。解剖常见胎位异常增多，足盘在头颈部上面，啄壳部位多在中腰线或小头啄壳，羊水中有血液，内脏充血、尿囊血管充满血液，皮肤和其他器官充血、出血，与急性过热相似。雏鸡出壳不集中，雏鸡不能站立。

11. 翻蛋不正常和翻蛋不够

翻蛋不正常和翻蛋不够，蛋黄粘于壳膜上，合拢时尿囊不能包围蛋白，到后期影响蛋白的吸收；翻蛋不够多表现为：产生更多的缺陷鸡，如跛脚、蛋白吸收不良等，早期的死亡增多，如后期翻蛋过多，同样会增加胚蛋的死亡率。

前期鸡胚死亡的主要原因是种蛋不好和内源性感染，中期主要是营养不良，后期主要是孵化条件不良所致。养殖户应对症下药，加强管理，积极预防，以取得最大的经济效益。

第三章　土鸡生态养殖场地的选择与设施建造

第一节　生态养殖场地的选择与建设

一、生态养殖场地的选择

（一）选址原则

养殖土鸡不同于其他现代高产蛋鸡和肉鸡，在选择场址时有其特殊的要求。一般小规模土鸡生态养殖主要利用农舍房前屋后、空闲房屋，可以节约饲养成本，对场址没有很高的要求。而对于较大规模、专业化、合作社式的生产者来说，合理选择场址对疫病隔离预防、饲养条件的满足、产品销售等具有重要意义。选择合适的场址主要从以下几个方面来考虑。

1. 地理位置

土鸡舍要远离居民区，有利于疫病隔离，同时避免造成居民生活环境的污染。如果把场建在村中，一方面疫病容易流行；另一方面鸡粪会造成空气、水源的污染，夏天苍蝇、蚊子滋生，影响居民正常生活。但是，也不要选择太偏僻的地方，还要兼顾到交通便利、运输方便。一般土鸡场应建在城镇外 1 ～ 5 km，有便道通往主要公路，最适宜在山地、果园和滩区选址。

2. 生态环境

土鸡适合养殖，尤其在夏秋季节，可以采食到青绿饲料、草籽、昆虫等野生饲料，节约精饲料。而且商品土鸡养殖肉质好、售价高。适合土鸡养殖的场地有果园、林地草原、草场河滩等。这些地方空气清新、食源丰富、无农药污染，是理想的养殖场所。

3. 地势地形

土鸡舍应建在地势高燥的地方，有利于排水，防止舍内和舍外场地潮湿。地形要求有一定的坡度，而且坡面向阳，有利于冬季防寒保暖。选择放牧场地时，尽量选择较平坦的地方，防止土鸡腿部受伤。例如，可以在果园、林地边较高处建造鸡舍，在草原、草场建简易棚舍，养殖商品土鸡。

4. 水电条件

土鸡饲养需要丰富的水源和良好的水质。使用地面水或浅层地下水要求没有受到污染，附近不宜有化工厂、屠宰场、大型养殖场等排污企业，条件允许最好使用自来水或深井水。土鸡场对电的依赖性较强，孵化、育雏加温照明、成年鸡舍照明、生活都离不开电。选择场址时，应靠近输电线路，减少供电投资。

（二）自然环境

1. 草场、荒坡林地及丘陵山地

草场、荒坡林地及荒山地中牧草和动物蛋白质饲料资源丰富、场所宽敞、空气新鲜，适宜土鸡生态养殖。

养殖时要充分发挥林地的有利条件。一是鸡觅食林中的虫、草，排泄的粪便增加地力，促进林木生长，减少化肥开支和污染。同时，树林密集的树冠，为鸡的生活提供了遮阴避暑、防风避雨的环境，鸡在林丛中觅食，还可躲避老鹰的侵袭。二是在林地活动范围大，抗病力增强，平时管理上很少用药，生产出来的鸡蛋、鸡肉无药物残留。三是林地中优质饲料多。除了丰富的可食牧草外，春季有金龟子、红蜘蛛、象甲、行军虫、枣尺蠖等；夏秋季节有蚂蚱、蟋蟀、毛虫、蜘蛛、食心虫、蚯蚓等；冬前有快入土和已入土的昆虫成虫、幼虫、虫卵、蛹茧等。林地养殖为土鸡提供了丰富的营养，可节约饲料 10%，降低饲料成本 10% ～ 20%。

林地的选择对于养好鸡有着十分重要的作用。不同用途的林地，在选择时要有所侧重。一般林地以中成林，最好选择林冠较稀疏、冠层较高、树林荫蔽度在 70% 左右、透光和通气性能较好、且林地杂草和昆虫较丰富的成林较为理想。树林枝叶过于茂密，遮阴度大的林地透光效果不好，不利于鸡的生长。

荒山林地最好是灌木丛、荆棘林或阔叶林等，土质以沙壤土为佳，若是黏质土壤，在养殖区应设立一块沙地。附近最好有小溪、池塘等清洁水源。鸡舍建在向阳南坡上。

林间隙地可以种植苜蓿等饲草。据试验，在鸡日粮中加入 3% ～ 5% 的苜蓿粉，不但能使蛋黄颜色更黄，还能降低鸡蛋胆固醇含量。

2. 果园

危害果树的病虫害种类繁多，由于每年气候条件不同，病虫害发生的种类和时期不尽相同。在一年的生长过程中，果树经过萌芽、展叶、抽梢、开花、结果和休眠等阶段，各阶段发生的病虫害种类、数量和为害方式也不同。果树的害虫和农作物、林木、蔬菜害虫一样，大多属于昆虫的一部分，一生要经过卵、幼虫、蛹、成虫 4 个虫期的变化，如各种食心虫、天牛、吉丁虫、形毛虫、星毛虫等。过去多采用喷药、刮老皮、剪虫枝、拾落果、捕杀、涂白等烦琐的方法防治。

果园养殖土鸡可捕食这些害虫。在昆虫发育的各个阶段若被土鸡发现，都能作为食物被鸡采食。同时，通过灯光诱虫喂鸡，可明显减少果树虫害，降低农药使用量，减少农药残留，改善生态环境。由于在果园中养殖的鸡，捕食肉类害虫，蛋白质、脂肪供应充分，所以生长发育迅速。较农家庭院饲养生长速度快 33%，日产蛋量多 18%，而且节约饲料成本 60% 以上。

在果园选择上，以干果、主干略高的果树和使用农药较少的果园地为佳。最理想的是核桃园、枣园、柿园和桑园等，并且要求排水良好。这些果树主干较高，果实结果部位亦高，果实未成熟前坚硬，不易被鸡啄食。其次为山楂园，因山楂果实坚硬，全年除1～2次用药杀灭食心虫外，很少用药。在苹果园、梨园、杏园养鸡，养殖期应躲过用药和采收期，以减少药害以及鸡对果实的伤害；也可以在用药期，临时用隔网分区喷药、分区养殖。同时，苹果、桃、梨等鲜果林地在挂果期会有部分果子自然落果后腐烂，鸡吃后易引起中毒，因此，要及时捡起落果，防止被鸡啄食。

3. 冬闲田

选择远离村庄、交通便利、排水性能良好的冬闲田，利用木桩做支撑架，搭成2 m高的“人”字形屋架，周围用塑料布包裹，屋顶加油毡，地面铺上稻草，也可以养殖土鸡。

（三）社会环境

主要是考虑水电、交通和周围环境等。场内要有三相电源，供电稳定，最好有双路供电条件或自备发电机。养殖鸡场要选在交通便利、离城市有一定距离的近郊，能保证货物的正常运输，但应远离交通主干线、距交通干道不少于1 km、距一般公路50 m以上、距居民区500 m以上、距其他养殖场不少于5 km。场地范围内要独立自成封闭体系，以防止外人随便进入，这样不易受疫病传染，有利于防疫。要特别注意附近是否有畜牧兽医站、畜牧场、集贸市场、屠宰场，以及与拟养殖土鸡场地的方位关系、隔离条件的好坏等，应远离上述污染源，以满足卫生防疫的要求。选择养殖场地时应遵守社会公共卫生准则，其污物、污水不得成为周围社会环境的污染源。

（四）场区布局

1. 小规模饲养场布局

小规模饲养场是指一次饲养1 000只以下的商品土鸡饲养场。由于商品土鸡饲养期短、对房舍的要求不高，搭建简易棚舍即可，这样可以节约成本，增加养殖收益。小规模商品土鸡饲养鸡舍最适合建在果园内，另外林地边或有开阔活动场地的地方（草场、荒地等）也可以发展，根据果园等放牧场地大小来决定饲养数量。小规模土鸡饲养场的布局要根据果园、林地的地形合理规划，四周设置围网，防止土鸡丢失。场地主要由简易房舍、房前采食区、养殖区组成，采食区适当搭建避雨设施，将料桶（盆）放置在此，防止饲料霉变。

2. 规模化土鸡饲养场布局

首先应考虑办公生活区环境，不受饲料粉尘、粪便气味和其他废弃物的污染。一般办公生活区应处于地势较高的上风向位置；其次育雏舍、成鸡舍（棚）、养殖场，应分区修建，并有一定的隔离措施。孵化厅最好远离饲养区。

土鸡各种房舍和场地的分区规划，主要从有利于防疫、有利于安全生产出发，根据地势的高低、水流方向和主导风向，按人、鸡、污的顺序，将各种房舍和建筑设施按其环境卫生条件的需要次序给予排列。根据功能区划的不同，鸡场场区可分四大功能区：

（1）办公生活区　办公生活区包括有办公室、接待室、会议室、资料室、传达室、职工宿舍、娱乐室、食堂等建筑。

（2）生产区　生产区是养鸡场的核心，因此对生产区的规划布局应给予全面、细致的研究。包括房舍区与养殖区，房舍区包括孵化室、育雏舍、产蛋舍、商品肉鸡舍等。土鸡养殖区的规划很重要，养殖区占到土鸡养殖场最大的面积，一般建在鸡舍相邻的果园、林地、滩地、草场等地，有专用通道与鸡舍相连。面积较大的养殖区最好用围栏适当隔离，分成若干小的区域，轮换场地放牧有利于牧草的生长。不同年龄、用途的土鸡要在不同的场地养殖，避免疫病传播。

（3）辅助生产区（供应区）　主要由饲料原料库、饲料加工车间、饲料成品库、药品库、供水、供电、供热、维修、仓库等建筑设施组成。

（4）隔离、污物处理区　隔离区主要包括进场动物隔离区、患病动物隔离区、病死动物无害化处理设施、粪便处理设施等。

在进行场地规划时，主要考虑人、鸡卫生防疫和工作方便，根据场地地势和当地主风向（可向当地气象部门了解）顺序安排以上各区。

二、搭建围网

为了预防兽害和鸡只走失，或为了划区轮牧、预防农药中毒，或为了防止无关人员随意进出，养殖区周围或轮牧区间应设置围栏护网，尤其是果园、农田、林地等分属于不同农户管理的养殖地段。如不设置围网，将增加管理难度，鸡只容易造成兽害或与邻居产生矛盾。在山场和草场等面积较广阔的养殖地，可不设围网，采用移动鸡舍实施分区轮牧。

养殖区围网可用 1.5 ～ 2 m 高的铁丝网、尼龙网或铁皮，每隔 8 ～ 10 m 设置一根垂直稳固于地基的木桩、水泥桩或金属管立柱。将铁丝网、尼龙网或铁皮固定在立柱上，人员出入口设置 1 个宽能进出车辆的门。养殖鸡舍（棚）前活动场周围设 2 m 高的铁丝或尼龙丝防护网，并与鸡舍（棚）相连，用于夜间护鸡。

三、建造鸡舍或简易“避难所”

为了提供傍晚补料、防风避雨、夜晚休息、规避敌害的场所，以及便于管理，需要为养殖鸡建造鸡舍。如果没有鸡舍，养殖鸡会四处为家，到处产蛋，并且易受野兽侵害。如遇风暴急雨损失严重，也不便于补饲和防疫管理。鸡舍可以为养殖鸡提供安全的休息场地，驯化好的养殖鸡傍晚会自动回到鸡舍采食补料，夜晚进舍休息，方便捕捉及预防注射。因此，必须根据不同阶段土鸡的生活习性，搭建合适的简易型鸡舍或简易“避难所”。

（一）简易型棚舍

简易鸡舍要求能挡风遮雨、不积水即可，材料、形式和规格因地制宜、不拘一格，但需避风、向阳、防水、地势较高，面积按每平方米能容纳12只鸡搭建，每个鸡舍的大小以容纳成年土鸡100～150只为宜，多点设棚，内设栖息架，鸡舍周围放置足够的喂料和饮水设施，其配置情况与固定式鸡舍相同。

林间草地低密度生态养殖土鸡时，可在林地分散建立若干小型鸡舍，实行低密度小群分散饲养。根据林地树种、间距、郁闭度（林地树冠垂直投影面积与林地面积之比，反映林地树冠遮蔽地面的程度。以十分数表示，完全覆盖地面为1）等情况，科学设计小型散养鸡舍，不砍伐树木、不破坏林地，实现林下经济和生态环保有机结合，采用彩钢保温板或轻型保温材料建造，不硬化地面、不破坏土地，既可改善养殖环境，又能改善土鸡福利，最终达到林—草—土鸡生态种养结合的高质量发展。

（二）普通型鸡舍

普通鸡舍要求防暑保温、背风向阳、光照充足、布列均匀、便于卫生防疫，内设栖息架，舍内及周围放置足够的喂料和饮水设备，使用料槽和水槽时，每只鸡的料位为10 cm，水位为5 cm；也可按照每30只鸡配置1个直径30 cm的料桶，每50只鸡配置1个直径20 cm的饮水器。

在建筑结构上采用比较简单的方法，修建成斜坡式的顶棚，坡面向南，北面砌一道2 m高的墙，东西两侧可留较大的窗户，南侧可用尼龙网或者铁丝，但必须留大的窗户，面积以16 m^2为宜。这种鸡舍通风效果好，可以充分利用阳光；保暖性能良好，南方、北方都适用。这种鸡舍配有较大的运动场，可以建在果园里采用半开放式，鸡既可吃果园中的昆虫及杂草，还可以为果园施肥；既有利于防病，又有利于鸡的觅食。

放牧场地可设沙坑，方便鸡洗沙浴。

1. 土鸡育雏舍

育雏舍是专门养雏鸡的鸡舍。育雏舍应建在地势高燥、周围环境安静，位于其他鸡舍的上风向，并且与其他鸡舍保持一定的距离，种鸡生产企业要求 100 m 以上，商品场 30 m 以上。育雏舍要求有供温设施，小规模平养供温设施主要采用火道、火炉等，规模化生产为热风炉或水暖供温。育雏舍要求保温性能良好，墙壁和房顶加设隔热保温层，窗户不宜大，并且设置在尽量靠上的位置。育雏舍要求能够通风换气，但气流速度不能过快，不能有贼风、过堂风。进风口可设在房檐下，进风管向下弯曲，防止堵塞，舍内进风口加设导风板，避免冷气直接吹到鸡体。育雏舍要便于冲洗和消毒，墙壁、地面、顶棚光滑，不吸水，密闭性好，以便于熏蒸消毒。

2. 商品肉用土鸡舍

要求有一定的保温性能，通风条件良好，但光线不能过强，窗户要小，不需要供温设施。鸡舍要求地面宽阔，跨度一般在 6 ～ 8 m，长度依饲养规模而定。鸡舍高度要求在 3 ～ 3.5 m，鸡舍内设置栖架供夜间休息。阳面窗户面积大，阴面窗户面积小。鸡舍前应设置采食运动场，面积是舍内面积的 1 ～ 2 倍，也可以搭建简易大棚来饲养商品肉用土鸡。

3. 产蛋土鸡舍

产蛋土鸡舍要求有一定的保温性能，采光和通风条件良好，南方一般不需要供温设施，通过自身产热就能维持所需温度，北方和中原地区可以设置火炉来加温，冬季可以提高产蛋率。种鸡舍要求地面宽阔，跨度一般在 6 ～ 8 m，长度依饲养规模而定。鸡舍高度要求在 3.5 ～ 4 m，要设置顶棚。阳面窗户面积大，阴面窗户面积小。平养、自然交配，舍内四周设产蛋箱。

种用土鸡笼养时采用人工授精技术，无须运动场和产蛋箱。

（三）塑料大棚鸡舍

塑料大棚鸡舍就是用塑料薄膜把鸡舍的露天部分罩上，利用塑料薄膜的良好透光性和密封性，将太阳能辐射和机体自身散发的热量保存下来，从而提高棚舍内温度，人为创造适应鸡生长的小气候，减少鸡舍不合理的热能消耗，降低鸡的维持需要，从而使更多的养分供给生产。

塑料大棚鸡舍的建造，一般棚内左侧、右侧和后侧为墙壁，前坡是用竹条、木杆和钢筋做成的拱形支架，外覆塑料薄膜，搭成三面为围墙、一面为塑料薄膜的起脊式鸡舍。墙壁建成夹层，可增强防寒、保温能力，内径在 10 cm 左右，建墙所需的原料是土或砖、石。后坡可用油毡、稻草、泥土等按常规建造，外面再铺一层稻草等物。一般来说，鸡舍的后墙高 1.2 ～ 1.5 m，脊高 2.2 ～ 2.5 m，跨度为 6 m，脊到后墙的垂直距离为 4 m。塑料薄膜与地面、墙的接触处，要用泥土压实，防止贼风进入。在薄膜上每隔 50 cm 用绳将薄膜捆牢，防止大风将薄膜刮掉。棚舍内地面可用砖垫高 30 ～ 40 cm。棚舍内的南部要设置排水沟，及时排出薄膜表面滴漏的水。棚舍的北墙每隔 3 m 设置一个 1 m×0.8 m 的窗户，在冬季封寒，夏季时逐渐打开。门应设在棚舍的东侧，向外开，棚舍要设置照明设施，内设栖息架，舍内及周围放置足够的喂料和饮水设施。

（四）封闭式鸡舍

封闭式鸡舍一般是用隔热性能好的材料构造房顶与四壁，不设窗户。只有带拐弯的进气孔和出气孔，舍内小气候通过各种调节设备控制。这种鸡舍的优点是减少了外界环境对鸡群的影响，有利于采取先进的饲养管理技术和防疫措施，饲养密度大，鸡群生产性能稳定。

（五）开放式网上平养无过道鸡舍

这种鸡舍适用于土鸡育雏。鸡舍的跨度 6 ～ 8 m，南北墙设窗户。南窗高 1.5 m，宽 1.6 m；北窗高 1.5 m，宽 1 m。舍内用金属铁丝隔离成小自然间，每个自然间设有小门，供饲养员出入及饲养操作。小门的位置依鸡舍跨度而定，跨度小的设在鸡舍内南或北一侧，跨度大的设在中间，小门的宽度约 1.2 m。在离地面 70 cm 高处架设网片。

（六）利用旧设施改造的鸡舍

利用农舍、库房等其他设备改建鸡舍，达到综合利用，可以降低成本。必须做到通风、保温，一般旧的农舍较矮，窗户小，通风性能差，改建时应将窗户改大，或在北墙开窗，增加通风和采光。舍内要保持干燥。旧的房屋低洼，湿度大，改建时要用石灰、泥土和煤渣打成三合土垫在室内，在舍外开排水沟。

（七）搭建临时“避难所”

在放牧场地里，人工搭建一些简单棚架，充当鸡的“避难所”，可以让鸡在遇到雨雪、大风，或当鸡感到恐惧时在这里临时躲避。

第二节　生态养殖土鸡草地的建植

为科学高效利用林地资源，促进林下经济高质量发展，实行低密度生态养殖土鸡时，要在林地建植生产性能高、土鸡适口性好的优质人工草地，如单播菊苣草地、单播三叶草地、菊苣＋多年生黑麦草＋鸭茅混播草地等，这些牧草中富有蛋白质和钙质，是土鸡的好饲料；具有根瘤，能改良土壤结构，提高土壤肥力，有利于林果生产。

一、林间菊苣草地的建植

菊苣耐寒、耐旱，喜欢生长在阳光充足的田边、山坡等地，叶片柔嫩多汁、营养丰富、适口性好，是家禽良好的粗饲料来源。

1. 林地条件

（1）林地环境　林地郁闭度应小于0.6，以保证林下草地正常生长对光照的需求；林木行间距4 m以上；林地为平地或坡度不大于15°的坡地，便于实施人工草地的建植和正常管理。

（2）配套条件　水洗配套，保证人工草地建植时的灌溉需要；道路配套，要求地面平整，便于农机作业。

2. 建植前土地整理

选择适宜林地操作的机械，如小型犁耕机、小型旋耕机等，犁翻或旋耕园区土壤，耕深 15 ～ 20 cm，并进行土地平整，人工清除土壤中的石块、树枝等杂物。

施用有机肥作基肥，施肥量为 1 000 kg/ 亩，或施用化肥 50 kg/ 亩，灌溉浇透水 1 次。

3. 播种

菊苣种子要求成熟饱满，无病虫害，纯净度 90% 以上、发芽率 85% 以上。适宜秋播，北方地区为 8 月上中旬至 9 月上旬，南方地区为 9 月中下旬至 10 月上旬。也可选择春播，但要做好苗期杂草防除。

适宜的实际播种量 1.5 ～ 2 kg/ 亩。适宜机械条播，也可机械或人工撒播。机械条播时行距 20 ～ 30 cm，播深 1 ～ 2 cm；撒播时将草种均匀撒在土壤表面并用钉耙耧土覆盖。

4. 田间管理

播种后采用漫灌或喷灌的方式及时浇透水 1 次，以保持 20 cm 以内土层的土壤湿润。建植苗期使用铲、锄等工具，后手工拔出播种园区内的杂草。根据树木或菊苣的生长势以及不同生长阶段的实际需肥要求进行施肥，一般每次追施复合肥 10 ～ 20 kg/ 亩。

北方地区菊苣越冬前需采用生物覆盖或地膜覆盖，以提高越冬率和返青时间。

5. 利用

菊苣长到 30 ～ 40 cm 高时，应刈割，制成鲜草草浆或剪切成鲜草草段，以一定比例添加到日粮中喂鸡，北方地区于 11 月下旬后不再刈割。

草层高度达到 30 ～ 40 cm 时，也可制订适宜的养殖密度（100 ～ 120 只 / 亩），实施草地低密度养殖土鸡。

二、单播三叶草草地的建植

三叶草又名车轴草，为多年生草本植物。主要有 2 种类型，即白花三叶草和红花三叶草。三叶草是优质豆科牧草，茎叶细软，叶量丰富，粗蛋白质含量高，粗纤维含量低，既可养殖畜禽，又可饲喂草食性鱼类。其中白花三叶草，因其植株低矮，适应性强，可作为城市绿化建植草坪的优良植物。

1. 种子处理

播种前要进行种子发芽试验，掌握种子的发芽率和发芽势。三叶草种子的发芽率为 75% ～ 85%，其发芽势很强，播种后 2 ～ 3 d 即可全部发芽，4 ～ 5 d 可全部出苗。

播种前可用三叶草根瘤菌拌种，接种根瘤菌后，三叶草长势旺盛，固氮作用增强。拌种的方法是取三叶草根瘤捣碎，加水稀释拌种，以湿透种子为准，也可用市售的三叶草根瘤菌剂拌种。

2. 播种

三叶草可春播或秋播，春季在 3 月下旬，秋季在 9 月中旬。南方以秋播为主，北方以春播为主。夏季亦可播种，但播后必须保证表土湿润或用覆盖物覆盖遮阴。

三叶草草地建植时的播种量以 8 ～ 10 g/m^2 为宜。每克三叶草种子有 1 400 ～ 2 000 粒，每平方厘米土壤内有 1 粒种子，即可满足草地建植的需要。实际播种量比理论播种量要大。

播种时，按地块面积和确定的播种量等分种子，将种子与干土或细河沙混匀，人工进行撒播。若是大面积建植草地，可用旋风式播种机撒播。三叶草的播种深度为 1 ～ 1.5 cm，种子撒入草床后，可用草坪耙将种子耙入土中，也可用种植基质覆盖 1 cm。

3. 田间管理

三叶草种子出苗期的生长较慢，这时不要误以为播种失败。在幼苗期，应特别注意防除杂草，并施用少量氮肥（尿素约 5 kg/ 亩），以促进幼苗建植。草地建成后要及时放牧或割草，这样还可减少杂草，以后只需施用一定数量的磷肥和钼肥，可不再施氮肥，如氮肥过多，反而抑制红、白三叶草的生长，土壤比较干旱，有灌溉条件的地方，刈牧之后可适当灌水。

4. 饲用方法

红、白三叶草主要用于土鸡放牧，可刈割后切碎按一定比例掺拌在饲料中饲喂，也可调制成干草，压缩成饲料或草粉。红、白三叶草蛋白质含量高，可用榨汁机提取其汁液，制成深浓缩的蛋白质饲料。红、白三叶草草地一旦建成，往往经久不衰，侵占能力很强，种子落粒后自生成株，鸡采食红、白三叶草也会将成熟的种子通过粪便转移到其他地方发芽生长。为防止红、白三叶草蔓延，应及时放牧或刈割，不使种子成熟。在利用中还可通过施肥调节红、白三叶草的成分，氮肥促进禾本科牧草生长、抑制三叶草生长，而磷肥则能促进三叶草生长。

三、菊苣 + 多年生黑麦草 + 鸭茅等混播草地的建植

混播牧草建植草地放牧饲养土鸡，能够显著提高土鸡的日增重和产蛋量。选用紫花苜蓿、红豆草、白三叶草、多年生黑麦草、鸭茅、菊苣等多年生优质牧草品种组合，俗称“豆禾混播”，这样建植的草地不但产量高、耐践踏、利用年限长，而且牧草粗蛋白和消化率明显提高，非常适合土鸡的养殖。

1. 混播牧草的主要特征

（1）出苗迅速，建植快　多种品种牧草混合，因为各品种生长速度不同，黑麦草、鸭茅可以迅速覆盖地面，抑制杂草，保持水土，为其他品种提供良好的生长环境。

（2）提高草产量　紫花苜蓿、白三叶草可以根瘤固氮，为其他牧草提供氮源，菊苣和鸭茅、黑麦草比单播产量提高 15% ～ 20%，且整体供草期延长，提高了耐牧性和持久性，可连续利用 5 ～ 7 年，慢慢退化后再进行更新以及补种。

（3）提高牧草品质　在混播牧草放牧土鸡中，因为禾本科草适口

性好，叶片柔软，豆科牧草蛋白含量高，菊苣叶大多汁，多种品种牧草混合，混合草蛋白、能量等含量高，营养更均衡，适口性、消化率能显著提高。

2. 混播牧草栽培要点

（1）土地整理　播前要深耕土地，施用厩肥做底肥，66.7 ～ 2 000 kg/ 亩，也可施用复合肥（氮、磷、钾比例 1∶1∶1）10 ～ 20 kg/ 亩；草地改良可使用免耕设备播种，出苗后追施复合肥或者尿素 0.3 ～ 10 kg/hm^2。

（2）播种方法　牧草播种时可以直接撒播或者是条播，播深 1 ～ 2 cm。条播行距 10 ～ 15 cm，用种 2 ～ 2.5 kg/ 亩；撒播时用种 2.5 ～ 3 kg/ 亩；播种时间宜春播或秋播，部分地区可以夏播。

3. 管理利用

划区轮牧或刈割。在牧草高度达到 20 cm 即可放牧利用，一般在建植 2 个月之后，每次刈割或放牧之后，注意追施氮肥（尿素 5 ～ 10 kg/ 亩或硫酸铵 10 ～ 15 kg/ 亩）。如果是做刈割收草利用时，注意划区域收割，留茬高度应该保持 10 cm。

四、其他常见牧草品种栽培技术

1. 紫花苜蓿

紫花苜蓿是世界上栽培最早、分布最广的豆科多年生牧草，有“牧草之王”的美称。紫花苜蓿喜欢半温暖、半干燥的气候条件，最适宜的生长温度为 25℃。在年降水量为 300 ～ 800 mm 的地区均可生长，年降水量超过 1 000 mm 的地方，种植紫花苜蓿易发生烂根。最适宜生长的土壤是轻壤土、壤土和富含钙质的土壤，pH 为 7 ～ 9，轻度盐碱地也可生长，不宜在重黏土、低湿地和强酸强碱地上种植。喜欢光照，不耐阴。

（1）营养特点　紫花苜蓿适应性强、产量高、品质好，是畜禽最好、最经济的饲料。一般亩产鲜草 3 000 ～ 5 000 kg，可晒制成干草粉 1 000 ～ 1 500 kg，鲜草中干物质含量为 18% ～ 29.3%、粗蛋白质为 3.6% ～ 4.7%、粗脂肪为 0.7% ～ 0.8%、粗纤维为 3.1% ～ 11.9%、无氮浸出物为 7.6% ～ 10.9%、灰分为 1.8% ～ 2.2%。干物质中粗蛋白质比例为 12.3% ～ 26.1%、粗脂肪为 2.4% ～ 4.5%、粗纤维 17.2% ～ 40.6%、无氮浸出物为 37.2% ～ 42.2%、灰分为 7.5% ～ 10%、胡萝卜素的含量为 18.8 ～ 161 mg/kg、维生素 C 210 mg/kg、B 族维生素 5 ～ 6 mg/kg、维生素 K 150 ～ 200 mg/kg；此外，还含有家禽必需的多种微量元素，如钴 0.2 mg/kg。

（2）栽培技术

①播前土壤耕作。由于紫花苜蓿的种子细小，千粒重约为 2 g，因而播前整地质量高低成为是否全苗、匀苗、壮苗的关键。生荒地应在高温季节深耕掩埋杂草，播前再浅耕灭除已发芽的杂草；茬地应先浅耕灭茬，待杂草发芽后深耕，然后耙地，做到表土细碎平实。深耕时每亩最好施用 3 000 ～ 4 000 kg 的底肥。

②播种期。紫花苜蓿在中原地区的适宜播种时间为 9 月至 10 月上中旬。其原因是此时雨季将过，暴雨较少，土壤墒情好；杂草多已结籽，趋于衰退，对紫花苜蓿的幼苗抑制性小；高温已过，温度适合紫花苜蓿的生长；强光、短日照、昼夜温差大，有利于光合作用和营养物质的积累，能安全越冬；第二年春返青早，有利于紫花苜蓿的生长发育。

③种子处理。紫花苜蓿种子含有 10% ～ 30% 的硬实，播前应将种子用沙混合揉搓 1 次或晒种 2 ～ 3 d，或用 30 ～ 60℃的温水浸泡种子 15 ～ 60 min，提高发芽率。第一次种植紫花苜蓿的土壤，最好进行根瘤菌接种。接种方法是：50 kg 的种子用 0.5 kg 水喷洒，然后将根瘤菌可湿性粉剂与喷湿的种子充分搅拌均匀。

④播种量。纯净优质种子，播种量为 0.75 ～ 1 kg/ 亩。

⑤播种方法。条播：紫花苜蓿单种时适宜采用条播，行距为 20 ～ 30 cm，播种深度 1.5 ～ 2 cm，土壤较干旱时播种深度应为 2.5 ～ 3 cm，播后镇压有利于出苗。

混播：作为放牧地，紫花苜蓿和禾本科牧草混播，既可提高牧草产量，又能丰富营养，还可增强适口性。紫花苜蓿与无芒雀麦混播效果最好，紫花苜蓿的播种量为 0.5 kg/ 亩，无芒雀麦播种量为 1 kg/ 亩。

另外可与黑麦草、鸡脚草混播。

窄行间作：紫花苜蓿与无芒雀麦等实行窄行间作，可增强与杂草竞争的能力，行距为 15 ～ 20 cm。

⑥田间管理。早春返青后及每次刈割后，都要进行中耕锄草，有条件的还要结合灌溉和施肥，最后次刈割应在霜降前 4 周进行。

2. 毛苕子

毛苕子又名毛野豌豆，是豆科野豌豆属一年生或多年生植物。

（1）牧草特性　喜温暖凉爽气候，抗寒能力强，在 –30℃的低温下仍能生存；耐干旱、耐酸、耐盐碱；喜沙质土壤和排水良好的土壤，不耐低洼潮湿；耐阴，在果林或高秆作物行间生长良好；对磷、钾敏感，施用钼、硼、锰等微量元素肥料有增产作用。

（2）营养特点　毛苕子的茎叶较细，饲用价值高，干物质含量 18.2%、粗蛋白质占干物质重量的 23%、粗纤维 27.5%、粗脂肪 2.8%、无氮浸出物 34.6%、灰分 12%。产量高，亩产青草 3 000 kg 左右，再生性较差。

（3）栽培技术要点　毛苕子的硬实率为 15% ～ 30%，播前应进行晒种、温水浸种等种子处理措施，提高发芽率；播种期华北地区多在 9 月中旬以前，也可春播，时间为 3 月中上旬；播种量 3 ～ 4 kg/亩，条播时行距 30 ～ 50 cm，播深一般为 2 ～ 3 cm。

3. 紫云英

紫云英又名红花草，是豆科黄芪属一年生或越年生的草本植物。

（1）牧草特性　喜温暖湿润气候，不耐寒，生长最适温度为 15 ～ 20℃；喜黏土或黏壤土；不耐贫瘠，在排水不良的低湿地及沙质地生长不良；耐酸性较强，耐碱性较差，耐湿、不耐旱。

（2）营养特点　紫云英鲜嫩多汁，适口性强，现蕾时刈割的青草干物质含量为 90.44%，其中粗蛋白质为 28.12%、粗脂肪 3.83%、粗纤维 11.66%、无氮浸出物 39.77%、灰分 7.06%。

（3）栽培技术要点　播种前应选择晴天的中午摊晒 4 ～ 5 h，晒种后加入一定量的细沙擦种子，将种子表皮上蜡质擦掉，以提高种子吸水度和发芽率，然后用 5% 盐水选种，清除病粒和空秕粒。将选出的种子放入腐熟稀释的人尿中浸种 8 h、或放入 0.1% ～ 0.2% 磷酸二氢钾溶液浸种 10 h，捞出晾干，用钙、镁、磷肥拌种后即可播种。适宜播种期为 9 月上旬至 10 月上旬，播种量为 2 ～ 3 kg/ 亩，播种方式多为撒播；紫云英对磷非常敏感，充足的磷肥能提高固氮能力和增强抗病力，据测定每千克过磷酸钙在抽茎前配合速效氮肥施用可增产鲜草 60 ～ 80 kg；紫云英的主要病害有菌核病和白粉病，白粉病可用 1∶5 硫黄石灰粉喷治。

4. 黑麦草

全世界共有黑麦草 20 多种，其中有经济价值的主要为多年生黑麦草和一年生黑麦草。多年生黑麦草为禾本科黑麦草属多年生草本植物。

（1）牧草特性　喜温凉湿润的气候，耐寒、耐热能力都比较差，适于夏季气温不超过 35℃、冬季气温不低于 –15℃的地区种植；年降水量 100 mm 最为适宜；耐湿、不耐旱、不耐瘠薄，最适宜于在肥沃湿润、pH 值 6 ～ 7、排水良好的黏土或壤土地上生长；多年生黑麦草的利用年限比较短，一般为 2 年，第 2 年后再生性就很差。

一年生黑麦草与多年生黑麦草的形态不同之处是其植株较粗大，叶阔而长，幼叶呈卷曲状，叶耳大而明显，小穗花数略多，外稃上部延伸成芒状，发芽种子幼根在紫外线下检查发出荧光；生物学特性的不同处是耐酸性和抗碱性较强，pH 值 5 ～ 8 时均能良好生长。其他均与多年生黑麦草相似。

（2）营养特点　早期收获的多年生黑麦草叶多茎少，质地柔嫩，具有较高的营养价值。据测定，叶丛期粗蛋白质占干物质的 18.6%，粗脂肪 3.8%，粗纤维 21.2%，无氮浸出物 48.3%，灰分 8.1%，必需氨基酸的含量为苏氨酸 0.32%、缬氨酸 0.57%、蛋氨酸 0.1%、异亮氨酸 0.34%、亮氨酸 0.57%、苯丙氨酸 0.37%、赖氨酸 0.38%、组氨酸 0.14%、精氨酸 0.38%，可消化粗蛋白质 96 g/kg，总能 16.95 MJ/kg，消化能 10 MJ/kg。

（3）栽培技术要点　①整地和基肥。黑麦草种子细小，需肥较多，要有良好的整地质量和充足的肥料，每亩施用厩肥 1 000 ～ 2 000 kg，施肥后翻地，深耕在 20 cm 以上，并细致耙地，达到地平土碎，以利于播种。

②播种。适宜秋播，播期在 8 月下旬至 10 月初，也可在 3 月中旬春播；播种方法为条播，行距 15 ～ 30 cm，播深 1.5 ～ 2 cm，播种量 1 ～ 1.5 kg；与三叶草等豆科牧草混播可提高产量和品质，但混播时以黑麦草为主。

③灌溉与施肥。黑麦草为速生牧草，再生力强，每次刈割或放牧利用后，应追施氮肥，能提高产量；黑麦草在分蘖、拔节和抽穗阶段，需水较多，适时灌溉，有利于生长和质量的改善，并且有利于越夏。

④刈割与利用黑麦。鲜草亩产量可达 5 000 kg，水肥条件好时可达 10 000 kg，饲喂土鸡应切碎、粉碎或打浆利用，刈割时留茬不应低于 5 cm，齐地刈割不利再生。

5. 无芒雀麦

无芒雀麦又名无芒草、禾萱草，是禾本科雀麦属多年生牧草，原产欧洲、亚洲，我国东北、西北及河南、安徽等地均有分布。

（1）牧草特性　无芒雀麦为中旱生植物，特别适于寒冷干燥气候，在高温高湿地区生长不良，最适宜种植在我国北方的暖温带及年降水量为 400 ～ 500 mm 的地方；可耐长期干旱，是栽培禾本科牧草中抗旱性最强的一种；耐涝性很强，可耐受 50 多天的水淹；抗寒性强，幼苗能耐受 –5 ～ –3℃的霜冻，植株在 –30 ～ –20℃可安全越冬；耐热性较强，日最高温度 35 ～ 36℃仍能正常生长；对土壤要求不严，从黏壤土到沙土均可栽培；耐瘠薄、耐盐碱。

（2）营养特点　无芒雀麦叶多茎少，营养价值很高，幼嫩无芒雀麦干物质中蛋白质含量不亚于豆科牧草中蛋白质的含量。据测定抽穗期的无芒雀麦干物质含量为 30%，其中粗蛋白质约占 14%、粗脂肪 4.3%、粗纤维 30%、无氮浸出物 44.7%、灰分 7%，必需氨基酸占干物质的比例为苏氨酸 0.5%、缬氨酸 0.77%、蛋氨酸 0.13%、异亮氨酸 0.48%、亮氨酸 0.8%、苯丙氨酸 0.63%、赖氨酸 0.53%、组氨酸 0.17%、精氨酸 0.52%、可消化粗蛋白质 154 g/kg、代谢能 8.91 MJ/kg。

（3）栽培技术要点　播种前结合施用厩肥进行深耕，施肥量为 1 500 ～ 3 000 kg/ 亩，耕作深度为 20 cm 以上，耕后耙耱；无芒雀麦的种子中常含有麦角病的菌核，易感染麦角病，播前应进行种子处理，以防麦角病的传播蔓延方法是充分碾磨，使其脱颖而出，然后风选干净；无芒雀麦的竞争力很强，秋播时，应采取单独条播，行距为 20 ～ 40 cm，播种量 1 ～ 2 kg/ 亩，播深 3 ～ 4 cm，播后镇压；无芒雀麦也可与豆科牧草（如紫花苜蓿、沙打旺、红豆草、百脉根、红三叶草、草木樨等）进行混播，混播时应适当加大豆科牧草的播种量，以防豆科牧草被无芒雀麦抑制而衰退，与紫花苜蓿混播时，每亩的播种量无芒雀麦为 0.5 kg，紫花苜蓿为 0.75 kg；无芒雀麦苗期生长缓慢，要及时除草；无芒雀麦生长 3 年以后，由于根茎相互交错结成草皮，导致土壤水分不足，透气不良，植株低矮，抽穗植株减少，鲜草和种子产量降低，必须及时更新复壮。做法是：春季萌发前或第 1 次收获后，用深松犁或圆盘耙耕耙作业，切断根和草皮，促进分集和新茎的产生。无芒雀麦对氮肥敏感，生长过程中应注意追施氮肥，在良好的栽培条件下，鲜草产量可达 3 000 kg/ 亩以上，一次种植可利用 10 年，每年可刈割 2 ～ 3 次。

6. 鸭茅

鸭茅又名鸡脚草果园草，野生种分布于我国新疆、四川高海拔森林边缘灌丛及山坡草地，并且散见于大兴安岭东南坡地。栽种鸭茅除驯化当地野生种外，多引自丹麦、美国、澳大利亚等国。目前，青海、甘肃、陕西、吉林、江苏、湖北、四川及新疆等省（自治区、直辖市）均有栽培。

（1）牧草特性　鸭茅为疏丛型牧草，寿命 5 ～ 6 年。根系特别发达；茎秆直立，高 40 ～ 120 cm。基叶繁多，叶片扁长而柔软，边缘粗糙有刺。喜温暖湿润气候，抗寒力中等，不耐高温和干旱。耐阴性强，多生长于山坡路旁和林下。喜肥沃黏壤上；耐微酸，不耐碱。

（2）营养特点　鸭茅草质柔软，幼嫩时可以喂猪、鸡。叶量丰富，叶约占 60%，茎约占 40%。干物质平均含粗蛋白质 13.2%、粗脂肪 4.33%、无氮浸出物 44.17%、粗纤维 29.33%、粗灰分 8.97%。鸭茅可用作放牧或制作草粉，也可收割青饲或制作青贮料。鸭茅以抽穗时刈割为宜，此时茎叶柔软，质量较好，维生素含量很高，尤其胡萝卜素含量高。收割过迟，纤维增多，品质下降，还会影响再生。

（3）栽培技术要点　鸭茅适宜于湿润而温凉的气候，其抗寒性不如无芒雀麦，气温 10 ～ 28℃为最适生长温度；昼夜温差过大对鸭茅不适，以昼温 22℃、夜温 12℃最好。鸭茅适应的土壤范围较广，在肥沃的壤土和黏土上生长最好，但在稍贫瘠干燥的土壤上，也能得到好的收成。它系耐阴低光效植物，在果树林下或高秆作物下种植，能获得较好的效果，与果树结合，建立果园草地，在我国果品产区有发展前途。

鸭茅种子较小，幼苗期生长较慢，宜精细整地，彻底除草。播种期我国南方各省区春秋皆可，而以秋播为好。春播以 3 月下旬为宜；秋播不迟于 9 月下旬，以防霜害，有利越冬。播种量在单播时每亩 0.75 ～ 1 kg。与红三叶草、白三叶草、多年生黑麦草等混播时，在灌溉区每亩用 0.55 ～ 0.7 kg，旱作每亩用 0.75 ～ 0.8 kg。单播以条播为好，混播时撒播、条播均可。播种宜浅，稍加覆土即可，也可用堆肥覆盖。幼苗期应加强管理，适当中耕除草，施肥灌溉。鸭茅需肥较多，每次刈割后都宜适当追肥，特别是追施氮肥尤为重要。

播种当年刈割 1 次，亩产鲜草 1 000 kg，而第二、第三年可刈割 2 ～ 3 次，亩产鲜草 3 000 kg 以上。生长在肥沃土壤条件下，亩产鲜草可达 5 000 kg 左右。割茬不能过低，否则将严重影响再生。

7. 聚合草

聚合草又名饲用紫草、爱国草，全国各地均有种植，是一种优良的高产饲料作物，适合于猪、牛、羊、鸡、鸭、鹅、鱼、鹿等的喂养。

（1）牧草特性　聚合草是紫草科聚合草属多年生草本植物，有非常强的适应性，喜温暖湿润气候，但耐寒性较强，其根在土壤中能耐受 -30℃的低温。聚合草根系发达、入土很深，有较强的抗旱性，但要高产，一定要满足对水分的需要，积水时易导致烂根。聚合草耐酸、耐碱性强，除低洼地、重盐碱地外，一般土壤均能生长。

（2）营养特点　聚合草的饲用部分为叶和茎枝，每年可刈割3～6次，刈割时留茬5～6 cm，最后一次刈割应在停止生长前30 d完成，高产田的鲜草产量可达10 000～20 000 kg/亩。据测定，营养期的聚合草中干物质含量约为85.65%、粗蛋白质占干物质的21.09%、粗脂肪4.46%、粗纤维7.85%、无氮浸出物36.65%、灰分15.69%、钙1.21%、磷0.65%、胡萝卜素200 mg/kg、核黄素13.8 mg/kg，其中粗蛋白质含量比麦麸高1倍，比甘薯蔓高近2倍，因而聚合草是营养丰富的高蛋白饲草，既可青饲，也可晒制成干草或加工成草粉。

（3）栽培技术要点

①繁殖方法。聚合草由于开花不结实或结实极少，因而主要采取无性繁殖方法进行繁殖，常用的方法是分株、切根、根茎纵切和温床育苗。

分株繁殖：把生长健壮的聚合草植株连根挖起后，割去上部茎叶，留茬5～6 cm，将根茎纵切，每个分株上部留1～2个芽，下部留较长的根段，切后可直接定植于大田，5～6 d即可长出新叶。此法种植成活快，生长迅速，栽培当年产量高，但繁殖系数低，一般每株仅能分出10～20株，种根充足时可采用。

切根繁殖：聚合草根中营养丰富，再生力极强，切断根段，能从顶端切口部分的中柱层产生新芽。凡直径在0.3 cm以上的主根、侧根和支根，均可进行切根繁殖。大面积栽种的根段，长3～5 cm，粗不小于0.3 cm。根粗大于1 cm的，可纵切成两瓣，再粗者，可纵切成4瓣，以此类推。一般根段越粗，发芽和生长也就越快。栽种时将根段横放于土沟中，再盖土2～3 cm，如气温在18℃以上经30～40 d即可出苗。

根茎纵切繁殖：聚合草根茎粗大，上面有很多芽和芽点，凡带有芽的根颈或切块都能成活，而且发芽早、生长快、幼苗健壮。进行根茎繁殖时，先将肉质根和侧根切下，做切根繁殖用，留下根茎，再按芽和芽点纵切成若干块，每块留1～2个芽。大田生产中，最好用根茎现切现栽开沟种植时，芽朝上，覆土3～4 cm，并浇透水，以利发芽成活。一般7～10 d即可出苗。

温床育苗：在冬春低温季节繁殖时采用此种方法。温床育苗的时间南北各地不一，南方 11 月中旬至 3 月中旬为有霜期，北方 10 月上旬至 4 月上旬为有霜期，在有霜期间温床育苗，既能提高繁殖率，又能延长大田生长时间，增加产草量。

②选地。种植聚合草应选择地势平坦、土层深厚、有机质多、排水良好并有灌溉条件的地块。因为聚合草残留在土壤中的根极易再生，给下茬作物造成草荒，所以一般不与大田作物轮作。

③整地施肥。聚合草根系发达，利用期长，又喜水肥，要求有较好的整地质量和施以充足的基肥。种植前要深翻土地，耕作深度在 25 cm 以上。深耕前应施腐熟的厩肥，用量为 2 500 ～ 4 000 kg/ 亩，耕后应及时耙地平整，以利于种植和灌水。

④种植方法。利用聚合草冬季休眠特点，进行套种玉米、苦荬菜等作物，既不影响聚合草生长，又能充分利用土地，提高青饲料的产量，满足土鸡早春对青饲料的需要。单种聚合草时多在春秋两季栽种，栽种的苗以高 15 ～ 20 cm、有 5 ～ 6 片叶为宜，最好选择阴雨天种植。种植时必须将根茎埋入土中，行株距根据土壤肥力和管理水平而定。在土壤肥沃、管理水平高的地方，适当稀植，行距 60 cm，株距 50 cm；土壤肥力较差、管理水平低时，行距则为 50 cm，株距为 40 ～ 50 cm；也可第一年密植，第二年间疏一部分植株，即第一年种植的行距为 50 cm、株距为 33 cm，第二年行距不变，每隔 2 株间疏 1 株。

⑤田间管理。中耕除草：栽种成活后应进行 1 次中耕除草，在封垄前进行第二次和第三次中耕除草和培土。每次刈割后应结合追肥进行 1 次中耕，以使土壤疏松，保持土壤湿度，改善通透状况，以利于再生。

追肥：植株成活后要追肥 1 次，每年返青前也要追肥 1 次。每次刈割后应结合中耕除草追施 1 次速效氮肥，每亩用量 10 ～ 15 kg，也可施用腐熟的粪尿。

灌溉和排水：在干旱季节，每次刈割和追肥后，都应灌水 1 次，特别是高温干旱季节，要及时灌水，使之安全越夏。灌溉时不宜大水漫灌，最好进行沟灌和喷灌，以防烂根死株。在多雨季节，应注意开沟排水，以防因水渍而死亡。

（4）防止病虫害　聚合草抗逆性强，我国北方发生病虫害较少，只在衰老期发现有褐斑病和根腐病；南方易发生青枯病，也有立枯病和褐斑病的发生。发病时，要及早挖出病株，进行深埋或烧毁，同时用多菌灵 500 倍液或波尔多液 200 倍液进行喷洒或泼浇土壤，控制病情的发展。危害聚合草的害虫不多，主要是地老虎、蛴螬等地下害虫，常咬断幼苗，造成缺株，可人工诱杀或用敌百虫 1 000 倍液灌浇根部。

第三节　土鸡育雏工具与辅助喂养设备

一、热风炉及煤炉

热风炉及煤炉多用于地面育雏或笼育雏时室内加温，保温性能较好的育雏室每 15 ～ 25m^2 放 1 个煤炉。

二、保姆伞及围栏

保姆伞有折叠式和不折叠式两种。不折叠式又分为方形、长方形及圆形等。伞内热源有红外线灯、电热丝、煤气燃烧等，采用自动调节温度装置。折叠式保姆伞适用于网上育雏和地面育雏。伞内用陶瓷远红外线加热，伞上装有自动控温装置，省电，育雏效率较高。不折叠式方形保姆伞，长、宽各为 1 ～ 1.1 m，高 70 m，向上倾斜呈 45°，一般可用于 250 ～ 300 只雏鸡的保温。一般在保姆伞的外围还要加围栏，以防止雏鸡远离热源而受冷，热源离围栏 75 ～ 90 cm。雏鸡 3 日龄后围栏逐渐向外扩大，10 日龄后撤离。

三、红外线灯

红外线灯分为有亮光的和无亮光两种。生产中用的大部分是有亮光的，每只红外线灯为 250 ～ 500 W，灯泡悬挂距离地面 40 ～ 60 cm，可根据育雏的需要进行调整。通常 3 ～ 4 只灯泡为一组轮流使用，每只灯泡可以保温 100 ～ 150 只雏鸡。料槽与饮水器不宜放在灯下。

四、饮水器

饮水器多由顶圆桶和直径比圆筒略大的底盘构成。圆筒顶部和侧壁不漏气，基部离底盘高 2.5 cm 处开 1 ～ 2 个小圆孔。使用时，先使桶顶朝下，水装至圆孔处，然后扣上底盘反转过来。这种饮水器构造简单，使用方便，便于清洗消毒。它可以用镀锌铁皮、塑料等材料制成“V”形或者“U”形水槽，前者都用镀锌铁皮制成，但使用寿命短，容易腐蚀。也可以用大口玻璃瓶等制作，取材方便，容易推广。现在多用塑料制成的吊塔式饮水器，不仅解决了上述问题，且使用方便，便于清洗，寿命长。

乳头式自动饮水器是由阀芯与触杆组成，直接同水管相连，由于毛细管的作用，触杆端部经常悬着一滴水，鸡需要饮水时，只要啄动触杆，水即流出。鸡饮水完毕，触杆将水路封住，水即停止外流。这种饮水器安装在鸡头上方处，让鸡抬头喝水。安装时要随鸡的大小改变高度，可以安装在鸡笼内，也可以安装在鸡笼外。

五、断喙器

断喙器型号较多，用法不尽相同。采用红热烧切，既断喙又止血，断喙效果好。该断喙器主要由调温器、变压器与上刀片、下刀口组成。它用变压器将 200 V 交流电压变成低压大电流，使得刀片的工作温度在 820℃以上，刀片的红热时间不超过 30 s，消耗功率在

70 ～ 140 W，输出功率可以调节，以适应不同日龄雏鸡断喙的需要。

六、饲槽

饲槽是养鸡的一种重要设备，因鸡的大小、饲养方式不同对饲槽的要求也不同，但无论哪种类型的饲槽，均要求平整光滑，采食方便，不浪费饲料，便于清刷消毒。制作材料可选用木板、镀锌铁皮及硬质塑料等。开食盘，用于 1 周龄前的雏鸡，大都是由塑料和镀锌铁皮制成。船形饲槽多在平养与笼养普遍使用，长度依据鸡笼而定。在平面养殖的条件下，饲槽的长度为 1 ～ 1.5 m，为防止鸡踏入槽内将饲料弄脏，可以在槽上安上转动的横梁。干粉料桶，包括一个无底圆桶和一个直径比圆桶略大的底盘相连，可以调节桶与底盘之间距离。

七、鸡笼

1. 产蛋鸡笼

笼架是承受笼体的支架，由横梁和斜撑组成。笼体是由冷拔钢丝电焊而成，包括顶网、底网、前网、后网、隔网和笼门。一般前网和顶网压制在一起，后网和低网压制在一起，隔网为单片网，笼门作为前网或顶网的一部分，有的可以取下，有的可以上翻。笼底网要有一定的坡度，一般为 6°～ 10°，伸出笼外 12 ～ 16 cm，形成集蛋箱。附属设备护蛋板为一条镀锌薄铁皮，置于笼内前下方，鸡头可以伸出笼外啄食。

2. 育成鸡笼

也称青年鸡笼，主要用于青年母鸡，一般采取群体饲养。其笼体组合方式多采用 3 ～ 4 层半阶梯式或单层平置式。笼体由前网、后网、顶网、底网和隔网组成；每个大笼隔成 2 ～ 3 个大小不等小笼，笼体高为 30～35 cm，笼深为 45～50 cm，大笼长度一般不超过 2 m。

3. 育雏设施

育雏前要准备好保温设备、饲槽、饮水器、水桶、料桶、温湿度计、扫帚、清粪工具、消毒用具；另外，根据实际情况添置需要的用具。若是笼养育雏，还要准备专用的育雏笼。针对农村土鸡养殖，育雏笼也可就地取材自制，便于雏鸡采食、饮水和饲养人员管理操作即可。

4. 种鸡笼

多采用 2 层半阶梯式或平层式。适用于种鸡自然交配的群体笼，前网高度为 72 ～ 73 cm，中间不设隔网，笼中公、母鸡按一定比例混养。适用于种鸡人工授精的鸡笼分为公鸡笼和母鸡笼，母鸡笼的结构与产蛋鸡笼相同。公鸡笼中无板底网、滚蛋角和滚蛋间隙，其余结构与产蛋鸡笼相同。

八、栖架

鸡有高栖过夜的习性，每到天黑之前，总想在鸡舍内找个高处栖息。假设没有栖架，个别的鸡会飞在高处过夜，多数拥挤在一角栖伏在地面上，对鸡的健康不利。由此，在舍内后部应设有栖架。栖架主要有两种形式：一种是将栖架做成梯子形靠立在鸡舍内，称为立式栖架；另一种将栖架钉在墙壁上。也可以在养殖场内设立简易栖架。

第四章　生态养殖土鸡的营养需求与补充饲料的配制

第一节　土鸡的消化特点

一、生态养殖土鸡的采食规律

1. 杂食性

土鸡的祖先生活在野外，以昆虫、嫩草、植物种子、浆果为食，逐渐形成杂食性这一特点。在配合土鸡饲料时，要因地制宜，利用当地各种动植物饲料资源，做到饲料原料多样化。有条件的地区，可以利用草场、草坡、林间、果园、滩地等土地资源，进行放牧饲养，采食嫩草、草籽和昆虫，节约精饲料，提高养殖效益。

2. 觅食力强

土鸡由于选育程度不高，生产性能较现代鸡种低，但是其适应性特别强，表现抗病力强、觅食力强。在平养的情况下，能够在地面上找到一切可以利用的食物。

3. 喜食粒状饲料

鸡喙的形状决定了便于啄食粒状饲料，在不同粒度的饲料混合物中，首先啄食直径 3 ～ 4 mm 的饲料颗粒，最后剩下的是饲料粉末。为了使土鸡能够采食到各种饲料原料，要求饲料加工时粒度均匀，土鸡养殖可以直接将原粮撒到地面，任其自由啄食。

4. 采食高峰

在正常情况下，鸡采食行为都在有光的白天进行，雏鸡在晚上要人工光照补料。在自然光照条件下，成年土鸡采食有两个高峰期，一是日出后 2 ～ 3 h，二是日落前 2 ～ 3 h。生产中要在这两个时段保证饲料供应，满足生长、产蛋的需求。

5. 同步化采食

鸡喜欢群居生活，大群一块采食、饮水。雏鸡每天的采食次数为 30 ～ 50 次，而且在同一群中，个体间几乎是同步采食、同步休息。在生产中，一定要配足料槽、饮水器，满足均衡生长的需要。随着鸡龄的增大，采食次数明显减少，但是延长了每次的采食时间。

二、土鸡的消化特点

土鸡和其他鸡一样，有其特殊的消化器官。消化系统由口腔、食道、嗉囊、腺胃、肌胃、小肠、大肠和泄殖腔组成。

1. 喙

鸡没有牙齿，但有坚硬的喙和贮存食物的嗉囊，有一个腺胃和一个肌胃。

2. 口

鸡没有嘴唇、软腭、面颊和牙齿，饮水时不能将水吸入口中，必须抬起头使水借助重力流入食道，没有吞咽动作。口中的腺体可分泌带淀粉酶的唾液，但是食物在口腔中通过速度很快，所以食物在口腔内消化的机会很小。

3. 嗉囊

嗉囊的作用是贮存食物，嗉囊没有消化功能，但口腔分泌的唾液可在嗉囊继续对食物进行消化。

4. 腺胃

腺胃也称真胃或前胃。腺胃中的腺细胞呈突起状，也称腺胃乳头。腺细胞分泌的胃液中含有消化蛋白质的胃蛋白酶和盐酸，消化液通过腺胃乳头的小孔进入腺胃。由于食物通过腺胃的速度较快，所以食物在腺胃中的消化量很少。胃液中的酶可以在食物进入肌胃后发生消化作用。

5. 肌胃

肌胃也称沙囊，内有很厚的黏膜，有两对强有力的肌肉能发出强大的力量，对食物起到磨碎的作用。

6. 肠道

鸡的肠道很短，饲料消化利用很不完全。小肠壁可以分泌少量酶对蛋白质和糖类进行消化。盲肠的确切作用还不十分清楚，不过对食物的消化作用不大。盲肠内有一些细菌的活动，似乎对鸡的免疫力有关。大肠的作用是重新吸收水分，以增加鸡体细胞中的含水量和保持体内水平衡。

7. 泄殖腔

泄殖腔是消化道、尿道和生殖道的公共出口。

8. 肝脏

肝脏分两大叶，其功能之一是分泌胆汁。胆汁是含有胆汁酸的黄绿色液体，胆汁进入十二指肠的下段，主要帮助消化脂肪。胆汁内不含消化酶，其主要作用是中和食糜的酸性，并使脂肪乳化，从而促进其消化。

第二节　生态养殖土鸡的营养需求

一、蛋白质和氨基酸

蛋白质是土鸡生命活动中不可缺少的物质，是细胞的重要组成部分，也是体内功能物质的主要成分。蛋白质还可以转化为糖类和脂肪，为机体提供或者贮存能量。蛋白质是由氨基酸组成的，氨基酸的主要元素是碳、氧、氢、氮。一般测定饲料中蛋白质的含量都是测定饲料中的含氮量，再乘以6.25的系数，就得到蛋白质含量。因为饲料中还有其他含氮物质，这样得到的蛋白质又称为粗蛋白质。饲料蛋白质被家禽采食后。首先在胃中分解为蛋白胨，进入小肠后被胰蛋白酶和小肠蛋白酶分解为肽，最终分解为各种氨基酸而被吸收。

1. 必需氨基酸

指鸡体不能合成或合成量不能满足土鸡生长生产的需要，必须由饲料供给氨基酸，有蛋氨酸、赖氨酸、异亮氨酸、精氨酸、色氨酸、苏氨酸、苯丙氨酸、组氨酸、缬氨酸、亮氨酸、甘氨酸。

2. 非必需氨基酸

机体能合成，不必从日粮供给的氨基酸，除必需氨基酸以外的其他氨基酸。

在土鸡配合饲料中除了要提供足够的蛋白质外，还要保证蛋白质中合理的氨基酸含量，即蛋白质中氨基酸的含量与土鸡生长发育所需的氨基酸比例一致。蛋白质过多，不仅造成浪费，还有可能使机体功能紊乱，出现中毒；蛋白质含量过低，则容易导致发育迟缓，体重下降，甚至死亡。

在生态土鸡的养殖中，应注意蛋白质抗营养因子的存在，饲料中的抗营养因子一般在原料加工过程中即消除，而天然环境中的抗营养因子，需要去除含有抗营养因子的杂草消除。

二、碳水化合物

碳水化合物是土鸡生长的重要能量来源，主要是由碳、氢、氧元素组成，包括淀粉、糖类和粗纤维。淀粉和糖是重要的能量来源，还可以作为合成脂肪的原料。粗纤维可以促进胃肠蠕动，缺乏时容易引起便秘，过多时会降低饲料的营养价值。一般土鸡日粮中的粗纤维含量不能超过5%。

三、脂肪与必需脂肪酸

脂肪是鸡体细胞的重要组成成分，如神经、血液、肌肉、骨骼、皮肤等都含有脂肪，又是鸡蛋的组成成分，约占蛋重的10%。脂肪是脂溶性维生素（维生素A、维生素D、维生素E、维生素K）和激素（雌素酮、雄素酮等）的溶剂，这些维生素和激素只能溶解在脂肪中。所以它在鸡体内的吸收和利用，都要借助于脂肪来完成；脂肪还有固定脏器、防止机械损伤的作用。

鸡可将体内的碳水化合物转化为脂肪，不需要饲料供给，但有些脂肪酸必须由饲料供给，鸡体内不能合成，称为必需脂肪酸。亚油酸和亚麻油酸最重要，一般加2%植物油就不会缺乏。

在脂肪不足时，会引起生长迟缓、性成熟延后、产蛋率下降等；相反，脂肪过多，则会引起食欲不振、消化不良、下痢等。由于一般饲料中都含有一定数量的粗脂肪，且饲料中的粗蛋白质和碳水化合物还有一部分可转化为脂肪，所以在土鸡日粮中，一般不另外添加脂肪。

四、矿物质元素

矿物质是土鸡营养中的无机营养素，是鸡骨骼、羽毛、血液等组织不可缺少的部分。一般放牧时不容易缺乏，但是如果地方性缺乏，则容易缺乏。比如，缺硒、钴等，需要在饲料中补充。

在土鸡体内含量不小于0.01%的矿物质称为常量元素，包括钙、磷、钠、钾、镁、氯、硫等；含量小于0.01%的矿物质称为微量元素，包括铜、铁、锰、锌、硒、碘、钴等。

1. 钙和磷

钙、磷是鸡需要量最多的两种矿物质元素，二者约占体内矿物质元素总量的70%左右，它们主要构成骨骼。另外，钙还是蛋壳的主要成分，还参与神经传导、肌肉收缩、促进血液凝固等。磷也是构成蛋壳和蛋黄的原料，磷还参与体内能量代谢、钙的吸收利用以及维持酸碱平衡。在缺钙、磷时，雏鸡出现生长停滞，逐渐消瘦，容易出现异食癖；成鸡佝偻病、软骨病、骨质疏松症，产蛋率下降，产薄壳蛋或软壳蛋。

不同生长阶段的鸡对钙、磷的需要量是不同的，一般鸡开始产蛋后对钙、磷的需要量随产蛋率增加而增加，特别是钙，一般产蛋鸡饲粮中钙的含量为 3% ～ 4%。但也不是含钙量越多越好。如超过需要量，则影响鸡对镁、锰、锌等元素的吸收，对鸡的生长发育和生产不利。钙、磷在贝粉、石粉、骨粉等矿物质饲料中含量丰富，因此，在配合日粮时，要注意添加含钙、磷量多的矿物质饲料。植物性饲料中磷，鸡只能利用 30% 左右。

钙和磷有着密切的关系，在一般情况下，钙、磷的正常比例应为 1.2∶1，产蛋鸡为 4∶1 或更宽些。另外，在配合日粮中，如果日粮中维生素 D 缺乏时，会影响钙、磷吸收。即使日粮中钙、磷充足且比例适当，鸡也会出现一系列缺乏钙、磷的症状。

2. 镁

镁在鸡体主要存在于骨骼中，此外，镁还分布于软组织和细胞外液中。还参与蛋白质合成，可调节神经和肌肉的兴奋性，又是一些酶类的活化剂。缺乏镁时，鸡生长发育不良。但过多则扰乱钙、磷平衡，导致下痢。在一般情况下，日粮中应含镁 200 ～ 600 mg/kg 饲料。植物性饲料中镁的含量丰富，一般日粮中含镁量可以满足鸡的需要。

3. 硫

鸡体内含硫约为 0.15%，它以含硫氨基酸的形式参与羽毛、喙、爪等角质蛋白的合成，还参与碳水化合物代谢。饲料中一般都含有丰富的硫，不需要另外补充饲料。硫缺乏时，土鸡出现生长缓慢、羽毛蓬乱、脱羽等。

4. 钾、钠、氯

它们都是体内的电解质，主要作用是维持细胞渗透压的稳定、调节酸碱平衡、参与水的代谢；此外，钾还参与蛋白质和糖的代谢，并具有促进神经和肌肉兴奋性的作用。缺钾时，鸡食欲减退、精神萎靡，甚至出现弛缓性瘫痪。一般情况下饲料中含有丰富的钾，可以满足鸡的需要。在养殖土鸡中，应注意适当添加食盐，以补充钠和氯，缺乏容易形成啄癖，过量容易出现食盐中毒。一般添加量为 0.3% 左右。

5. 铁

铁在机体内以有机化合物形式存在，如血红蛋白、肌红蛋白、细胞色素和多种氧化酶等。铁主要参与氧和二氧化碳的转运，还与鸡体造血机能、羽毛色素形成及生长发育有着密切关系。土鸡缺铁时会发生贫血、发育不良、产蛋率下降。一般日粮中可满足鸡生长需要，含铁 40 ～ 80mg/kg，若日粮中缺铜或维生素 B_6，则影响铁的吸收利用，易发生铁缺乏症。

6. 铜

铜主要作为酶的成分参与体内代谢，还参与机体造血过程、促进铁在肠道吸收、血红蛋白合成与红细胞的生成，还参与骨的形成、维持血管弹性等。鸡对铜的需求很少，约 4 mg/kg 日粮。土鸡雏鸡缺铜时会出现共济失调、骨质疏松、被毛粗乱等症状，成鸡出现贫血、羽毛褪色、瘫痪等。高铜暂时会有促生长作用，但长时间会造成黄疸，甚至死亡。

7. 锌

锌分布在鸡体的肝、肾、肌肉、骨、皮毛等组织中，是鸡体内多种酶类、激素和胰岛素的组成成分。其主要功能是：参与碳水化合物、蛋白质和脂肪的代谢，骨胶原的合成，与胰岛素形成复合物，利于其发挥，与皮肤和羽毛的生长密切相关。一般鸡日粮应含锌 35 ～ 65 mg/kg，锌在鱼粉、肉骨粉和糠麸中含量较多，一般配合饲料可以满足土鸡生长需要。缺锌时，土鸡表现为生长发育缓慢，羽毛生长不良，诱发皮炎，尤其是趾上出现鳞片，有时出现啄癖。产蛋期鸡产蛋量减少，出现畸形蛋。含锌过多，会影响铁和铜的吸收利用，如果超过需要量的 10 倍以上，可出现中毒反应，鸡生长受阻，免疫力降低，严重的死亡。

8. 锰

锰存在于鸡体内的血液、肝脏骨骼及其他组织，锰在鸡体内主要起抗氧化作用，参与碳水化合物、蛋白质和脂肪的代谢，增加骨的强度。一般鸡日粮约含锰 55 mg/kg，在谷物、饼类、糠麸、鱼粉等饲料原料中都含锰。但一般满足不了需求量，需要另外添加，在饲料中可添加硫酸锰 242 g。缺锰时鸡容易患骨短粗症或“滑腱症”，表现为胫骨与跖骨接头处肿胀，使腓肠肌腱从骨踝滑出，严重时病鸡不能站立，甚至死亡；成鸡缺锰，产蛋量减少，蛋壳变薄，产畸形蛋。鸡对过量的锰有较强的耐受性，据试验超过需求量 20 倍，短时期无明显中毒现象。

9. 硒

硒存在于鸡体内的肾、肝、肌肉等器官组织的细胞中，硒主要功能是抗氧化和保护细胞膜不受氧化损伤，还具有影响蛋白质的合成、促进脂类的吸收、增加免疫等作用。一般饲料约含硒 0.1 mg/kg，饲料中需要补充硒，特别是在一些缺硒的地区。缺硒时，鸡生长发育受阻，肌肉营养不良，出现明显的白色条纹，俗称“白肌病”，还可以引起鸡免疫力下降，产蛋期产蛋量下降。硒的某些作用与维生素 E 具有交叉性，一般饲料中可添加亚硒酸钠、维生素 E。

10. 碘

碘主要存在于鸡体内的甲状腺，并参与甲状腺的合成。一般饲料中约含碘 0.3 mg/kg，需要饲料添加。缺碘时会影响甲状腺的合成，出现甲状腺素缺乏症，主要表现为：畏寒，脂肪沉积加快，严重时出现甲状腺肿大；过量时，病鸡易脱毛，易患各种传染病。

11. 钴

钴存在于鸡体内的肝、肾、骨等组织器官中，是维生素 B_{12} 的组成成分之一，是鸡生长发育和维持健康不可缺少的元素之一。大多数饲料均含有微量的钴，一般可以满足鸡的营养需要，不需要另外添加。日粮中缺钴与缺维生素 B_{12} 症状相同，引起贫血症。

五、维生素

维生素是机体内不可缺少的一种特殊营养物质，大多数维生素在鸡体内不能合成，需要由饲料提供。维生素都有其特殊的功能，缺乏会引起不同的症状。过多一般无毒性作用。根据维生素亲水、亲脂不同，可分为水溶性（维生素 B、维生素 C）和脂溶性维生素（维生素 A、维生素 D、维生素 E、维生素 K）两种。

1. 维生素 A

维生素 A 是脂溶性维生素的一种，包括视黄醇、视黄醛、视黄酸等。它是鸡维持视觉功能和维持消化道、呼吸道、肠道等黏膜结构的完整、骨骼生长等所必需的物质。鸡的维生素 A 最低需要量一般在 1 000 ～ 5 000 IU，主要来源于动物性饲料，如鱼肝油等，而植物性饲料，如青菜、玉米、胡萝卜等，含维生素 A 原，在鸡体内可转化为维生素 A。维生素 A 缺乏会导致夜盲症，土鸡雏鸡出现精神萎靡、生长迟缓、逐渐消瘦、干眼症、抵抗力下降等；成年鸡表现为鸡冠发白，眼、鼻中流出水样分泌物，上下眼睑连在一起，严重的引起失明。母鸡产蛋率下降，公鸡出现精液质量下降、种蛋质量下降。维生素 A 过量（超过 50 倍以上）会引起鸡中毒，引起神经症状。维生素 A 在空气中容易被氧化破坏，应注意豆类炒熟后使用，全价料不宜长久存放，并注意防止霉变。维生素 A 缺乏时可按维生素 A 正常需要量加大 3 倍拌料内服，如鱼肝油、维生素 AD_3 等，一般见效比较快。

2. 维生素 B

B 族维生素属于水溶性维生素，种类广泛，主要包括以下种类；

（1）维生素 B_1　也称为硫胺素（抗神经炎维生素、抗脚气病维生素），在鸡体内参与乙酰胆碱的合成，参与碳水化合物的代谢。一般饲料中可满足需要，但当饲料中的硫胺素遭到破坏时，可引起缺乏症。缺乏时会引起外周神经紊乱，典型雏鸡症状是头向背后弯曲呈“观星”姿势，还伴有生长发育不良，采食减少，羽毛蓬乱，腿无力，步态不稳。成鸡发病鸡冠常呈蓝紫色，以后逐渐出现神经症状，严重的全身衰竭死亡。

（2）维生素 B_2　也称为核黄素。参与能量和蛋白质的代谢、氧化还原反应。一般动物性饲料和青饲料中含量很高，不容易缺乏，但易被碱、光等因素破坏。缺乏时雏鸡的典型症状为坐骨神经显著肿胀，趾内向弯曲，甚至引起腿完全麻痹、瘫痪（蜷爪麻痹症）；成鸡缺乏时，会引起蛋的品质下降，影响受精率。

（3）维生素 B_6　是吡哆醇、吡哆醛、吡哆胺的总称，参与氨基酸的合成与代谢，参与碳水化合物和脂肪的代谢。在谷物、豆类、种子外皮中含量比较丰富，雏鸡容易缺乏。缺乏时，会出现发育受阻，脱毛、皮炎，有时有神经症状，成鸡产蛋率下降、孵化率降低。

（4）维生素 B_{12}　也称为氰钴胺素、钴胺素，在体内参与核酸和蛋白质的生物合成，与维生素 B_{11} 的作用相互联系。一般在动物性饲料和微生物发酵饲料中含量丰富，鸡需要饲料中补充。缺乏时引起鸡出现贫血，生长发育不良。

3. 维生素 C

维生素 C 又名抗坏血酸，它参与体内氧化还原反应及体内其他代谢，参与合成胶原蛋白，维持细胞间质的正常结构，具有解毒作用和抗氧化作用。一般情况下饲料可以满足体内维生素 C 的需要，但当发生热应激、疾病等情况时，需要额外补充。缺乏时容易患坏血病，伴有生长发育不良、出现水肿等症状。

4. 维生素 D

维生素 D 又名抗佝偻病维生素等，是脂溶性维生素的一种，常见的两种主要形式是麦角钙化醇（维生素 D_2）和胆钙化醇（维生素 D_3）。维生素 D 的主要生理功能为调节钙和磷代谢。一般饲料中含维生素 D 较少，干草中含量多，需要饲料补充。缺乏时雏鸡的成骨作用发生障碍，出现佝偻症和软骨症，伴有发育不良，生长受阻；成鸡发生软骨症，蛋壳变薄，产蛋率下降。过量的维生素 D 能引起血钙过高，使多余的钙沉积在心脏、血管等，导致心力衰竭，甚至死亡。

5. 维生素 E

维生素 E 又名生育酚、抗不育维生素，属于脂溶性维生素，是一种生物抗氧化剂，与硒有协同作用，可以阻止脂肪酸和其他易氧化物的氧化，保护生物膜的完整，维持红细胞和毛细血管的稳定与完整等。维生素 E 还可促进性腺发育，提高鸡的免疫力，提高产蛋率。一般青饲料和谷类饲料富含维生素 E，但应激状态时，需要饲料补充。

缺乏时，主要引起肌肉发育不良，典型症状为“白肌病”；长期缺乏时病鸡出现瘫痪和脑软化症，最后心力衰竭而死亡。

6. 维生素 K

维生素 K 又名凝血维生素或抗出血维生素，是脂溶性维生素的一种，其主要生理功能是促进肝脏合成凝血酶和凝血因子，并激活从而参与凝血过程。一般体内可以合成，不需要饲料中添加。但是，在鸡断喙时，需要额外添加。缺乏会导致血凝不良，出现皮下紫斑；过多会引起贫血。

六、水

水和其他营养物质一样，是土鸡生长发育所不可缺少的物质之一。主要功能是鸡体内良好的溶剂，可以转运和排泄废物；是机体重要的组成部分，可以和蛋白形成胶体，维持细胞组织形态；是许多生化反应的介质，如水解、氧化还原反应等；调节体温和润滑体内各器官的作用。生态养鸡必须保证水的充足供应，并保证水源的卫生良好。缺水时，会导致代谢紊乱，甚至死亡。

第三节　生态养殖土鸡的常用补充饲料

养殖土鸡的饲料来源非常广泛，分为天然饲料和辅助补饲饲料。天然饲料必须是不施加任何化肥、农药的，如放牧的山坡或果园。种植的补饲饲料也必须按照有机食品生产的要求操作；辅助补饲饲料生产过程中严禁添加各种药物添加剂和生长激素。根据饲料原料的营养特性可以分为三大类：能量饲料、蛋白质饲料和矿物质饲料。

一、能量饲料

能量饲料是指饲料干物质中粗纤维少于 18%，粗蛋白质少于 20%

的饲料。主要包括谷实类、糠麸类，以及富含淀粉的根、茎、瓜果类，还有油脂和糖蜜类，以及一些外皮较少的草粉籽实类。能量饲料是土鸡能量的主要来源，占日粮比例的 50% ～ 80%。

1. 玉米

玉米是最常见的能量饲料，其纤维含量少，适口性强，消化率高，能量高，但蛋白质含量比较低。玉米是最主要的能量饲料，生产中利用最多。玉米中淀粉能量高、适口性好，容易消化吸收。《中国饲料成分及营养价值表》（2021 年第 32 版）玉米中，鸡的代谢能为 13.09 MJ/kg、粗蛋白质为 7.7%。黄玉米中含有丰富的叶黄素，可以沉积于鸡的胫爪、皮肤和蛋黄中，提高肉蛋的外观等级与商品价值。玉米中缺乏赖氨酸、蛋氨酸等限制性氨基酸，与豆粕配合效果好，可以达到氨基酸互补。

饲喂土鸡所使用的玉米不能发霉变质。

2. 高粱

去皮高粱能量约为玉米的 80%，粗蛋白质含量平均约为 10%，赖氨酸、色氨酸、苏氨酸和组氨酸的含量较低，维生素含量和玉米相似。未去皮的高粱中含有丹宁酸，口感比较差，喂量不宜过多，一般 5% ～ 10%。

3. 小麦

小麦是重要的粮食作物，价格低时是养鸡的理想饲料。小麦的能量和蛋白质均较高，而且蛋白质品质比玉米好（各种限制性氨基酸含量较玉米高）。小麦中 B 族维生素特别丰富，和玉米配合使用效果更好。土鸡日粮中小麦最高可用到 30%，产蛋期用量过大，蛋黄颜色变浅，注意添加适量草粉来提高蛋黄的色泽度。

4. 麸皮

麸皮是小麦加工面粉的副产品，粗蛋白质含量在 12.5% ～ 17%，麸皮中 B 族维生素含量丰富。麸皮价格相对便宜，在土鸡饲料配合中较为常用。麸皮的粗纤维含量为 8% ～ 18%。

麸皮质地疏松，具有轻泻性，在育成鸡的饲料中可以大量使用，雏鸡和产蛋期的鸡尽量少用。

5. 碎米

碎米是稻谷加工大米的副产品，淀粉含量高、纤维素含量低，易于消化，是土鸡的良好饲料。碎米在南方水稻主产区价格便宜，可以适当加大用量，用量占日粮的 30% ～ 50%。在我国北方，碎米和玉米比较没有价格优势，而且碎米蛋白质含量低，缺乏叶黄素，较少使用。

在土鸡上市前 10 d 应停止使用碎米，否则会降低土鸡皮肤的黄色。

6. 稻谷

稻谷含壳约 20%，影响消化吸收。南方水稻主产区可以适当使用，使用时磨碎，以 10% 的比例加入混合饲料中。也可以将稻谷撒于养殖采食场地，让土鸡自由啄食。

稻谷不适合喂雏鸡，适于喂 40 日龄以上的鸡，随着日龄的增长可以适当地增加喂量。

7. 燕麦

燕麦是一种古老的农作物，早在 2 000 多年以前就有文字记载。燕麦属于禾谷类作物，大部分饲用，少量用于粮食。由于其适应性强，干草和籽实营养价值均高，适于凉爽湿润的地区生长，目前我国种植燕麦的地区主要有河北、内蒙古、青海、山西，其次为甘肃、宁夏、陕西、新疆、吉林、辽宁、四川、贵州和云南，这些地区生态养殖土鸡可以利用部分燕麦。燕麦籽实蛋白质含量在 14% ～ 15%，最高可达 19%，明显高于小麦、水稻和玉米，并且脂肪含量也高。由于燕麦早熟，完成生育期所需积温少，在高寒、生长期短的地区，积温不能满足玉米籽实的成熟，精饲料主要通过种植燕麦来解决。

8. 油脂类

常温下呈液态的脂肪称油，呈固态的称作脂。油脂的能量浓度很高，而且很容易被鸡体所利用。在配合日粮时，可以适当加入一定量的油脂，不仅可以提高日粮代谢能，而且可以大大降低饲料粉尘对工人的危害。主要用于商品土鸡育肥期和种鸡，但要注意在上市前 1 周不能添加有异味的动物性油脂，否则影响鸡肉风味。冬季天气严寒，养殖土鸡饲料中添加一定量的油脂可以起到御寒作用。油脂有植物油和动物油两种类型，植物油品质较好，价格高；动物油脂主要有鱼油、猪油、牛油、禽类油脂等，品质不稳定。油脂在配合饲料中的添加量为 0.5% ～ 2%。

9. 块根、块茎和瓜类

马铃薯、甜菜、南瓜、甘薯、胡萝卜等含碳水化合物多，适口性好，产量高，易储藏，是土鸡的优良饲料，特别在青绿饲料缺乏的冬季。这类饲料含水多，营养物质的浓度较低，体积大，影响营养物质的摄入，喂饲时注意矿物质的平衡。此类喂量不能过大，易造成腹泻和蛋白质缺乏，最多占到日粮的 40%。薯类干粉可代替 20% 的谷物饲料。

冬季喂饲土鸡的南瓜不能腐烂。

马铃薯、甘薯、木薯、芋头熟后饲喂消化率提高，最好蒸煮后拌于其他饲料中喂给，也可制成干粉或打浆后与糠麸混拌饲喂。南瓜、胡萝卜中富含胡萝卜素，各种养分比较完全，消化利用率高，味甜，适口性好，生喂熟喂均可。

冬春季土鸡补饲的胡萝卜要保存好，最常用的方法有埋土储存、菜窖储存、装袋密封储存等方式，这些储存方式储存时间短，容易发芽长根，或者腐烂变质，最好的保鲜储存方式是田间覆盖储存。当气温降至 -10℃时，在塑料膜上面再覆盖 3 ～ 5 cm 厚的玉米秸保温，这种方法保鲜，可以随时采挖，随时销售，一直可以保存到第二年春天气温回升至胡萝卜发芽，胡萝卜不但不会冻坏，也不会发生失水、发芽、长白根甚至腐烂等情况。

10. 糟渣类

酒糟、甜菜渣等也可做土鸡饲料，但因纤维素含量高，不可多用。土鸡上市前 1 周不喂酒糟，否则会影响肉质风味。

11. 糠饼类

糠饼类含有丰富的 B 族维生素。但能量较低，粗纤维含量较高，体积也大，鸡不宜多吃。通常雏鸡和育肥期日粮中，用量不宜超过 8%、育成鸡不超过 20%、产蛋鸡不超过 15%。必须指出，各类糠饼的营养差别很大，配合日粮时要特别注意。米糠榨油后所得糠饼，虽然总营养含量不会增多，但蛋白质比例反而提高，也提高了饲用价值。

饲喂糠饼时，搭配 40% ～ 50% 的玉米效果较好。

二、蛋白质饲料

蛋白质饲料是指在干物质中，粗纤维含量低于 18%，同时粗蛋白质含量在 20% 或以上的饲料，包括豆类、饼粕类、动物性饲料类及其他。

1. 豆饼（粕）

大豆籽实提取油后的残渣，因榨油工艺不同，可分为豆饼和豆粕两种。用压榨法加工的副产品称为豆饼，用浸提法加工的副产品称为豆粕。豆饼（粕）中含粗蛋白质 40% ～ 45%，经加热处理的豆饼（粕）是鸡最好的植物性蛋白质饲料。一般在日粮中用量可占 10% ～ 30%。虽然豆饼中赖氨酸含量比较高，但缺乏蛋氨酸，故与其他饼粕类或鱼粉配合使用。注意不能用生豆饼喂鸡，因为其含有抗营养因子，加热可以破坏此因子。

2. 花生饼（粕）

花生饼中粗蛋白质含量略高于豆饼，为 42% ～ 48%，口感好，土鸡喜食，但蛋白品质较差，精氨酸含量高，赖氨酸含量低，其他营养成分与豆饼相差不大，与豆饼配合使用效果较好，一般在日粮中用量可占 15% ～ 20%，不宜作土鸡的唯一蛋白质饲料。花生不宜生喂，应进行加热处理。花生饼脂肪含量高，贮存时易染上黄曲霉菌，染菌的不能喂鸡。

3. 葵花籽饼（粕）

优质的脱壳葵花籽饼粗蛋白质含量可达 40% 以上，蛋氨酸含量比豆饼多 2 倍，粗纤维含量在 10% 以下，B 族维生素含量也比豆饼丰富，且容易消化。但目前完全脱壳的葵花籽饼很少，其粗纤维量大于 18%，按国际饲料分类原则不属于粗饲料。一般可添加 5% ～ 15%。

4. 芝麻饼（粕）

芝麻榨油后的副产品，含粗蛋白质40%左右，蛋氨酸含量高，适当与豆饼搭配喂鸡。一般在日粮中用量可占5%～10%。

5. 菜籽饼（粕）

蛋白质含量约38%，营养含量丰富，含有较多的钙、磷、硒和B族维生素，但适口性差，且含有硫葡萄糖苷，容易产生对鸡有害的物质。需加热处理去毒才能作为鸡的饲料，一般在日粮中含量占5%左右。

6. 棉籽饼（粕）

一般其含粗蛋白质33%左右，粗纤维含量较高，且含有棉酚，宜单独作为鸡的蛋白质饲料。棉籽饼粕经去毒后，可与豆饼、花生饼配合使用效果较好，日粮中一般不超过4%。

7. 昆虫

包括蚕蛹、黄粉虫、蚯蚓等，这些昆虫含蛋白质在60%左右，且营养丰富，可以让鸡在自然环境中自由采食。补饲饲料中添加不超过5%。

三、矿物质饲料

矿物质饲料是为了补充土鸡在自然环境中采食后，不能满足体内所需的矿物质元素，需要补饲来满足。

1. 补钙

主要是补充贝壳粉和石粉，石粉是天然的石灰石（碳酸钙）粉碎而成，含钙34%～38%。贝壳粉是由贝壳粉碎而成，含钙30%～37%，是良好的钙质饲料。一般根据鸡的不同生长期，添加量也不同。

2. 补磷

主要是骨粉和磷酸氢钙，骨粉含磷10%～15%，含钙24%，因其成分变化较大，来源不稳定，在国外已经很少使用，只要杀菌彻底，可以安全使用，用量为2%～3%。磷酸氢钙（磷酸二钙），经脱氟处理后其氟含量小于0.2%、磷16%、钙23%，钙、磷比例比较平衡，可以添加1%～2%，使用时要注意重金属不要超标。

3. 补盐

盐规格比较多，一般粗盐含氯化钠95%，精盐含99%，盐含钙38%、氯59%，补饲中必须添加，可以补充矿物质，也可以增加适口性，帮助消化，一般添加0.3%。

四、中草药饲料添加剂

随着养殖业的发展，兽药和抗生素等添加剂得到了广泛应用，但兽药和抗生素等容易在动物体内残留，严重影响畜产品的质量，威胁着人类健康。中草药是一类具有营养和药物作用的物质，其原料来源广泛，配方灵活，具有不易产生药物残留、无毒、无不良反应和无抗药性等优点，是抗生素等药物无法比拟的，这使中草药添加剂在众多抗生素替代物中脱颖而出。

中草药饲料添加剂，顾名思义是以中草药为原料制成的饲料添加剂，虽然有些学者将其归入非营养性饲料添加剂，按国家审批和管理也归入药物类饲料添加剂，然而，由于中药既是药物又是天然产物，含有多种有效成分，基本具有饲料添加剂的所有作用，可作为独立的一类饲料添加剂。我国应用中药作为饲料添加剂具有悠久的历史，早在两千多年前就开始用来促进动物生长、增重和防治疾病。

1. 中草药饲料添加剂在养鸡生产中的主要功能

（1）提高免疫性能　当畜禽感染疾病或遇到应激时，容易引起机体免疫性能下降。中草药添加剂能够促进淋巴细胞转化，增强巨噬细胞的吞噬功能，提高细胞免疫及体液免疫水平，增强机体免疫力和抗病能力。资料表明，大约有200种中草药具有免疫活性，其免疫有效成分主要有多糖、有机酸、生物碱、苷类和挥发性物质，如黄芪多糖、花粉多糖、马兜铃酸、小檗碱、人参皂苷、大蒜素等，这些物质有提高畜禽免疫力、增强抗病力的作用。

（2）抑菌消炎　抗生素容易在动物体内残留，使机体产生耐药性，造成严重的食品安全、人类健康及使用抗生素治疗效果降低等问题，这些问题已无法满足养殖业的发展需要。而中草药添加剂具有双向调节及整体调控的特点，有标本兼治的功效，效果优于抗生素添加剂。中草药和抗生素的抑菌机制不同，抗生素直接作用于细菌并将其杀灭，而中草药在抑制病原微生物的同时，还能激发动物提高机体抗感染的能力，促进抗体形成，抑制其对抗体产生破坏性的免疫反应。韩剑众等试验表明，复方中草药抽提物能有效抑制大肠杆菌、沙门氏杆菌、变形杆菌、链球菌、葡萄球菌和枯草芽孢杆菌等多种致病菌的生长，促进胃肠道双歧杆菌、乳杆菌、乳链球菌、拟杆菌和消化球菌等有益菌的增殖。

（3）补充营养　中草药中含有蛋白质、糖、脂肪、淀粉、维生素和矿物质等大量营养物质，作为添加剂可补充营养成分，促进消化吸收，提高饲料利用率和畜禽生产性能。何国耀等发现，党参茎叶中含有 18 种氨基酸，其中 10 多种是动物生长所必需的氨基酸，含有 K、Na、Ca 和 Mg 4 种常量元素和 12 种微量矿物质元素，同时还含有淀粉和微量生物碱。

2. 养殖鸡常用中草药饲料添加剂的分类

（1）食欲调节剂　主要由消食、理气、健脾等药物组成，具有调节、促进消化的作用，提高饲料的利用效率。苦味调节剂有陈皮、厚朴、青皮、黄柏、苦参、蒲公英；芳香调节剂有茴香、石菖蒲、枳壳、苍术、香附；辛辣调节剂有红辣椒、芥子、大蒜；消化调节剂有山楂、麦芽、神曲（三者常出现在一个方剂中，称“三仙”）。

①苦参。苦参为豆科多年生落叶亚灌木植物苦参的干燥根，春秋两季采挖，除去根头和小支根，洗净，干燥，或趁鲜切片，干燥。内含苦参碱等，味苦性寒。有清热燥湿、杀虫、利尿的功效，归心、肝、胃、大肠、膀胱经。主治消化不良、热痢、肠炎、便血等，内服健胃，煎剂能抑制结核杆菌、大肠杆菌、皮肤真菌等。与其他药物配伍可防治雏鸡白痢等。

②黄柏。为芸香科植物黄皮树的干燥树皮，也称“川黄柏”。剥取树皮后，除去粗皮，晒干。本品呈板片状或浅槽状，长宽不一，厚

1～6 mm。外表面黄褐色或黄棕色，平坦或具纵沟纹，有的可见皮孔痕及残存的灰褐色粗皮；内表面暗黄色或淡棕色，具细密的纵棱纹。体轻，质硬，断面纤维性，呈裂片状分层，深黄色。味苦性寒。有清热燥湿、泻火解毒、退虚热的功效。用于湿热泻痢等。

③陈皮。为芸香科植物橘及其栽培变种的干燥成熟果皮。药材分为“陈皮”和“广陈皮”。采摘成熟果实，剥取果皮，晒干或低温干燥。含挥发油、橙皮苷、胡萝卜素及维生素 B_1、维生素 C 和锌、钴、铁等元素，有理气健脾、燥湿化痰等功效，还可抑制葡萄球菌、溶血性嗜血杆菌生长。日粮中添加 2%～3% 陈皮干粉，可增强养殖鸡食欲和消化能力，促进生长，增强鸡体的抗病能力。

④蒲公英。多年生草本植物。蒲公英别名黄花地丁、婆婆丁、华花郎等。根圆锥状，表面棕褐色，皱缩，叶边缘有时具波状齿或羽状深裂，基部渐狭成叶柄，叶柄及主脉常带红紫色，花葶上部紫红色，密被蛛丝状白色长柔毛；头状花序，总苞钟状，瘦果暗褐色，长冠毛白色，花果期 4—10 月。

蒲公英有清热解毒、消肿散结、利尿通淋等功能，对革兰氏阳性菌、金黄色葡萄球菌有抑制作用。养殖鸡补充日粮中添加 2%～3% 的蒲公英干粉，有健胃、增进食欲、促进生长等功效，并可预防消化道、呼吸道疾病，提高雏鸡成活率。

⑤麦芽。麦芽含有淀粉酶、转化糖酶、维生素 B_1、卵磷脂等成分，性味甘温，能提高饲料适口性，促进家禽唾液、胃液和肠液分泌，可作为消食健胃添加剂。一般日粮中可添加 2%～3% 麦芽粉。

⑥大蒜。大蒜中富含蛋白质、糖类、磷质及维生素 A 等营养成分，其含有的大蒜素具有健胃、杀虫、止痢、止咳、驱虫等多种功能。在鸡饲料中添加 3%～5% 的大蒜渣，可提高雏鸡成活率，增加蛋鸡产蛋量；按 10% 添加到日粮中，连喂 3 d，可治疗球虫病和蛲虫病。患雏鸡白痢的病鸡，用生蒜泥灌服，连服 5 d，病鸡可痊愈。

⑦红辣椒。辣椒为茄科植物辣椒成熟的果实，7—10 月采集，晒干、粉碎，包装贮备。果实所含辛辣成分主要是辣椒碱、二氢辣椒碱、降二氢辣椒碱、高二氢辣椒等。另含色素（如叶黄素、辣椒红

素、辣椒玉红素、胡萝卜素等)、维生素C和有机酸(如柠檬酸、酒石酸、苹果酸等)。红辣椒粉性味辛、热，无毒，有温中、散寒、开胃消食，治泻痢、冻疮、疥癣等功用。

由于红辣椒粉富含叶黄素(含量达396 mg/kg，是黄玉米含量的18倍)，养殖鸡育肥期和产蛋期日粮中添加0.5%红辣椒粉，可用作着色剂，增加蛋黄黄色素含量，增加三黄鸡黄色皮肤颜色的深度，提高土鸡蛋和养殖鸡肉的经济价值。由于进口色素添加剂价格昂贵，故用红辣椒粉代替，具有易得、便宜、无副作用等优点。

(2)新陈代谢调节剂　主要由滋阴壮阳、补气、补血等药物组成，具有增强内分泌功能、促进新陈代谢的效果。有黄芪、女贞子、刺五加、苍术、枸杞叶、淫羊藿、何首乌等。

①黄芪。黄芪含有氨基酸、微量元素、胆碱等，可促进机体蛋白质代谢和新陈代谢，可作为促生长添加剂。在养殖鸡日粮中添加0.5%～1%的黄芪粉，可加快养殖鸡增重，提高饲料利用率，增强机体免疫能力。

采用以黄芪为主并以其他中草药为辅的组方可以显著地提高养殖蛋鸡产蛋率7%以上，饲料报酬能提高15%以上。在1周龄雏鸡饲料中添加1%的黄芪干粉，能显著提高雏鸡食欲、增强消化能力，提高抗病力，大大降低雏鸡的死亡率。以0.3%的剂量添加在夏季养殖蛋鸡日粮中，能减轻蛋鸡热应激，显著提高蛋鸡的产蛋率，降低料蛋比和蛋鸡死亡率，并能提升鸡蛋的品质。按1%的添加量添加于养殖鸡饲料中，能显著提高养殖鸡体重5%以上，饲料转化率提高9%，还能提高鸡血清新城疫抗体效价，并能降低鸡体内胆固醇含量。

②苍术。菊科多年生草本植物，味辛、苦，性温，含丰富的维生素A、维生素B，其维生素A含量比鱼肝油多10倍，还含具有镇静作用的挥发油。苍术有燥湿健脾、发汗祛风、利尿明目等作用。养殖鸡补充日粮中加入2%～5%苍术干粉，并加入适量钙粉，有开胃健脾，预防夜盲症、骨软症、鸡传染性支气管炎、喉气管炎等功效，还能加深蛋黄颜色。

(3)抗病毒、抑菌杀虫剂　主要由清热解毒药物组成，具有抑菌、杀菌、抗病毒及破坏、清除毒性物质等作用。有金银花、鱼腥草、大蒜、白头翁、雄黄、艾蒿、贯众、野菊花、蒲公英、马齿苋、仙鹤草、地榆、穿心莲等。

①金银花。为忍冬科多年生常绿绕性木质藤忍冬的干燥花蕾。内含绿原酸、异绿原酸、木犀草素、双花醇、芳樟醇等。

味甘性寒。归肺、胃、大肠经。清热解毒，透表止痢。对金黄色葡萄球菌、白色葡萄球菌、溶血性链球菌等均有抑制作用，其中对金黄色葡萄球菌的抗菌作用最强，绿脓杆菌、大肠杆菌次之。若与抗生素或黄芪等合用，可提高抑菌效果，并可减少耐药菌株的产生。还可促进机体淋巴细胞转化作用，增强白细胞吞噬金黄色葡萄球菌的作用。此外，还有利胆、促进胃肠蠕动、消化腺体分泌作用。常用于治疗流感、肠炎、其他热性传染病等。与其他药配伍可防治霍乱、鸡传染性喉气管炎、支气管炎等。本品常与连翘、板蓝根、黄芩等配伍使用。内服用量一般为 1.2 ～ 2.4 g/ 只。

②鱼腥草。鱼腥草为白草科植物疏草的全草。含挥发油约 0.005%，其中主要抗菌物质为癸酰乙醛。人工合成的称为鱼腥草素。辛、微寒，归肺经。清热解毒，利水消肿。

癸酰乙醛抗菌谱广，对革兰氏阳性菌，如金黄色葡萄球菌（包括青霉素耐药菌株）、肺炎双球菌、溶血性链球菌的抑制作用强，对卡他球菌作用较弱；对革兰氏阴性菌，特别对流感杆菌、伤寒杆菌的抑制作用较强，对某些致病性真菌也有一定的抑制作用，还具有增强机体免疫力的作用。鱼腥草素能增强机体网状内皮系统的功能，增强白细胞的吞噬能力，并使动物的白介素浓度增加。本品还有镇痛、止血、止咳、抑制浆液渗出、促进组织增生及利尿等作用。常用于治疗肺炎、支气管炎、咽喉肿胀、肾炎等。有报道，与其他药配伍可防治禽湿热痢疾、肠胃炎、消化不良、鸡白痢等。

③马齿苋。为马齿苋科 1 年生肉质植物马齿苋的全草。含去肾上腺素、多巴胺，还含有生物碱、香豆精、黄酮类、强心苷、多种维生素、有机酸和大量钾盐。味酸，性寒，归大肠、肝经。具有清热解毒、利湿、凉血的功效。对大肠杆菌、痢疾杆菌、金黄色葡萄球菌及

某些致病真菌均有抑制作用，还有利尿、加强肠蠕动的作用。内服用于治疗肠炎、血痢病。与其他药物配伍可防治鸡白痢、细菌性肠炎、消化不良及球虫等。

④野菊花。别名苦魁。为菊科多年生草本植物野菊、北野菊、岩香菊的干燥头状花序，全草亦入药。花序及全草含有挥发油、黄酮类、菊色素、香豆精等。黄酮类主要是野菊黄酮、花青素苷类的矢车菊苷。挥发油以樟脑为主要成分。味苦、辛，微寒，归肺、肝经。有清热解毒的功效。对金黄色葡萄球菌、溶血性链球菌、大肠杆菌、绿脓杆菌均有抑制作用，还能增强机体白细胞的吞噬机能。用于流感、肠炎、脑炎等。与其他药配伍可防治禽湿热痢疾、肠胃炎、消化不良、鸡白痢等。

⑤艾叶。艾叶（别名艾蒿、灸草、狼尾蒿子）为菊科植物艾或同属植物野艾的叶子，于春、夏季采摘，阴干或晒干，去掉绒毛，粉碎贮备。艾叶含挥发油和芳香油，并富含蛋白质、矿物质、多种必需氨基酸、胡萝卜素、泛酸、胆碱，以及维生素 B_1、维生素 B_2、维生素 C 等。性味苦辛、温，无毒；有理气血、治菌痢、逐寒湿、安胎、止血等功用。艾叶作为养殖鸡的饲料添加剂，长期饲喂，安全无毒，对其生长发育和繁殖均无不良影响。

养殖土鸡育肥期日粮中添加 2% ～ 2.5% 艾叶粉，增重可提高 10.49% ～ 22.69%，每增重 1 kg 体重可节约精饲料 400 g，经济效益提高 12.5%；此外，还可改善鸡肉品质、抗病、脱臭等。养殖鸡产蛋期日粮中添加 1.5% ～ 2% 艾叶粉，产蛋率可提高 4% ～ 5%。

（4）*天然矿物调节剂*　主要由富含矿物质的药物组成。有芒硝、石膏、麦饭石等。

芒硝，别名芒硝、马牙硝、朴硝、皮硝，是以矿石、矿泉或海水中天然矿物质提炼而成。其主要成分是硫酸钠，为无色棱状或长方形结晶体，可溶于水。性味苦、咸，大寒，无毒。芒硝含有硫元素 22.6% 及其他微量无机盐。芒硝经风化或加热失去结晶水即成无水芒硝，呈白色颗粒状结晶性粉末，其性味大致同芒硝。每 100 kg 芒硝可制成 40 ～ 50 kg 无水芒硝。

芒硝在畜禽体内吸收率和生物效率均高于其他硫酸盐，能促进肠壁细胞水分分泌和胃肠蠕动。小剂量芒硝有利于健胃，大剂量（配合大黄等）有软坚泻下的功效。

硫元素可改善饲料中氮素和其他营养物质的吸收利用，促进体内蛋氨酸、胱氨酸等含硫氨基酸以及维生素、酶、胆碱和核糖核酸的生物合成，从而提高增重、产蛋量，并改善家禽肉、蛋的蛋白质质量；此外，芒硝中的硫元素还参与角蛋白质的生物合成，可改善蛋壳质量，加速鹅、鸭羽绒生长，提高其产量和质量。大量资料分析表明，以植物性饲料为主的畜禽日粮中，往往缺少含硫氨基酸，如果添加0.1% ～ 0.2% DL 蛋氨酸（每克含硫 0.225 g），就能把饲料中尚未利用的蛋白质充分利用起来，提高畜禽生产性能。所以，蛋氨酸等限制性氨基酸为饲料蛋白质营养强化剂。近年来，芒硝已被许多国家用作畜禽饲料蛋白质营养强化剂，而且比蛋氨酸更便宜（芒硝价格仅为蛋氨酸的 6% 左右）。

为预防雏鸡啄癖，可在发现有啄癖现象时，连喂 10 d 0.5% 石膏（硫酸钙），以后改喂芒硝添加剂，在日粮中添加 0.25% 芒硝，一直喂到养殖鸡出栏上市，可有效减轻啄癖发生。养殖的产蛋鸡可在日粮中添加 0.3% 芒硝，不但能减轻啄癖发生率，还可提高产蛋率。

（5）饲料营养添加剂　主要介绍松针针叶（别名松叶、松毛），为松科植物（如马尾松或油松、云南松、黄山松、黑松、赤松等）的树叶，四季均可采集。

调制方法：将鲜叶摊在水泥地或竹帘上，厚度 5 ～ 8 cm，自然干燥 5 ～ 7 d（不能曝晒）。干松针叶可用粉碎机粉碎，用尼龙袋或塑料袋包装、密封，贮存于通风、干燥处。每 100 kg 鲜叶可制成 50 kg 松针叶粉。

松针叶含有挥发油、黄酮类和树脂，性味苦、温、无毒，有祛风、抗流感、杀虫、止痒等功用。松针叶粉是一种营养全面的饲料添加剂。据中国林业科学研究院林产化学工业研究所测定，松针叶粉含代谢能 18.8 MJ/kg、蛋白质 9.5%、无氮浸出物 41.2%、粗脂肪 8.4%、粗纤维 26.1%、矿物质（含钙、磷、镁、钾、钠等）2.3%，其中铁、铜、锰、锌、钴、钼、硒等微量元素含量均高于其他叶粉和牧草；富含胡萝卜素（197.13 mg/kg）、叶绿素（6 000 ～ 15 000 mg/kg）以及维生素 D、维生素 K、维生素 E、维生素 C、维生素 B、维生素 B_3 等；此外，还含有赖氨酸、蛋氨酸等 17 种必需氨基酸。

实践证明，雏鸡日粮中添加 2% 松针叶粉，其成活率、增重率和饲料转化率分别提高 7.1%、11.1% 和 28.4%；养殖鸡产蛋期补充日粮中添加 3% ～ 5% 松针叶粉，其产蛋量、饲料转化率、蛋重和受精率分别提高 10%、15.1%、2.9% 和 1%，且蛋黄颜色加深；养殖鸡育肥期日粮中添加 3% ～ 5% 松针叶粉，其日增重和饲料转化率分别提高 8.1% ～ 12% 和 8.4%，且肉质鲜嫩可口。

松针粉是在抚育幼林时，将修剪下来的幼嫩枝条和针叶收集起来，经过干燥、粉碎而成。松针粉色绿、幽香，是近年来人们正在开发的一种营养价值较高的畜禽饲料添加剂。

3. 推荐使用的复方中草药饲料添加剂

（1）中草药提高养殖鸡的生产性能　在养殖鸡产蛋期，中草药饲料添加剂能够促进蛋鸡生长，提高产蛋率、蛋质量和饲料转化率。选用淫羊藿、枸杞、黄芪、甘草、刺五加和益母草等十几味中药组成添加剂并制成超微粉，在土鸡产蛋期补充日粮中添加 0.25% ～ 0.5%，可显著提高产蛋率和蛋质量。以麦芽、松针粉、胡萝卜、陈皮和石膏组成的中草药添加剂，养殖土鸡采食后能显著提高雏鸡的日增重。用党参、黄芪、当归、淫羊藿和陈皮等中草药组成纯中药添加剂，按 0.5% ～ 1% 添加到产蛋期补充日粮中，可显著提高产蛋率和蛋品质。在养殖鸡补充日粮中分别添加黄芪、党参、白术、当归、女贞子、五味子、枸杞、刺五加、山楂和干姜，发现这 10 种中草药均具有促进生长的作用。

在以养殖土公鸡为主的场，无论是中草药添加剂单独使用，还是与益生素等混合使用，均能不同程度地提高公鸡的生产性能，并且尚无中草药添加剂对养殖鸡生产性能负面影响的报道。中草药添加剂能增加鸡体质量及提高饲料转化率，促进蛋白质的合成与生长相关的激素分泌和矿物质元素在机体内的利用，增强脂类物质在体内的代谢，防止腹脂过度沉积，提高瘦肉率，增加肌肉中氨基酸及不饱和脂肪酸的含量，改善鸡肉风味，提高鸡肉品质。

用党参 10 g、黄芪 20 g、茯苓 20 g、神曲（炒）10 g、麦芽（炒）20 g、山楂（炒）20 g、甘草 5 g、槟榔（炒）5 g，混饲，养殖土鸡每 100 kg 补充饲料加 2 kg，连喂 3 ～ 7 d，可提高养殖鸡增重。

用桂皮 40%、小茴香 30%、砂姜 10%、陈皮 10%、胡椒 5%、甘草 5%，粉碎混匀，拌料，每只养殖鸡每天喂 1 g，可提高养殖鸡增重，并改善鸡肉风味。

（2）中草药抗病　中草药对常见的病原菌具有很好的抑制作用。具有抗菌功能的中草药有很多，其中连翘、大蒜、板蓝根、金银花和大青叶等具有广谱抗菌效果，大黄、黄芩、蒲公英和野菊花等有抗大肠杆菌的功能，而大蒜中的主要活性物质大蒜素杀菌力强、抗菌谱广、无毒及无不良反应，已经在饲料生产中得到广泛应用。在养殖鸡产蛋期补充日粮中，由麻黄、板蓝根、金银花、白头翁和黄芪等制成的中草药添加剂，按 2% 比例在饲料中添加，发现鸡传染性支气管炎症状明显减轻，经过一个周期的连续用药，症状基本消失。在产蛋鸡补充日粮中分别添加党参、女贞子、五味子、枸杞和刺五加复方中草药，免疫增强效果较好。

使用黄芪、白头翁、金银花和大青叶等制成的中草药添加剂对鸡传染性支气管炎和传染性法氏囊病的防治有显著的效果。用黄连、当归、栀子、肉桂和甘草等按一定比例混合配成中草药添加剂，能有效控制养殖鸡大肠杆菌病。

（3）中草药提高养殖土蛋鸡鸡蛋品质　中草药添加剂能降低鸡蛋中胆固醇，改善蛋品质，如蛋壳质量、蛋白高度、蛋黄颜色和哈氏单位等。用当归、熟地、川芎、赤芍和黄芪等制成中草药添加剂，添加到养殖土蛋鸡补充日粮中，可增加蛋黄颜色和蛋黄相对质量，增加蛋壳厚度，促进老龄鸡对钙的吸收和利用。

（4）中草药降低养殖鸡的热应激　鸡的体温调节机能不完善，特别是生态养殖鸡，在山坡无高大乔木等遮阴的情况下，当环境温度很高时，会造成鸡产生热应激，从而引起生理机能紊乱，使得蛋黄颜色、蛋形指数和蛋壳厚度等发生变化。夏季在养殖土蛋鸡日粮中添加中草药抗热应激剂，可以提高土蛋鸡的生产性能和土鸡蛋品质，降低病死率，改善蛋鸡血液生化指标。

用女贞子、五味子可改善热应激下土蛋鸡的生产性能，减轻热应激对土蛋鸡的危害。黄芪和淫羊藿具激素样作用，石膏可调节体温中枢，益母草能刺激并加强应激状态下垂体–肾上腺功能，还能增强机体的非特异性免疫。生产中可通过添加复合中草药添加剂增加药物的功能，减轻热应激造成的机能紊乱，减少营养物质和能量的损耗，从而提高土蛋鸡产蛋率及其质量。

第四节　养殖土鸡补充全价日粮的配制

土鸡养殖，即使可以采食到自然界中的多种营养素，但也一定要喂给补充饲料，否则其自身生长和产蛋都会受到影响。有的养殖户补喂农家饲料原料也可行；但如果规模化生产，还是要补充全价日粮，才能取得最好的养殖效益。

一、养殖土鸡的参考饲养标准

饲养标准是以营养学家通过科学试验和生产实践总结的数据为依据，提供的营养指标。包括能量、蛋白质、粗脂肪、粗纤维、钙、磷，以及各种氨基酸、微量矿物质元素和维生素等。一般饲养标准分为国家标准与企业自己制定的专业标准。养殖土鸡要根据土鸡的不同品种、性别、周龄、营养状态、环境等因素，合理确定其不同营养物质的需要量。目前养殖土鸡还没有专门的饲养标准，可参照地方品种土鸡的饲养标准执行。地方品种黄鸡的饲养标准见表 4–1。

表 4–1　地方品种黄鸡的饲养标准

周龄	0 ～ 5	6 ～ 11	12 以上
代谢能（MJ/kg）	11.72	12.13	12.55
粗蛋白质（%）	20	18	16
蛋白质能量比（g/MJ）	17.06	14.84	12.74

注：其他营养指标参考生长期蛋鸡和肉用仔鸡饲养标准折算。

二、生态养殖土鸡补充全价日粮的配制

（一）饲料配制的原则

要配制既能满足鸡的生产需要，又能降低生产成本的配合饲料，设计配方时需遵循以下原则。

1. 选用合适的饲养标准

饲养标准是饲料配合时各种营养元素含量的依据，应满足鸡的营养需要，这是生产配合饲料和保证配合饲料品质的最基本要求。要根据不同品种、不同日龄鸡的饲养标准设计不同的饲料配方。

2. 选择饲料时，应考虑经济原则

要尽量选用营养丰富、价格低廉、来源方便的饲料进行配合，注意因地制宜、因时制宜，尽可能发挥当地饲料资源优势。如在满足各主要营养物质需要的前提条件下，尽量采用价廉和来源可靠、品优的青绿饲料（如甘薯、南瓜、马铃薯等）代替部分谷实类饲料，以降低饲养成本。

3. 注意日粮的品质和适口性

忌用有刺激性、异味、霉变或含有其他有害物质的原料配制饲料。影响饲料的适口性有两个方面。一方面是饲料本身的原因，如高粱含有单宁，喂量过多会影响鸡的采食量，因此以占日粮 5% ～ 10% 为宜；另一方面是加工造成的，如压制成颗粒料可提高适口性，而粉料土鸡吃起来会发黏，适口性降低。因此，粉料不能磨得太细，各种

饲料的粒度应基本一致，避免鸡挑剔。

4. 选用的饲料种类应尽量多样化

在可能的条件下，用于配合的饲料种类应尽量多样化，以利于营养物质的互补和平衡，提高整个日粮的营养价值和利用率。

5. 日粮要保持相对稳定

如确需改变时，应逐渐更换，最好有 1 周的过渡期，避免发生应激，影响鸡的食欲，降低生产性能。尤其是对产蛋期种母鸡，更要注意饲料的相对稳定。

6. 注意原料质量

不能用发霉、酸败、质量低劣的原料（假豆饼、假鱼粉、假添加剂等）来配制日粮，在选用代用品时必须保证质量。每次购进的原料必须进行营养分析，防止假冒饲料。每次更换饲料配方时，要提前进行饲喂试验（提前 2 周），防止大群饲喂时蒙受重大损失。

7. 改善饲料的保存条件

防止在保存过程中的损失和变质。注意仓库的温湿度、通风等环境条件。防鼠害、防火、防水，缩短储存时间，减少饲料的氧化损耗。每次配料满足 2～4 周使用为宜，最好是随配随喂。当天加工、当天饲喂，或 1 周之内也可。药物、复合多维素、氨基酸等添加剂要在饲喂前混合进去，且应混合均匀。

8. 注意常用饲料原料应占的比例

（1）能量饲料　玉米 40%～60%、小麦 5%～10%、碎米 5%～10%、糠麸类 5%～15%、油脂 1%～2%。

（2）蛋白质饲料　豆粕 15%～20%、菜籽粕 2%～5%（种鸡不用）、棉籽粕 2%～4%（种鸡不用）、花生粕 5%～10%、鱼粉 1%～2%（雏鸡阶段）。

（3）矿物质饲料　石粉（生长期）1%～1.5%、石粉（产蛋期）7%～8%、骨粉或磷酸氢钙 1%～1.5%、食盐 0.3%～0.4%。

（4）添加剂类　微量元素添加剂 0.2%～0.5%（或按说明书）、维生素添加剂 200～400 g/t（或按说明书）、蛋氨酸 0.1%～0.2%、赖氨酸 0.1%～0.2%。

（二）生态养殖土鸡计算饲料配方注意事项

①首先考虑日粮中代谢能和粗蛋白质的需要量以及两者的比例是否适宜，然后看钙、磷含量是否满足需要和是否平衡，最后调节维生素和微量元素的需要量。在配合日粮时，一般对原料中的维生素不予考虑，完全靠额外添加来满足需要。

②由于饲料原料品种不同、来源不同，含水量、储存时间不同，营养成分经常发生变化。在配制日粮时要加上安全系数，以保证应有的营养物质含量，但是安全系数也不能太大，以免浪费。

③在条件允许的情况下，尽可能使用种类比较多的原料，达到营养物质互补（主要是氨基酸互补），降低饲料成本。

④既要求饲料质量好，适口性强，同时也要兼顾价格，使用一些便宜的原料。对一些有用量限制的原料要严格控制使用量，如棉籽粕、高粱等，避免图便宜而造成对鸡的伤害。

⑤每次配制的总饲料量不要超过 1 个月的用量，以免长期储存降低营养成分的含量，尤其是维生素的含量。夏季长时间储存饲料还容易发霉，尤其在高温高湿条件下极容易变质。

⑥饲料配方要相对稳定，如需要更换饲料，最好采用逐渐过渡的方法，以免引起食欲下降和消化障碍。

⑦要根据土鸡的生长规律及营养需要做配方。据试验，土鸡的生长高峰有两个，即 20 ～ 45 日龄和 65 ～ 100 日龄。营养需要：1 ～ 60 日龄饲料的粗蛋白质含量为 16% ～ 18%，代谢能为 11.7 ～ 12.8 MJ/kg；60 日龄后饲料的粗蛋白质含量为 13% ～ 15%，代谢能约为 13 MJ/kg。

⑧根据土鸡的饲养技术，饲料前精后粗，饲喂前期自由，后期定时定量，按土鸡的饲养标准配制。

（三）饲料配方计算方法

1. 交叉法

也称为方形法、对角线法。在饲料种类少、营养指标要求低的情况下，可以用这一方法。在饲料种类及营养指标要求多时，也可采用此法，但需反复计算，两两组合，比较麻烦，而且又不能使配合饲料同时满足多项营养指标。

例如，用玉米（含粗蛋白质 8.5%）和豆饼（含粗蛋白质 42.5%）配制粗蛋白质水平为 16.5% 的混合饲料。

（1）作十字交叉图　把需要混合饲料达到的粗蛋白质含量 16.5% 放在交叉处，玉米和豆饼的粗蛋白质含量分别放在左上角和左下角；然后以左上、下角为出发点，各向对角通过中心作交叉，大数减小数，所得数字分别记在右上角和右下角。

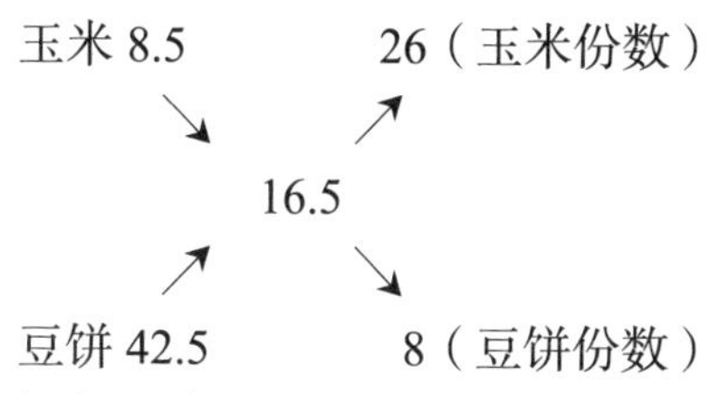

（2）计算混合比　用上面计算所得的份数除以它们的和，即得两种饲料的混合比。

玉米应占比例 =26 ÷（26+8）×100% ≈ 76.5%

豆饼应占比例 =8 ÷（26+8）×100% ≈ 23.5%

此种方法计算的结果只是满足了粗蛋白质的营养，其他成分未计算，因此实用价值不大。

2. 试差法

这种方法在目前日粮配制中应用较多。试差法就是根据经验和饲料营养含量，先大致确定各种饲料在日粮中所占比例，再将各种饲料所含营养成分分别计算出来，这样同种养分相加得到该初拟配方的每种养分含量，然后与饲养标准对照，根据差值再进行适当调整，所以称为试差法。调整时可通过某些饲料的含量和比例，直到所有营养指标都基本满足营养标准为止。调整的顺序为能量、蛋白质、磷、钙、蛋氨酸、赖氨酸、食盐等。

下面以蛋鸡饲料的配制过程，说明使用试差法的计算方法。

第一步：确定营养需要，查蛋鸡的营养标准（表 4–2）。

表 4–2　蛋鸡的营养标准

代谢能（MJ/kg）	粗蛋白质（%）	钙（%）	磷（%）
11.54	16.5	3.5	0.6

第二步：掌握饲料原料的营养成分。已知原料及其营养成分如表 4–3。

表 4–3　饲料原料及其营养成分

饲料名称	代谢能（MJ/kg）	粗蛋白质（%）	钙（%）	磷（%）
黄玉米	14.02	8.5	0.02	0.21
高粱	12.93	8.5	0.07	0.11
麦麸	7.11	13.5	0.22	1.09
豆饼	10.04	42.1	0.27	0.63
菜籽饼	8.62	31.5	0.61	0.95
鱼粉	9.83	53.6	3.16	0.17
血粉	9.92	80.2	0.30	0.23
骨粉	—	—	30.12	13.46
贝壳粉	—	—	38.10	0.07

第三步：初拟配方。根据营养需要、饲料供应情况、饲料营养成分和参照典型日粮或经验配方，首先粗略制订饲料配方成分如表 4–4。

表 4–4　粗略制订饲料配方成分

饲料	配方（%）	代谢能（MJ/kg）	粗蛋白质（%）	钙（%）	磷（%）
黄玉米	59	8.27	5.015	0.011 8	0.123 9
高粱	10	1.29	0.85	0.007	0.011
麦麸	3	0.21	0.45	0.066	0.032 7
豆饼	9	0.90	3.789	0.023 4	0.056 7
菜籽饼	5	0.43	1.575	0.030 5	0.046 5

（续表）

饲料	配方（%）	代谢能（MJ/kg）	粗蛋白质（%）	钙（%）	磷（%）
鱼粉	5	0.49	2.68	0.158	0.058 5
血粉	2	0.20	1.602	0.036	0.004 6
骨粉	2	—	—	0.602	0.269 2
贝壳粉	5	—	—	1.905	0.003 5
饲料标准		11.54	16.50	3.50	0.60
总计	100	11.79	15.961	2.8397	0.60
与标准比较		+0.25	−0.539	−0.660 3	+0.006 6

第四步：调整。由上述初拟配方可以看出，能量多 0.25 MJ，粗蛋白质缺 0.539%、钙缺 0.660 3%。因此，在少量减少能量的同时，要适当增加粗蛋白质和钙含量。设想用豆饼代替玉米，每增加 1% 豆饼、减少 1% 玉米时，粗蛋白质增加 0.336%，能量减少 0.042 MJ，钙增加 0.002 5%，磷增加 0.004 2%。如豆饼增加 2%，玉米减少 2%，则总能量为 11.71 MJ，粗蛋白质为 16.75%，钙为 2.745%，磷为 0.060 8%，结果能量还多 0.2 MJ，粗蛋白质基本符合要求。钙仍差 0.755%，磷已满足要求。如增加 2% 的贝壳粉，减少 2% 的玉米，则能量为 11.43 MJ，粗蛋白质为 16.42%，钙为 3.61%，磷为 0.6%。调整后的配方归纳见表 4–5。

表 4–5　调整后的配方

饲料	配方（%）	代谢能（MJ/kg）	粗蛋白质（%）	钙（%）	磷（%）
黄玉米	55	7.71	4.67	0.011	0.115 5
高粱	10	1.29	0.85	0.007	0.011
麦麸	3	0.21	0.45	0.066	0.032 7
豆饼	11	1.10	4.63	0.029 7	0.069 3
菜籽饼	5	0.43	1.575	0.030 5	0.046 5
鱼粉	5	0.49	2.68	0.158	0.058 5

（续表）

饲料	配方（%）	代谢能（MJ/kg）	粗蛋白质（%）	钙（%）	磷（%）
血粉	2	0.20	1.602	0.036	0.004 6
骨粉	2	—	—	0.602	0.269 2
贝壳粉	7	—	—	2.667	0.004 9
饲料标准		11.54	16.50	3.50	0.60
总计	100	11.43	16.457	3.61	0.612 2
与标准比较		–0.11	–0.043	+0.11	+0.012 2

3. 计算机法

随着养殖业集约化和配合饲料工业产业化的发展，要求配方设计采用多种饲料原料，而且需要计算的营养成分指标也增多，还得考虑降低饲料成本、节约饲料资源等，用手工计算方法很难达到，而且又相当烦琐，所以就需要借助计算机进行配方优化。采用计算机设计配方，是借助一定的数学模型，并将其编织成软件，在计算机上完成饲料配方的设计。

4. 土鸡养殖期饲料的配制方法

土鸡养殖期饲料配制的方法与其他家禽或家畜饲料配制方法一样。小规模饲养场多根据营养标准，以试差法设计配方。规模化鸡场或饲料厂，目前多使用配方软件，既快捷，又精确。但是，无论采用哪种方法，都必须了解土鸡营养的特殊性、所用饲料的大体比例。根据多年来实践经验，配制土鸡养殖期精料补充料的不同饲料原料大致比例如表 4–6 所示。

表 4–6　生态养殖土鸡饲料配制不同原料的大致比例关系

项目	育雏期	育成期	开产期	产蛋高峰期	其他产蛋期
能量饲料	69 ~ 71	70 ~ 72	68 ~ 70	64 ~ 66	65 ~ 68
植物性蛋白饲料	23 ~ 25	12 ~ 13	18 ~ 20	19 ~ 21	17 ~ 19
动物性蛋白饲料	1 ~ 2	0 ~ 2	2 ~ 3	3 ~ 5	2 ~ 3

（续表）

项目	育雏期	育成期	开产期	产蛋高峰期	其他产蛋期
矿物质饲料	2.5 ～ 3.0	2 ～ 3	5 ～ 7	9 ～ 10	8 ～ 9
植物油	0 ～ 1	0 ～ 1	0 ～ 1	2 ～ 3	1 ～ 2
限制性氨基酸	0.1 ～ 0.2	0 ～ 0.1	0.1 ～ 0.25	0.2 ～ 0.3	0.15 ～ 0.25
食盐	0.3	0.3	0.3	0.3	0.3
营养性添加	适量	适量	适量	适量	适量

根据以上提供的不同饲料原料的大致比例，即可用不同的饲料配合方法设计配方。在配方设计时，不同原料的用量要灵活掌握。例如，能量饲料主要有玉米、高粱、次粉和麸皮。由于高粱含有的单宁较多，用量应适当限制。麦麸的能量含量较低，在育雏期和产蛋期用量不可太多，否则将达不到营养标准；另外，动物性蛋白饲料主要是优质鱼粉、蝇蛆粉、黄粉虫粉。尽量不用土作坊生产的皮革粉或肉骨粉；油脂对于提高能量含量起到重要作用，但选用油脂最好使用无毒、无刺激和无不良气味的植物油脂，不应选用羊油、牛油等有膻味的油脂，以防将这种不良气味带到产品中，影响适口性，降低产品品质。

关于沙砾的添加，一般笼养鸡有意识地添加一些小石子，以帮助消化。但在养殖期间，鸡可自由采食所需营养物质。田间或草地中，特别是山场，有丰富的沙石，可不必另外添加。

青饲料的添加问题。在养殖期间，由于鸡可采食大量的青绿饲料，因此没有必要在补充的饲料中额外添加。但是在育雏后期，为了使小鸡适应养殖期的饲料，可逐渐在配合饲料中添加 10% ～ 30% 优质青饲料；在冬季产蛋期，为了保证鸡蛋蛋黄色度和降低胆固醇，可在配合饲料中增加 10% ～ 15% 优质青饲料（如蔬菜）或添加 5% 左右的优质青干草。

5. 土鸡各阶段配方实例

（1）土鸡育雏期推荐参考配方（%）

配方 1：玉米 45、碎米 18、小麦 12、豆饼 20、鱼粉 3、骨粉 2、食盐适量。

配方 2：玉米粉 53.2、麸皮 8、豆饼粉 22、菜籽饼粉 6、鱼粉 6、骨粉 2、贝壳粉 2、多维素 0.5、食盐 0.3。

配方 3：玉米 45、碎米 18、小麦 12、豆饼 20、鱼粉 3、骨粉 2，食盐适量。

配方 4：玉米 65、豆粕 25、菜籽粕 2、花生粕 2、鱼粉 2、石粉 1.2%、骨粉 1.9%、微量元素添加剂 0.5、维生素添加剂 0.03、食盐 0.37。

（2）土鸡育成期参考配方（%）

配方 1：玉米 20、碎米 15、小麦 10、豆（糠）饼 30、碎青料 20、微量元素 3、食盐 1、小苏打 1。

配方 2：玉米 55、豆粕 10、鱼粉 1、麸皮 16、统糠 16、骨粉 1、食盐 0.3、蛋氨酸 0.2、微量元素 0.35、氯化胆碱 0.15。

配方 3：玉米 20、碎米 15、小麦 10、豆（糠）饼 30、碎青料 20、微量元素 3、食盐 1、小苏打 1。其中鱼粉、骨粉可自制，收集蚌肉、畜禽骨等晒干烘透粉碎即成。可以让鸡任意采食，不限量。

（3）土鸡产蛋期参考配方（%）

配方 1：玉米粉 62、小麦粉 17、豆饼粉 12、鱼粉 4、滑石粉 1、贝壳粉 2.6、生长素 0.5、多维素 0.5、食盐 0.4。

配方 2：玉米 62、豆粕 20、菜籽粕或棉籽粕 6、贝壳粉 2、预混料 5、其他青饲料或纤维饲料 5。

配方 3：玉米 60、豆粕 24、鱼粉 3、麸皮 10、骨粉 2、蛋氨酸 0.2、盐 0.3、微量元素 0.35、氯化胆碱 0.10。

配方 4：玉米 65、豆粕 26、鱼粉 5、骨粉 3、蛋氨酸 0.3、盐 0.3、微量元素 0.25、氯化胆碱 0.15。

配方 5：玉米 61、豆粕 18、鱼粉 3、麸皮 6、骨粉 1.5、菜籽饼 5、石粉 5、盐 0.3、微量元素 0.1、氯化胆碱 0.1。

三、配合饲料加工

1. 工艺设计

配合饲料的加工工艺要适应各种加工原料，并要求机电配套合理，设备安装紧凑，工艺经济指标先进，作业安全，产品质量好。所有噪声大、震动大和粉尘多的工序应进行隔离。生产量大、品种多的饲料厂，应采用比较完善的工艺流程，采用自动程序控制系统。生产能力小、品种少的小型饲料厂，可采用人工计量配料的工艺。

2. 工艺流程

目前饲料加工的工艺流程按生产方式可分为：先配料、后粉碎、再混合，与先粉碎、后配料、再混合两种方式，前者较常见。一般配合饲料加工工艺流程如下：

（1）原料收储　原料仓的容量一般可供 15 ～ 30 d 生产所需数量。原料入厂多采用包装运输并储存，但发展趋势为散装输送和储存，优点是可节省包装费用，且便于机械化操作。

（2）原料清理　为保证安全生产，原料必须经过清理，清理的目的主要是清除杂质和铁质。

（3）原料粉碎　饲料原料的粉碎粒度，要根据禽种不同而定，按粉碎时通过的筛孔孔径计算。以鸡料为例，雏鸡为 1 mm 以下、青年鸡为 2 mm（颗粒料 4.5 mm）、成年鸡为 2 ～ 2.5 mm（颗粒料 6 mm）。

（4）配料　配料工序是饲料加工工艺的重要部分。主要要求是配料比例准确。目前多数饲料厂已采用自动称重配料系统，配料准确而且速度快，节省劳力。

（5）混合　混合是在生产配合饲料过程中，将配合好的饲料搅拌均匀的一道工序。通过混合使整批饲料的任何一部分均能符合饲料配方所规定的成分比例，它们的变异系数不应大于 10%。

（6）成品包装与储运　多数产品是用袋装，塑料编织袋有 40 kg 或 5 ～ 10 kg 不等。成品用铲车装卸，堆在成品仓的垫板上。各厂家根据产品特性规定有使用期，并在标签上标明。

3. 颗粒料加工

将配制成的粉状配合料加工成颗粒料称为制粒。一般颗粒料加工经过的工序有原料粉碎→配料→混合蒸汽调质→压粒→风冷降温→分级→分装等。土鸡前期料有的是用 1.5 mm 孔径模板制成的柱状颗粒，而大部分采用的是先用 2.5 ～ 3 mm 孔径的模板制成颗粒，再用粉碎机破碎，分级，过细物料返回制粒机，符合粒度要求的颗粒经冷却分装，这种饲料称为破碎料。土鸡后期颗粒料一般采用 2 ～ 2.5 mm 孔径的模板制粒，不再经过破碎工序。颗粒料成分不会分离，土鸡在采食时不挑食，浪费也较少。

四、人工育虫养鸡

开拓非常规饲料资源，人工育虫喂养土鸡。昆虫营养丰富，含有大量蛋白质、脂肪和碳水化合物等，还有大量游离氨基酸和维生素，而且含有丰富的钙、磷等矿物质和钾、钠、铁等微量元素。昆虫饲料可代替鱼粉，饲料中加 10% 的昆虫，土鸡增重率、蛋鸡产蛋率均可获得提高。采用人工育虫喂土鸡成本低、可就地取材、充分利用废料，是解决当前农村缺少动物性蛋白质饲料的有效方法。现将常用的几种人工简易育虫法介绍如下。

1. 黄粉虫养殖

用黄粉虫饲养土鸡，可以提高养殖土鸡的肉蛋品质。黄粉虫生命力极强，耐粗饲，繁殖快，不受地区条件的限制，南北各地均可养殖。黄粉虫食性杂，饲料来源极广泛，米糠、麦糠、土杂粮及各种青菜、果皮、果核均可作为黄粉虫的饲料，大大降低了养殖成本。另外，黄粉虫生长周期短，生长发育快，人工养殖黄粉虫的设备简单、管理方便、技术简单。

（1）生活史　黄粉虫一生（指一个生长周期）分为卵、幼虫、蛹、成虫 4 个阶段。成虫体长 1.4 ～ 1.9 cm，宽 0.6 cm，黑褐色；幼虫体长 2.5 ～ 3.5 cm，黄褐色。卵白色，椭圆形，芝麻粒大小。在适宜的温湿度条件下，每年繁殖 2 ～ 3 代，且世代重叠，无越冬现象。

成虫羽化后 3 ～ 5 d 开始交尾、产卵，每只雌成虫产卵 280 ～ 370 粒。雌成虫寿命 30 ～ 100 d，雄成虫寿命 30 ～ 80 d。幼虫初孵时为乳白色，蜕第 1 次皮后变黄褐色，以后每 4 ～ 6 d 蜕皮 1 次。幼虫缺食时会互相残杀，幼虫期 60 ～ 80 d，蛹期在 26 ～ 30℃条件下历时 5 ～ 8 d。

（2）饲养设备

①饲养室。选择坐北朝南的房屋或大棚。门、窗都要装纱窗，以防成虫逃逸和蜘蛛、蚂蚁、蟑螂、壁虎、鼠等天敌危害。光线不宜太强，保持温暖，最适宜温度是 20 ～ 26℃，相对湿度 70%。夏季气温高时，洒水在地上降温；冬季要保温，以保证黄粉虫正常生长发育的需要。

②饲养用具。包括饲养箱（盆）、饲养架、温湿度计等。饲养箱最好采用塑料或铁皮网箱，规格为 80 cm×40 cm×8 cm，也可以用瓷盆、瓦缸和硬纸箱等饲养。饲养器具均要求内壁光滑，有纱网作盖，防止幼虫、成虫爬出。

（3）饲养管理　黄粉虫的幼虫喜欢群集，室温 10℃活动取食，5℃以上仍能生长，长期 30℃以上则会造成大批死亡，幼虫和成虫有大咬小的残杀性，缺食时也会相互残杀，幼虫有时也把蛹咬伤。因此，要将同龄的虫、卵、蛹、成虫筛出，放在各自的容器中饲养。黄粉虫生长发育适温为 25 ～ 28℃，相对湿度为 50% ～ 70%。冬季室内加温，夏季用地面洒水等办法降温，可以保证其正常生长发育。饲养黄粉虫可选用麸皮、米糠、鱼粉等精饲料，菜叶、瓜皮等青饲料。

①成虫的饲养与取卵。蛹于箱内羽化为成虫后，及时清除箱内废料蛹皮。成虫羽化后 3 ～ 6 d 开始产卵，产卵前放一张白纸在网筛下，让虫卵从孔落到纸上，也可以在箱底铺上白纸，再铺上少量青饲料，让成虫在纸上产卵。产卵后每隔 2 ～ 5 d 取 1 次卵（产卵盛期 1 d 换取 1 次），并换上新的白纸。每次取卵后都要适当给成虫添加青饲料和精饲料，及时清理废料或蛹皮。大约 4 d 应给成虫换料 1 次，换下的料中可能有卵料，不要马上倒掉，集中放好。成虫喜欢晚间活动，青饲料可直接投放在饲养容器中，让黄粉虫自由采食。成虫在缺食时会吞食自己产下的卵。

②孵卵产卵。白纸上要写明产卵日期，单独将卵放在一个空箱内，便于同期孵出。卵乳白色，呈椭圆形，长约1 mm，室温25～27℃，3～5 d即可孵出幼虫；若室温在13.5～23℃，需经22～24 d。

③幼虫饲养。幼虫是主要产品，此阶段营养价值最高，适口性最好。将刚孵化的幼虫移到养虫箱后，立即撒入一薄层经消毒的麸皮。随着幼虫蜕皮生长，逐渐增加精饲料和青饲料。在幼虫蜕皮时，少喂或不喂饲料。每天投料量以晚上箱内料吃光为度，饲料早晚投足，中午补充。前期以精饲料为主，青饲料为辅；后期以青饲料为主，精饲料为辅。有些老龄幼虫在化蛹盛期后，食欲较差，此时可加喂些鱼粉，以促进化蛹一致。每隔15 d清理1次虫粪，中后期每隔7 d清理1次，用筛子筛出虫粪即可。在清理粪便前半天不喂饲料。幼虫因生长速度不同而大小不一时，应按大小分箱饲养。一箱可养幼龄幼虫1万～1.5万条，大龄幼虫0.6万～0.8万条。夏季气温高，幼虫生长较快，蜕皮多，要多喂青料，供给充足的水分，可喂些菜叶、瓜果等。气温高时多喂，气温低时少喂。幼虫初期，精饲料少喂，蜕皮时少喂或不喂，蜕皮后随着虫体长大而增加饲喂量。

④蛹期管理。幼虫蜕皮8～15次后开始化蛹。化蛹前注意多喂青饲料，以利于化蛹及以后蛹的羽化。每天及时把新化的蛹拣到另一箱内，并撒上一层精饲料，以不盖过蛹体为度。

2. 蝗虫的养殖

蝗虫是昆虫纲直翅目蝗亚目昆虫蝗科与螽斯科昆虫的总称，又名蚱蜢、草螟、蚱蚂、蚂蚱。栖息在各种场所，低洼地半干旱区和草原最多。其为害庄稼，是农民的大敌。蝗虫的发育过程比较复杂。蝗虫的生命周期为75 d，雌蝗产完卵后会正常死亡，雄蝗也会在交配后正常死亡。

（1）蝗虫种类　常见的养殖蝗虫种类有东亚飞蝗、棉蝗、稻蝗、中华蚱蜢等。东亚飞蝗是蝗虫中较优良的品种之一。在自然气温条件下生长，北方一年为2代，第一代称为夏蝗，第二代为秋蝗；南方可常年饲养，至少3代。成虫善跳、善飞，身体粗壮，采食范围广，适应性强。经专家分析测定，东亚飞蝗蛋白质含量高达 74.88%，脂肪含量 5.25%，碳水化合物含量 4.77%，并含 18 种氨基酸及多种活性物质，并含有维生素 A、维生素 B、维生素 C、维生素 E 以及磷、钙、铁、锌、锰等元素，可以作为鱼粉、骨粉的替代品，是优质昆虫饲料，可鲜用或干用。

（2）养殖设施　初养殖户的种源可从养殖场或养殖户购买，引进蝗虫或卵均可。养殖场地可在房前屋后、农田等。养殖棚一般以长方形为佳，可养成虫 450 只 /m^2 左右。作棚罩用的纱网质料要结实，不能有缝隙，纱网目数要适宜，孔眼不能太大，否则会导致低龄若虫的逃逸。在北方如利用自然条件养殖飞蝗，棚的建造必须在 4 月底前完成，因为蝗卵一般在 5 月即可孵化。棚址选通风、阳光充足的地方，这样利于蝗虫的生长发育。建棚前必须先用捕捉、诱杀、开水烫等方法将地面上的蚂蚁、蝼蛄等所有蝗虫的天敌消灭干净。为便于雨季排水，棚内的地面要高于周围地面 10 ～ 15 cm。土质最好采用沙壤土。引种前要在棚内地面种植小麦、玉米、高粱等作物，以备蝗虫食用。棚内最好保留或种植一些较高的植物，作为蝗虫的栖息地，以利其蜕皮、羽化等。同时，还能作为隔离物，避免蝗虫间自相残杀。

（3）若虫期管理　按 2∶1 的比例准备无毒土壤、锯末，含水量在 10% ～ 15%，铺在 2 ～ 3 cm 的器皿中，将蝗卵均匀布于土上，卵上再盖约 1 cm 厚的土，器皿上再罩上一层薄膜。每半天检查 1 次，发现幼蝗后，用软毛刷将幼蝗拨到鲜嫩的麦苗上，幼蝗喜食麦苗、玉米苗、杂草等单子叶植物。投喂前把饲草用清水冲洗 1 ～ 3 遍。蝗虫采食时间为上午 9：00 至下午 17：00，每天 2 ～ 3 次。蝗虫的取食量很小，且喜欢取食鲜嫩植物，此期蝗虫非常纤弱，应注意防雨，以防淹死。温度最好控制在 25 ～ 30℃，光照在 12 h 以上，相对湿度保持 15% 左右，这种条件下蝗虫最活跃，喜食，有利于生长。3 龄以上的蝗虫食量逐步增大，此时要保证棚内有充足的食物，否则影响其正常生长，还会出现自相残杀的现象。

3 龄以上的蝗虫可加喂麸皮，其办法是：用 50 g 白糖加 250 g 水融化后，再放入麸皮 500 g 拌匀，放在棚内的塑料布上、木板上或浅平式器皿中。保持棚内干净，1 ～ 2 d 清棚 1 次，以防病虫害的发生。蝗虫经过 5 次蜕皮后，即成长为成虫，这个时间约为 6 月 15 日。飞蝗一般羽化后 10 ～ 15 d 进入性成熟期，开始交尾。此时的飞蝗很肥壮，除留下部分产卵的蝗虫外，其他蝗虫可到市场销售，或直接用作土鸡的精料补充料，时间以 7 月初为宜。

（4）产卵前后的管理　雌蝗在交尾后，腹部逐步变得粗长，黄褐色加深，雄蝗则呈现鲜黄色。此时要将棚的地面整齐、拍实，以利于雌蝗产卵，如棚大飞蝗少，为了产卵集中便于日后取卵，可将棚内部分地面用塑料布盖住，只留下向阳处部分地面，作为产卵区。棚内保持 15% 左右，此时蝗虫食量很大，应认真供足。雌蝗在 7 月 10 日左右开始产卵，雌蝗的产卵器粗短而弯曲，为两对坚硬的凿状产卵瓣，以此穿土成穴产卵。在产卵的同时分泌胶状液，凝固后在卵外形成耐水性的保护层，将卵围成一个卵块，对卵的越冬起保护作用。东亚飞蝗的卵块为褐色，略呈圆筒形，中间略弯，一般长 40 ～ 70 mm。每块蝗卵有卵粒 35 ～ 90 粒，也有极少数超过 100 粒。此为夏蝗。蝗卵产于棚内土中，用于孵化第二代“秋蝗”的卵，在棚中可以不动，在温度、湿度、光照等达到孵化条件时，第二代秋蝗幼蝗会自然出土，时间在 7 月下旬左右，准备出售或暂不用于第二代的蝗卵，要及时取出，用湿度为 10% ～ 15% 的土，一层土一层卵，最后一层是土的装法，装于大罐头瓶中，将瓶口密封，放于 5℃的冰箱内保存。产卵前后的饲养条件方法，与 3 龄以上的蝗虫基本相同。所不同的是，每天光照达 16 h，饲料充足和多加些精饲料。

3. 蝇蛆的养殖

家蝇的幼虫称为蝇蛆，是优质动物性蛋白质饲料。蝇蛆的营养成分与优质鱼粉相似。用 10% 蝇蛆粉喂蛋鸡，其产蛋率比饲喂同等数量鱼粉的蛋鸡提高 20%，饲料报酬提高 15% 以上。饲喂蝇蛆的鸡所产蛋，富含多种维生素、类胡萝卜素，蛋白质含量超过 12%。

（1）家蝇的生活习性　在室温 20 ～ 30℃、相对湿度 60% ～ 80% 的条件下，蛹经过 5 d 发育，由软变硬，由米黄色、浅棕色、深棕色变成黑色，最后成蝇从蛹的前端破壳而出。刚爬出的成蝇，只会爬，不会飞，1 h后，展开翅膀开始吃食和饮水。成蝇白天活泼好动，夜间栖息不动，3 d后性成熟，雌雄开始交尾产卵，1～8日龄为产卵高峰期，到25日龄基本失去产卵能力。蝇卵0.5～1 d孵化成蛆，蛆在猪、鸡粪便中培育，一般第5 d变蛹。家蝇的1个世代，约为28 d。温度及蛆饵料养分对蛆的生长发育有很大影响，一般室温在20～30℃，温度和养分越高，蛆生长发育越快，变成的蛹也越大。

（2）种蝇的饲养、繁殖　种蝇要放在蝇房饲养。种蝇房的大小根据需要建造，也可用旧房改装。门和窗安装玻璃和纱窗，以利于调温，墙壁上安装风扇，以调节空气。房内宜有加温设备，使冬天温度保持20～23℃，房内相对湿度保持在60%～70%。通道上安装黑布帘，防止种蝇外逃。房内设饲养架，分上、中、下3层，用铁料或木料做成。每层饲养架放置用尼龙纱网制成的蝇笼，笼长100 cm，高80 cm，将种蝇关在笼内饲养。每笼养种蝇1.2万只，每一个笼子都加上布袖，以便加料、加水和采卵。1.2万只成蝇每天喂奶粉20 g，饲料放在有纱布垫面的料盆中，让成蝇站立在纱布吸食。饲料和水每天更换1次。水盆放入纱布，产卵盘内放入湿麸皮供蝇种产卵，每天在种蝇笼取卵1次，送到蛆房育蛆。种蝇产卵以每天8：00至15：00数量最多，取卵时间要适当。每批种蝇饲养15～20 d即行淘汰，用热水或蒸汽将其杀死，烘干磨粉作土鸡饲料，然后重新换上一批。在生产蝇蛆的同时，蝇蛆化蛹，有两种方法：①让其自然化蛹，用水洗出蝇蛹；②当蛆养到5～6 d变黄时，将蝇蛆取出放到干粉中，促使化蛹。

（3）蝇蛆的培养　蝇蛆的养殖可用砖砌成高20 cm，面积为1～3 m^{2}的育蛆池，或用竹木搭架用塑料盘育蛆，一个直径为50 cm的塑料盘可育蛆1.5 kg，仅需3 kg麸皮，养3～4 d即可收集利用。养蛆料的来源较广，不同蛆料的成本高低不同，可以合理选择。麸皮营养成分较高，价格也稍高，一般用来繁殖蝇蛆；价格低廉的酒糟、豆渣等可用来作商品蛆的料。如用麸皮作蛆料，一般1 kg麸皮可生产0.5 kg蝇蛆，使用时需加水拌匀，干湿度以手捏出水、触碰即散为宜（含水量60%～65%）。如果用酒糟、豆渣等半干湿料，使用时不必加水即可培养。具体养蛆操作方法：将产卵和麸皮料倒入盘中，加入酒糟、豆渣或麸皮等蛆料，稍拌均匀即可。蝇卵不要露在蛆料表面，以免失水而丧失活力。蛆料的厚度以蛆料内发酵温度不高于40℃、不低于20℃为标准，一般为5～10 cm，夏季温度偏高，蛆料要适当薄些；反之，冬季温度偏低，蛆料可适当增厚些。

（4）蝇蛆的收集　利用蝇蛆怕光的特点，进行收集，用粪扒在育蛆池饮水表层，不断地扒动，蝇蛆便往里钻，把表层饲料取走，此法反复多次，最后剩下少量饲料和少量蝇蛆，分离出的蝇蛆经洗涤可以直接用来饲喂畜禽，也可以在200～250℃，经15～20 min，烘干加工储存备用。

4. 其他育虫法

（1）稻草育虫法　将稻草铡成3～7 cm长的碎草段，加水煮沸1～2 h，埋入事先挖好的长100 cm、宽67 cm、深33 cm的土坑内，盖上6～7 cm的污泥，然后用稀泥封平。每天浇水，保持湿润8～10 d便可生出虫蛆。扒开草泥后驱鸡自由觅食。虫蛆吃完后，添加稻草，盖上污泥后可继续育虫。

（2）秸秆育虫法　在能避开阳光的湿润地方，挖一个深1 m的地坑（大小可根据需要而定）。装料时，先在底部铺上一层植物秸秆杂草，随即浇上一层人粪尿（湿润为宜），然后盖上一层约33 cm厚的植物秸秆杂草，浇上一些水，最后再堆放上植物秸秆，直到略高于地坑，用泥土把它封闭，时常浇上一些淘米水（不要过湿），2周后开坑，里面就会长出许多虫子。

（3）树叶、鲜草育虫法　此法用鲜草或树叶80%、米糠20%，混合后拌匀，并加入少量水煮熟，倒入瓦缸或池内，经5～7 d后，便能育出大量虫蛆，这时即可驱赶鸡群去啄食。

（4）畜粪育虫法　将鸡粪、牛粪、猪粪等晒干、捣碎后混入3%米糠或麦麸，再与稀泥拌匀并成堆，用稻草或杂草盖平。堆顶做成凹形，每天浇刷锅水1～2次，半个月左右便可出现大量的小虫，然后驱鸡觅食。虫被吃完后，将堆堆好，几天后又能生虫喂鸡。如此循环，每堆能生虫多次。

（5）豆腐渣育虫法　将豆腐渣 1 ～ 1.5 kg，直接置于水缸中，加入淘米水或米饭水 1 桶，1 ～ 2 d 再盖缸盖，经 5 ～ 7 d，便可出虫蛆，把虫捞出洗净喂鸡。虫蛆吃完后，再添此豆腐渣，继续育虫喂鸡。另酒糟 10 kg 加豆腐渣 50 kg 混匀，堆成馒头形或长方形。2 ～ 3 d 后即生虫子。

（6）黄豆、花生饼育虫法　黄豆 0.6 kg，花生饼 0.5 kg，猪血 1 ～ 1.5 kg，将三者混合均匀，密封在水缸中，在 25℃左右条件下，经 4 ～ 5 d 便开始出现虫蛆，而且虫蛆量逐日增多，可供 50 只土鸡食用。

（7）麦糠育虫法　将麦糠堆成堆后，用草泥（碎草与稀泥混合而成）糊起来，数天后即生虫子。

（8）松针育虫法　在地上挖 70 ～ 100 cm 深的土坑，放 30 ～ 50 cm 厚的松针，倒入适量淘米水，再盖上 30 cm 厚的肥泥，一般 7 d 后即可大量出虫。第一茬虫出完后，再填入松针照样浇水封口，过几天又会生虫。

（9）腐草育虫法　在较肥沃的地块挖宽约 1.5 m、长 1.8 m、深 0.5 m 的土坑，底铺一层稻草，其上铺一层豆腐渣，然后再盖一层牛粪，粪上盖一层污泥，如此铺至坑满为止，最后盖层草。经 1 周左右即生虫子。

（10）豆饼育虫法　把少量豆饼敲碎后与豆腐渣一起发酵，发酵后再与秕谷、树叶等混合，放入 20 ～ 30 cm 深的土坑内，上面盖一层污泥，再用草等盖严实。经 6 ～ 7 d 即生虫子。

（11）黄粉虫培养法　将卵箔（黄粉虫产卵的纸）放在一个长 60 cm、宽 40 cm、高 10 cm，底为三合板或硬纸板做成的盒子里，置温度 25 ～ 30℃相对湿度 65% 左右环境下，待 3 ～ 5 d 卵孵化为幼虫后，将幼虫从卵箔上取下，移到另一个盒子里喂养。经 10 d 左右，幼虫开始蜕皮，经 6 次蜕皮长成的老龄幼虫，即可利用。约 1.25 kg 麸皮可生产 0.5 kg 鲜活黄粉虫。1 个养虫盒可养幼虫 1 ～ 2 kg。

第五章　土鸡育雏期的饲养管理

第一节　做好育雏期的准备工作

一、育雏舍的设计

土鸡育雏舍是土鸡养殖场的重要建筑设施，为了保证鸡雏正常发育，育雏舍应在考虑房屋清洁消毒与通风换气功能的基础上安装供暖设施，如热风炉、保温伞等。

在育雏舍建设中，根据育雏数量与养殖规模配置相应的鸡雏笼具、饲喂与饮水设施。为提升育雏舍的卫生清理性，可采用轻钢结构或砖块与钢筋混凝土混合结构，地面铺设水泥，在保证育雏舍质量的同时控制成本。

二、育雏设备

育雏前要准备好保温设备、饲槽、饮水器、水桶、料桶、温湿度计、扫帚、清粪工具、消毒用具；另外根据实际情况添置需要的用具。若是笼养育雏，还要准备专用的育雏笼。针对农村土鸡养殖，育雏笼也可就地取材自制，便于雏鸡采食、饮水和饲养人员管理操作即可。

1. 保温设备

（1）热风炉　是以煤等为燃料的加热设备，在舍外设立，将热风引进鸡舍。

（2）锅炉供暖　分水暖型和气暖型。育雏供温以水暖型为宜。

（3）红外线供暖　红外线发热元件有两种主要形式，即明发射体和暗发射体，两种都安装在金属反射罩下。

（4）煤炉供暖　这是我国北方常用的供暖设备。

2. 采食饮水设备

（1）食槽　要求光滑、平整，鸡采食方便但不浪费饲料，便于清洗和消毒，高度要合适，通常食槽上缘比鸡背约高 2 cm。食槽可用木板、镀锌薄铁板或硬塑料制成。

（2）饮水器　种类很多，根据鸡的大小和饲养方式而定，但都要求容易清洗，不漏水，不污染。

3. 笼具

电热育雏器。属于叠层笼养设备，由 1 组电加热笼、1 组保温笼和 4 组运动笼三部分组成，饲养量 1 ～ 15 日龄 400 ～ 600 只，16 ～ 45 日龄 300 ～ 400 只。

育雏育成笼。四层阶梯式，两层中间笼先育雏，育雏结束，均匀移至上下两层，育雏靠锅炉气暖。

网上育雏。网上结构分为网片和框架两部分，网眼为 1.25 cm× 1.25 cm，也可用竹条代替。标准化肉鸡场使用的塑料网架更好用。

4. 垫料的准备

在平面育雏时一般都采用垫料，常选用稻壳、锯末、刨花等，以 10 cm 长短为宜，厚度为 3 ～ 5 cm。垫料要求干燥、清洁、柔软、吸水性强、灰尘少，使用前需在太阳底下进行日晒消毒，要注意不断翻动，以便彻底消毒。

三、制订育雏计划

1. 饲养管理人员计划

提前对饲养管理人员进行培训，以便掌握基本的饲养管理知识和技术。育雏人员在育雏前 1 周左右到位并着手工作。

2. 育雏季节的选择

养殖土鸡必须选择合适的育雏季节，以利于取得最高的经济效益。最好选择 3—5 月育雏，此时气温逐渐上升，阳光充足，对雏鸡生长发育有利，育雏成活率高。到中鸡阶段，由于气温适宜，舍外活动时间长，可得到充分的运动与锻炼，因而体质强健，对以后天然放牧采食，预防天敌非常有利。春雏性成熟早，产蛋持续时间长，尤其早春孵化的雏鸡更好，选择这段时间育成的雏鸡产蛋高峰来临时，正赶上中秋节、国庆节、元旦、春节，鸡蛋销路好且卖价高。如果春季鸡蛋销路不好，可在第二年春节前后把鸡全部淘汰，因这时土鸡价最高。同时，还要根据自己的实力情况选择第二年春季土鸡的第二产蛋高峰，6—7 月淘汰全部土鸡。

四、育雏用品的准备

1. 饲料

准备雏鸡用全价配合饲料，雏鸡 0 ～ 6 周龄累积饲料消耗为 1 kg/只左右。自己配制饲料要注意原料无污染，不霉变。饲料形状以小颗粒破碎料（鸡花料）最好。

2. 药品及添加剂

药品准备常用消毒药（百毒杀、威力碘等）、抗菌药物（预防白痢、大肠杆菌病等药物）、抗球虫药。添加剂有速溶多维、电解多维、口服补液盐、维生素 C、葡萄糖等。

3. 疫苗

主要有鸡新城疫疫苗、鸡传染性法氏囊炎疫苗、鸡传染性支气管炎疫苗、鸡痘疫苗等。

4. 其他用品

包括各种记录表格、温度计、连续注射器、滴管、刺种针、台秤、喷雾器等。

五、育雏舍的清洗、消毒

1. 育雏舍的清洗、消毒

清除前一批残留的任何活鸡或死鸡，将饮水器、开食盘、料桶、育雏笼、育雏伞等育雏用品移出禽舍，集中进行清洗消毒处理。清理舍垫料与粪便前，应先用消毒药将鸡舍喷湿，防止细菌随灰尘扩散到外面。然后将垫料集中在房舍中央，最后装袋或散运至堆肥地点进行发酵处理。

清理完成后，用高压水枪冲洗鸡舍，冲洗顺序为天花板、墙壁、地面、下水道。电器设备、电机和电源开关装置要密封防潮。如昆虫数量多，冲洗前先用杀虫剂（如2%氨基甲酸酯）进行杀虫。

冲洗干净的育雏舍选用2%～3%氢氧化钠溶液或2%漂白粉等消毒液进行喷洒消毒，鸡舍外部的顺序为屋顶、墙外侧、排水沟，舍内的清洁顺序是天花板、墙内侧和地面。有条件的地方可用煤油喷灯进行火焰喷射消毒，把地面和墙壁用火烧一遍，各种病原微生物、球虫卵囊遇到火焰均可被迅速杀死。

2. 育雏设备的清洗与消毒

一切育雏设备需要移出鸡舍，集中清洗消毒。塑料开食盘、饮水器、料桶、料槽先用高压水枪冲刷，再用消毒液浸泡、清洗消毒。用具的消毒可采用0.1%过氧乙酸、1%～2%福尔马林、1%高锰酸钾、1%～2%氢氧化钠溶液、0.5%～1%复合酚和5%漂白粉溶液等。金属笼具先用高压水枪冲洗，冲不掉的粪便、羽毛要用硬刷刷干净，晾干后用火焰喷灯喷射消毒。自动饮水系统也需要进行彻底消毒，首先清洗过滤器水箱和水线，然后用季铵盐类消毒剂（如百毒杀等）或含氯化合物消毒药浸泡1～3 h，最后将消毒水放掉，用清水冲洗干净，晒干备用。

3. 熏蒸消毒鸡舍设备

铺设干净的垫料，对安装育雏笼等设备每立方米空间用42mL福尔马林、21 g高锰酸钾消毒，熏蒸消毒前关闭禽舍门窗，堵严一切缝隙。操作时，先将高锰酸钾倒入耐腐蚀的陶瓷或搪瓷容器内，然后加入少量水，搅拌均匀。再加入福尔马林，人立即离开。盛装药品的容器应尽量大一些，不应小于福尔马林溶液体积的 4 倍，以免福尔马林汽化时溢出容器外面，不可使用塑料盆等容器。温度 25℃以上相对湿度达 75% 以上时，消毒效果较好。熏蒸时要密闭鸡舍 48 h。消毒完毕后，要打开鸡舍门窗，通风换气 2 d 以上，使其中的甲醛气体逸散干净。

六、育雏舍的试温和预温

1. 试温

试温的目的是检查加温效果。检查维修火道后点燃火道或火炉升温 2 d，使舍内的最高温度升至 39℃。升温过程检查火道是否漏气。试温时温度计放置的位置：①应放在育雏笼中间层；②平面育雏时应放置在距雏鸡背部相平的位置；③带保温箱的育雏笼在保温箱内和运动场上都应放置温度计测试。

2. 预温

预温是指育雏舍进雏前 2 d 开始点火升温，提高舍内温度，检查加温效果。测定各点温度，雏鸡活动区域在 33℃左右，其他地方 25℃左右。

第二节　育雏期的饲养

一、土雏鸡的生理特点

了解土雏鸡的生理特点，对养好雏鸡、提高雏鸡质量至关重要。而雏鸡培育的好坏直接影响雏鸡的生长发育、土蛋鸡或肉用土鸡的各项性能。雏鸡的生理特点与成鸡有很大差别，因而必须根据雏鸡的生理特点来制定育雏期饲养管理措施。

1. 雏鸡体温调节机能较差，应提供适宜环境温度，坚持看鸡施温

初生雏体温调节中枢的机能还不完善，体温又比成鸡低 1 ～ 3℃，刚出生时全身都是绒毛，缺乏抗寒和保温能力，既怕热又怕冷，随着日龄的增长，绒毛逐渐换成羽毛，保温能力逐渐增强，同时体温调节机能也逐渐完善。根据雏鸡这一生理特点，在育雏期要提供适宜的环境温度。一般第 1 周 35 ～ 33℃，第 2 周 33 ～ 31℃，第 3 周 31 ～ 28℃，第 4 周 28 ～ 24℃，以后逐渐降低至室温。在具体执行时，还要根据雏鸡对温度的反应情况和环境气候状况进行看鸡施温。

2. 雏鸡代谢旺盛生长迅速，应提供优质全价饲料，加强通风换气

雏鸡代谢旺盛，心跳快，单位体重耗氧量和排出二氧化碳量比家畜高 1 倍以上，需要不断供给新鲜空气，因此在管理上要加强通风换气。羽毛生长也特别快，而羽毛中蛋白质含量为 80% ～ 82%，因此应提供高蛋白全价饲料。饲料中的蛋白质应以动物性蛋白为主，并及时扩群，使每只鸡都有足够的活动空间和饮食设施，以利于雏鸡的生长发育。

3. 雏鸡消化吸收机能较弱，应提供易消化的饲料，坚持少喂勤添

雏鸡胃的容积小，进食量有限，肌胃研磨饲料的能力弱，消化道内又缺乏一些消化酶，其消化能力必然较差，根据这一特点，在饲养管理上应做到少喂勤添，提供纤维含量低、易消化的饲料。

4. 雏鸡免疫机能尚未健全，应采用全封闭育雏法，加强疫病防治

雏鸡免疫机能不健全，容易受到各种病原微生物的侵害而感染疾病，因此应采取各种防病抗病措施，确保其健康生长。入舍前对鸡舍及周围环境进行清扫、冲洗、消毒，育雏期间定期带鸡消毒，减少发病概率；采用全封闭育雏法，杜绝疫病传入；根据母源抗体水平和当地疫情，及时做好防疫接种工作，增强抗病能力。

5. 雏鸡喜群居，胆小怕受惊，应做好防鼠灭害工作，保持环境安静

雏鸡喜群居，胆小怕受惊，各种惊吓和环境条件的突然改变，都会使其惊恐不安，因此在重点做好防鼠灭害工作的同时，饲养员在工作中还应轻拿轻放，避免各种应激因素对雏鸡的影响，保持环境安静，确保其生长良好。

6. 雏鸡水分消耗多易脱水，应及时补充鸡体水分，防止雏鸡脱水

种蛋在 21 d 高温孵化过程中蛋内水分消耗大，雏鸡出壳后又经过分拣、防疫、运输，才送达育雏舍，这段时间较长，雏鸡很容易脱水，因此应及时供给饮水，最好是温开水，水中添加 5% ～ 8% 的葡萄糖和少量维生素 C，以防应激和脱水。

7. 适当训练

育雏期，要在饲料中添加适量切碎的青菜叶或野菜叶，逐步锻炼鸡雏采食、消化粗饲料的能力。7 周龄脱温后，只要天气合适，室内外温差不是很大，都应定时将鸡群放到棚前的空闲地上，通过约束训练，逐步扩大活动范围、延长活动时间，直至鸡群能自由活动。饲喂量要逐步减少，遵循“早少晚饱”的原则，以调动鸡群外出觅食的积极性。

二、育雏方式的选择

1. 地面育雏

把雏鸡放在铺有垫料的地面上进行饲养的方法称为地面育雏。从加温方法来说大体可分为地下烟道育雏、煤炉育雏、电热或煤气保温伞育雏、电热板或电热毯育雏、红外线灯育雏、远红外板育雏和地下暖管升温育雏等。

（1）地下烟道育雏　地下烟道用砖或土坯砌成，其结构形式多样，要根据育雏室的大小来设计。较大的育雏室，烟道的条数相对多些，采用长烟道；育雏室较小，可采用“田”字形环绕烟道。其原理都是通过烟道对地面和育雏室空间进行加温，以升高育雏温度。

地下烟道育雏优点较多：①育雏室的实际利用面积大；②没有煤炉加温时的煤烟味，室内空气较为新鲜；③温度散发较为均匀，地面和垫料暖和，由于温度是从地面上升，小鸡腹部受热，因此雏鸡较为舒适；④垫料干燥，空气湿度小，可避免球虫病及其他病菌繁殖，有利于小鸡的健康；⑤一旦温度达到标准，维持温度所需要的燃料将少于其他方法，在同样的房屋和育雏条件下，地下烟道的耗煤量比煤炉育雏的耗煤量至少省 1/3。

因此，烟道加温的育雏方式对中小型土鸡场和较大规模的土鸡养殖户较为适用。值得注意的是，在设计烟道时，烟道的口径进口处应大，往出烟处应逐渐变小，由进口到出口应有一定的上升坡势，烟道出烟口不能朝向北面，要按风向设计。

为了提高热效率和育雏室的利用率，可采用平顶天花板加笼育的方法。在管理上，天花板要留有通风出气孔，根据室温及有害气体的浓度经常进行调节，必要时应在出气孔处安装排风扇，以便在温度过高等紧急情况下加强排气，按育雏温度标准调节室温。

（2）煤炉育雏　煤炉可用铁皮制成或用烤火炉改制而成，炉上设有铁皮制成的伞形罩或平面盖，并留有出气孔，以便接上通风管道，管道接至室外，以便排出煤气。煤炉下部有一个进气孔，并用铁皮制成调节板，以便调节进气量和炉温。煤炉育雏的优点是；经济实用，耗煤量不大，保温性能稳定。在日常使用中，由于煤炭燃烧需要一段时间，升温较慢，因此要掌握煤炉的性能，要根据室温及时添加煤炭和调节通风量，确保温度平稳。在安装过程中，炉管由炉子到室外要逐步向上倾斜，漏烟的地方用稀泥封住，以利于煤气排出。若安装不当，煤气往往会倒流，造成室内煤气浓度大，甚至导致小鸡煤气中毒。在较大的育雏室内使用煤炉升温育雏时，往往要考虑辅助升温设备，因为单靠煤炉升温，要达到所需的温度，需消耗较多的煤炭，另外在早春很难达到理想的温度。在具体应用中，用煤炉将室温升高到15℃以上，再考虑使用电热伞或煤气保温伞，以及其他辅助加温设备，这样既节省燃料和能源成本，也能预防煤炉熄灭、温度下降而无法及时补偿的缺陷。

（3）电热或煤气保温伞育雏　保温伞可用铁皮、铝皮、木板或纤维板制成，也可用钢筋和耐火布料制成，热源可用电热丝或电热板，也可用石油液化气燃烧供热。在使用过程中，可按雏鸡不同日龄对温度需要来调整调节器的旋钮。保温伞育雏的优点是：可以人工控制和调节温度，升温较快而平衡，室内清洁，管理较为方便，节省劳力，育雏效果好。问题是要有相当的室温来保证，一般说来，室温应在15℃以上。这样保温伞才有工作和休息的间隔，如果保温伞一直保持运转状态，会烧坏保温伞，缩短使用寿命；另外，如遇停电，在没有一定室温的情况下，温度会急剧下降，影响育雏效果。

在通常情况下，中小规模的鸡场可采用煤炉维持室温，采用保温伞供给雏鸡所需的温度，炉温高时，室温也较高，保温伞可停止工作；炉温低时，室温相对降低，保温伞自动开启。这样在整个育雏过程中，不会因温差过高或过低而影响雏鸡健康。同时，也可以获得较为理想的饲料报酬。

（4）电热板或电热毯育雏　原理是利用电热加温，小鸡直接在电热板或电热毯上取得热量，电热板和毯配有电子控温系统以调节温度。

（5）红外线灯育雏　指用红外线灯发出的热量育雏。市售的红外线灯为 250 W，红外线灯一般悬挂在离地面 35 ～ 40 cm 的高度，在使用中红外线灯的高度应根据具体情况来调节。雏鸡可自由选择离灯较远处或较近处活动。

外线灯育雏的优点是：温度均匀，室内清洁。但是，一般也只作辅助加温，不能单独使用，否则灯泡易损，耗电量也大，热效果不如保温伞好，成本也较大。一盏红外线灯使用 24 h 耗电 6 kW 时，费用昂贵，停电时温度下降快。

（6）远红外板育雏　采用远红外板散发的热量来育雏。根据育雏室面积大小和育雏温度的需要，选择不同规格的远红外板，安装自动控温装置进行保温育雏。使用时，一般悬挂在离地面 1 m 左右的高度。也可直立地面，但四周需用隔网隔开，避免小鸡直接接触而烫伤。每块 1 000 W 的远红外板的保暖空间可达 10.7 m^3，其热效果和用电成本优于红外线灯，并且具有其他电热育雏设备共同的优点。

（7）地下暖管升温育雏　其方法是在鸡舍建筑时，于育雏室地面下埋入循环管道，管道上铺盖导热材料。管道的循环长度和管道间隔可根据需要进行设计。其热源可用暖气、地热资源或工业废热水循环散热加温。这种方法的优点是：热量散发均匀，地面和垫料干燥，几乎所有的雏鸡都有舒适的生活环境，可获得比较理想的育雏效果。如果利用工业废水循环加热，则可节省能源和育雏成本，比较适用于工矿企业的鸡场。

2. 网上育雏

网上育雏是把雏鸡饲养在网床上。网床由网架、网底及四周的围网组成。床架可就地取材，用木、铁、竹、塑料等均可，底网和围网可用网眼大小一般不超过 1.2 cm×1.2 cm 的铁丝网、特制的塑料网。网床大小可根据房屋面积及床位安排来决定，一般长 200 cm、宽 100 cm、高 100 cm、底网离地面或炕面 50 cm。每床可养雏鸡 50 ～ 80 只。加温方法可采用煤炉、热气管或地下烟道等方法。

网上育雏的优点是：可节省大量垫料，鸡粪可落入网下，全部收集和利用，增加效益。此外，由于雏鸡不接触鸡粪和地面，环境卫生能得到较好的改善，减少了球虫病及其他疾病传播的机会。还由于雏鸡不直接接触地面的寒、湿气，降低了发病率，育雏成活率较高。但要注意日粮中营养物质的平衡，满足雏鸡对各种营养物质的需要，达到既节省成本，又提高育雏效果的目的。

3. 笼养育雏

笼养育雏的优点是饲养密度大，单位房舍面积养育的雏鸡多，雏鸡不直接与粪便接触，可以较好地预防球虫病，雏鸡成活率高，均匀度好，而且节省能源，管理也较方便。但一次性投资较大。

育雏笼内的热源可用电热管或热水管，也可用地下烟道加温或煤炉加温，提高育雏室温度或直接给雏鸡供温。地下烟道加温可使上下层鸡笼的温度差缩小，效果较好。

笼养雏鸡的管理要点：①育雏早期易出现湿度偏低，应注意增加饮水位置，将饮水器置于距热源较近部位，必要时用热水适当喷洒地面；②采用多层重叠育雏笼时，室内不宜放置过多的笼具，以防通风不良；③注意各层笼的温度差异，根据鸡只强弱作相应调整，将弱雏置于温度稍高的笼子；④根据鸡只大小及生长发育状况经常作横向分群，不断调整饲养密度。开始时用尽可能少的笼育雏，10 日龄后逐步分群到其他笼中。

三、雏鸡的选择与运输

1. 雏鸡的选择

小鸡出壳有早有晚，有强有弱。进行选择有两种方法：一种是按出雏时间早晚分，早孵出的小雏质量较好，晚孵出的较差，特别是最后孵出的所谓“鸡底”，质量最差，不太好养。另一种是按雏的健康情况来分。从外表看，眼大有神，腿干结实，腹部收缩良好，肚脐没有血痕，握在手心里感到饱满有劲、极力想挣脱的，体质较强；弱雏精神不好，反应迟钝、不爱活动、怕冷，常喜欢靠近火源，肚子大而硬、脐部收缩不良，有血痕，抓在手里有松软无力之感。此外，在接雏时如果发现肛门粘满灰白粪，或畸形、病弱的幼雏，就不要接出孵化室，应就地淘汰。

2. 接雏

（1）接雏时间　用户向种鸡场或孵化场预购雏鸡，一定要按照场方通知的接雏时间按时到达。为了保证雏鸡的健康和正常的生长发育，在雏鸡绒毛干后尽早启程运输。早春运雏时间应安排在中午前后，夏季运雏应在早晨或傍晚凉爽时进行。

（2）运雏工具　运输工具可根据距离远近选用飞机、火车、汽车、轮船等。运输时，必须做到稳、快，以免运输时间延长。装雏工具最好选用专门的雏鸡箱，一般长 60 cm，宽 45 cm，高 18 cm，内分 4 个小格，每个小格放 25 只雏鸡，每箱共放 100 只。箱子四周有直径为 2 cm 的通气孔若干。没有专用雏鸡箱时，可用厚纸箱、塑料筐等代替。不管采用哪种装雏工具，均应注意密度不宜过大，需通气、保温、耐一定压力，并在底部垫 2 ～ 3 cm 厚的柔软垫，切不可垫塑料薄膜。冬季和早春运雏要带防寒用具，夏季运雏要带遮阳防雨用具。所有运雏工具在使用前都要进行严格消毒。

（3）运雏过程中的注意事项　装车时，每行雏鸡箱间，以及雏鸡箱与雏鸡箱间要留有间隙，并用辅料挤紧，防止雏鸡箱滑动，并避免倾斜。在途中要注意观察雏鸡表现，如发现过热、过凉或通气不良，要及时采取措施，防止因闷、压、凉等造成死亡或继发疾病。汽车运输时，要注意平稳，中途不宜停车时间过长，并要求在雏鸡出壳后 48 h 内到达目的地开食、开水，避免运输时间过长对雏鸡生长发育不利。

运输人员要携带身份证、检疫证、合格证、种畜禽生产经营许可证、路单以及有关的行车手续。

四、雏鸡的饮水和开食

1. 雏鸡的饮水

初生雏鸡第一次饮水称为初饮、开水。

（1）*饮水最好在出壳后 24 h 内进行*　正常情况下，雏鸡出壳不是很整齐，有些鸡苗在出壳停留的时间较久，养殖户领回时往往都会超过 24 h，所以雏鸡到舍时，要尽快使其饮上水，及时饮水有利于促进胃肠蠕动、吸收残留卵粪、排出胎粪、增进食欲、利于开食。在第一天的饮水中应加入 5% ～ 8% 的葡萄糖，以消除因长途运输而引起的疲劳，恢复体力。但葡萄糖只需用 1 d，时间过长，会影响卵黄吸收。

（2）*必须有足够的饮水空间*　使每只鸡在 3 h 内都能饮到水。饮水器按照每只鸡 3 cm 的水位配置，一般 30 ～ 40 只鸡用 1 个与鸡龄相适应的饮水器。饮水要清洁卫生、新鲜，饮水器要经常清洗消毒，防止粪便污染。饮水器的高度与鸡背同高为宜，饮水器的高度要随雏鸡日龄增长及时调整。在饲养期的各个阶段，使饮水器尽量均匀分布在鸡活动的范围内。

（3）*添加必要的药物*　由于雏鸡在出雏到鸡舍时经历转盘、调苗、接种疫苗、运输等一系列的应激，所以在前 3 d 的饮水中最好加入电解质（如开食补液盐），并加入一定量的电解多维。雏鸡在第 1 周由于容易感染鸡白痢，特别是土鸡种鸡没有强制进行沙门氏菌净化，雏鸡带菌是普遍现象，所以使用抗白痢药物预防白痢是非常有必要的。要注意的是，在前 3 d 由于雏鸡以消化卵黄的营养为主，雏鸡的采食量会有个体差异，抗鸡白痢药物最好用饮水添加，这样用药才更均匀。

（4）不能断水　幼雏初饮后，无论何时都不能断水。

2. 雏鸡的开食

给初生雏鸡第一次喂料称为开食。

（1）雏鸡开食时间　雏鸡在入舍饮水后 2 ～ 3 h 进行。开食的饲料要求新鲜，颗粒大小适中，易于啄食，营养丰富，容易消化，建议采用正规厂家提供的全价雏鸡料。雏鸡料放在铝制或木制的小料盘内，使其自由采食，为了使雏鸡容易见到饲料，可适当增加室内的照明。

（2）饲喂次数　第 1 周每天饲喂 6 次以上；第 2 周每天饲喂 4 ～ 6 次；3 周龄后，喂料要有计划，让鸡将食槽的料吃完后再喂料。

（3）采食的空间与时间　要让鸡有足够的采食空间以满足其需要。在开始的 3 周内，应让鸡在任何时间都能得到饲料。

（4）加料量　每次加料以料盘的 1/4 高度为宜，注意随时清理料盘中的粪便和垫料，以免影响鸡的采食及健康。

（5）日粮要求　育雏期建议饲喂全价配合饲料，0 ～ 4 周龄雏鸡日粮营养水平见表 5–1。

表 5–1　土鸡 0 ～ 4 周龄饲料营养水平

营养指标	含量
代谢能（MJ/kg）	12.12
粗蛋白质（%）	21.00
赖氨酸（%）	1.05
含硫氨基酸（%）	0.46
钙（%）	1.00
非植酸磷（%）	0.45

第三节　育雏期的日常管理

一、温度

1～3日龄育雏舍温度33～35℃，以后逐周降低，到6周龄温度降至18～21℃或与室外温度一致；夜间气温低，应使舍内温度保持与日间一致。育雏期的适宜温度见表5-2。

表5-2　雏鸡各阶段的适宜温度

阶段	1～3日龄	2周龄	3周龄	4周龄	5周龄	6周龄
适宜温度（℃）	35～33	30～28	28～26	26～24	24～21	21～18

二、湿度

虽然相对湿度不像温度那样要求严格，但在极端情况下或与其他因素共同发生作用时，可能对雏鸡造成较大危害。0～7日龄，相对湿度65%～70%；8～10日龄为60%～65%；15～28日龄为55%～60%；28日龄后稳定在55%左右。

三、密度

育雏期饲养密度主要依据周龄和饲养方式而定。笼养，1～3周龄密度30～50只/m^2，4～6周龄15～25只/m^2。平养，1～3周龄密度20～35只/m^2，4～6周龄10～20只/m^2。

四、断喙

土鸡在养殖情况下，由于鸡群的饲养密度小，活动范围大，发生啄癖的现象少，且养殖时需要用喙啄食。因此，养殖土鸡模式的养殖户一定要谨慎断喙，断喙可能会让消费者认为是圈养鸡而影响鸡的销售价格。

为减少啄癖的发生而确定需要断喙，要严格控制断喙长度，断喙时将雏鸡喙尖在断喙器上轻轻地烙烫，去掉上喙尖钩即可，以保证上市时成鸡喙的完整性。断喙前 1 d 在饮水中加入复合维生素以减少应激。

虽然断喙可以有效防止啄癖的发生，但会给鸡造成极大的痛苦。为了减轻鸡的痛苦，可以给优质鸡带眼罩，防止发生啄癖。

鸡眼罩又称为鸡眼镜，是用佩戴在鸡的头部遮挡鸡眼正常平视光线的特殊材料。使鸡不能正常平视，只能斜视和看下方，防止饲养在一起的鸡群相互打架，相互啄毛、啄肛、啄趾、啄蛋等，降低死亡率，提高养殖效益。可以让土鸡戴着眼镜出售，这样就出现了一种新型的眼镜土鸡，售价相对提高很多。

当土鸡体重达 500 g 以后，就开始佩戴鸡眼镜至上市。把鸡固定好，先用一个牙签或金属细针在鸡的鼻孔里用力扎一下并穿透，如有少量出血，可用酒精棉擦拭。左手抓住鸡眼镜突出部分向上，插件先插入鸡眼镜右孔后对准鸡鼻孔，右手用力穿过鸡鼻孔，最后插入镜片左眼，整个安装过程完毕。

五、光照时间和强度

密闭鸡舍 1 ～ 3 日龄 24 h 光照，以后每天为 20 ～ 23 h，避免在突然停电情况下，雏鸡惊群。光照强度不可过大，否则会引起啄癖。开放式鸡舍白天应采取限制部分自然光照，这可通过遮盖部分窗户来达到此目的。随着鸡日龄的增大，光照强度则由强变弱。

1 ～ 2 周龄时，应有 2.4 ～ 3.2 W/m^2 的光照度（灯距离地面 2 m）；从第 3 周龄开始改用 0.8 ～ 1.3 W/m^2；4 周龄后，弱光可使鸡群安静，有利于生长。

六、通风换气

保持空气新鲜，舍内不应有刺鼻、刺眼的感觉。为使室内保持有新鲜空气，必须处理好温度和通风的关系，寒冷季节理想的通风方式为横向通风，横向通风进风口与排风口距离较近，比较容易在短时间内将污染空气排出舍外，通风方法有自然和机械通风两种，密闭鸡舍多采用后者。

七、观察鸡群

每隔 1 ～ 2 h 观察一次鸡群，若鸡群挤在一堆则可轻轻拍打育雏器，使小鸡分散，以免压死小鸡。通过喂料的机会观察雏鸡对给料的反应、采食速度、争抢程度，采食量等，以了解雏鸡的健康情况；每天观察粪便的形状和颜色，以判断饲料的质量和发病的情况；留心观察雏鸡的羽毛状况、眼神、对声音的反应等，通过多方面判断来确定采取何种措施。

发现有严重缺陷的鸡，要随时挑出和淘汰，适时调整和疏散鸡群，注意护理弱雏，提高育雏的质量。

八、做好记录

认真做好各项记录。每天检查记录的项目有：健康状况、光照、雏鸡分布情况、粪便情况、温度、湿度、死亡、通风、饲料变化、采食量及饮水情况等。

九、消毒

带鸡消毒在养鸡业中应用广泛，常用的消毒药有氯制剂、碘制剂等。采用喷雾法，高度超过鸡背 20 ～ 30 cm，一般每天 1 ～ 2 次，可预防疾病和净化舍内空气。同时育雏期的一切工具，都要定时消毒。

第六章　雏鸡脱温与育成期生态养殖

第一节　土鸡育成期的生理特点与一般管理

雏鸡 7 ～ 21 周龄是育成期阶段。育成期饲养管理的好坏，决定了鸡在性成熟后的体质、产蛋性能和种用价值。

一、土鸡育成期的生理特点

育成期仍处于生长迅速、发育旺盛的时期，机体各系统的机能基本发育健全；羽毛已经丰满，换羽已经长出成羽，具备体温自体调节能力；消化能力日趋健全，食欲旺盛；钙、磷的吸收能力不断提高，骨骼发育处于旺盛时期，此时肌肉发育最快；脂肪的沉积能力随着日龄的增长而增大，必须密切注意，否则鸡体过肥，对以后的产蛋量和蛋壳质量有极大的影响；体重的增长随日龄的增加而逐渐下降，但育成期仍然增重幅度最大；小母鸡从第 11 周龄起，卵巢滤泡逐渐积累营养物质，滤泡渐渐增大；18 周龄以后性器官发育更为迅速。由于 12 周龄以后性器官发育很快，对光照时间长短的反应非常敏感，不限制光照，将会出现过早产蛋等情况。

二、土雏鸡的脱温

脱温或称离温，是指停止保温，使雏鸡在自然的室温条件下生活。土雏鸡随着日龄的增长，采食量增大，体重增加，体温调节机能逐渐完善，抗寒能力较强，或育雏期气温较高，已达到育雏所要求的温度时，此时要考虑脱温。

脱温时间，春雏和冬雏一般在 30 ～ 45 日龄，夏雏和秋雏脱温时间较早。脱温时期的早、晚因气温高低、雏鸡品种、健康状况、生长速度等不同而定，脱温时期要灵活掌握。如冬雏往往已到脱温日龄，但室内外温度较低、昼夜温差较大，或者雏鸡体弱多病，要延迟脱温。脱温工作要有计划逐渐进行，开始时白天停温，晚上仍然供温，或气温适宜时停温，气温低时供温，约经 1 周左右，当雏鸡已习惯于自然温度时，才完全停止供温。

在养鸡实践中常遇到，特别是冬雏，当脱温后不久，气候突变，冷空气袭击，此时仍要适当供温。因此，雏鸡脱温时，仍要注意天气变化和雏鸡活动状态，采取相应的措施，防止因温度降低而造成损失。

三、土雏鸡脱温后的一般饲养管理

鸡从第 6 周开始，应根据当地气温变化情况，训练脱温，先白天不给温，只在夜间给温，晴天不给温，阴天气温偏低时给温，然后逐渐减少每天给温次数，最后完全脱温。土鸡脱温后的饲养阶段为 43 ～ 120 日龄，这一阶段应做好几个方面的工作。

1. 养殖棚舍

放牧鸡的地方必须有采食的饲料资源，即昆虫、饲草、野菜、草籽等。也可以选择使用山地、坡地、林果地、农田、荒地、草场及草山、草坡、河湖滩涂和经济林地等地方，要求不是很严格。最好是地势平坦或者缓坡，背风向阳的地方。放牧饲养时，每亩土地可以饲养鸡 200 ～ 300 只。有条件的地方可以轮换放牧，这样有利于资源的可持续利用，提高经济效益。搭建棚舍的技术要求不严格，尽量选择坐北朝南的地方，高度 2 m 以上，跨度 4 ～ 5 m，能够做到避风、遮雨、遮蔽阳光照射，有利于防控鼠害即可。建筑材料可以因地制宜，简易板房，也可搭建塑料大棚，北方黄土高原地区可依山势建土窑洞，供鸡晚上休息所用。

2. 栖架

养殖土鸡有登高栖息的习性，需要设置栖架，栖架由数根栖木组成，栖木大小应视鸡舍内鸡数而定。每只鸡占有栖木长度因品种不同稍有差异，一般为 17 ～ 20 cm。整个栖架为阶梯状，前低后高，栖架离地面高度一般为 50 ～ 70 cm，最里边一根栖木距墙为 30 cm。每根栖木之间的距离应不少于 30 cm。每根栖木横断面为 2.5 cm×4 cm；上部表面应制成半圆形，以利于鸡趾抓住栖木。栖架应定期洗涤消毒，防止形成“粪钉”，影响鸡栖息或造成趾痛。

3. 训练鸡上栖架

为避免夜间鸡群归舍后挤压、受潮、受惊，应调教鸡上栖架，应设置坡式上架或梯子引导鸡只上架，如果鸡不能自动上架，饲养员应在夜间把鸡抱上架，训导鸡只形成归舍后尽量全部上架的习惯。

4. 调教

养殖鸡可以自由活动、采食，给饲养管理工作带来了一定的困难。因此，养殖土鸡，从小就要进行调教，养成良好的条件放射，以便于管理。调教是指在特定环境下给予特殊指令或信号，使鸡逐渐形成条件反射或产生习惯性行为。

喂料饮水的调教：从育雏期开始，每次喂料时给鸡群相同的信号（如吹哨、敲打料盆等），使其形成条件反射。养殖后通过该信号指挥鸡群回舍、饲喂、饮水等活动。坚持养殖定人，喂料、饮水定时、定点，逐渐调教，形成白天野外采食，晚上返回鸡舍补饲、饮水、休息的习惯。

放牧调教：养殖前 1 d 下午或傍晚一次性把雏鸡转入养殖地鸡舍，第 2 天早晨天亮后不要马上放鸡，要让鸡在鸡舍内停留较长一段时间，以便熟悉新环境。等到 9：00 以后再放出喂料。饲槽放在离鸡舍 1 ～ 5 m 的地方，让鸡自由觅食。开始几天，每天养殖时间要短，以后逐日增加养殖时间，并设围栏限制活动范围，然后再不断扩大养殖面积。

第二节　土鸡育成期的养殖管理

一、养殖前的准备工作

1. 对养殖地点进行检查

查看围栏是否有漏洞，如有漏洞应及时进行修补，减少鼠害、蛇等天敌侵袭造成鸡的损失，在养殖地搭建固定式鸡舍或安置移动式鸡舍，以便鸡群在雨天和夜晚的歇息。在养殖前，灭一次鼠，但应注意使用的药物，以免毒死鸡。

对鸡棚下地面进行平整、夯实，然后喷洒生石灰水等进行消毒。垫草要求无污染、无霉变、松软、干燥、吸水力强以及长短适宜，可选择锯末、刨花、谷壳和干树叶等。每 100 只鸡需要 1 个 8 kg 的塑料饮水器。饲槽按每只鸡 3 cm 采食宽度设置，也可选择塑料料桶。开始养殖的一段时间内，鸡仍以采食饲料为主，以后逐步转为以觅食为主，所以应备足饲料。

2. 鸡群筛选

对拟养殖的鸡群进行筛选，淘汰病弱、残疾及体弱鸡只。

3. 强化训练

雏鸡在育雏期即进行调教训练，育雏期在投料时以口哨声或敲击声进行适应性训练。养殖开始时强化调教训练，在养殖初期，饲养员边吹哨或敲盆边抛撒饲料，让鸡跟随采食；傍晚，再采用相同的方法，进行归巢训练，使鸡产生条件反射形成习惯性行为，通过适应性锻炼，让鸡群适应环境，养殖时间根据鸡对养殖环境的适应情况逐渐延长。

二、养殖密度

养殖应坚持“宜稀不宜密”的原则。根据林地、果园、草场、农田等不同生态饲养环境条件，其养殖的适宜规模和密度也有所不同。各种类型的养殖场地均应采用全进全出制，一般一年饲养 2 批次，根据土壤畜禽粪尿（氮元素）承载能力及生态平衡，在不施加化肥的情况下，不同养殖场地养殖密度如下。

阔叶林：承载能力为 134 只 /（亩·年），每年饲养 2 批，密度为每批不超过 67 只 / 亩。

针叶林：承载能力为 60 只 /（亩·年），每年饲养 2 批，密度为每批不超过 30 只 / 亩。

竹林：承载能力为 130 只 /（亩·年），每年饲养 2 批，密度为每批不超过 65 只 / 亩。

果园：承载能力为 88 只 /（亩·年），每年饲养 2 批，密度为每批不超过 44 只 / 亩。

草地：承载能力为 50 只 /（亩·年），每年饲养 2 批，密度为每批不超过 25 只 / 亩。

山坡、灌木丛：承载能力为 80 只 /（亩·年），每年饲养 2 批，密度为每批不超过 40 只 / 亩。

一般情况下，耕地不适宜进行养殖鸡饲养，在施加畜禽粪尿时，每亩土地每年不超过 123 只土鸡的粪便。

三、土鸡育成期养殖的饲养要点

育成期的鸡生长速度快，食欲旺盛，采食量不断增加。饲养目的是使鸡得到充分的发育，为后期育肥打下基础。这个时期，土鸡的饲养方式一般是放牧结合补饲。

1. 公母鸡分群饲养

一般土公鸡羽毛长得较慢，争斗性强，对蛋白质及其中的赖氨酸等物质利用率较高，饲料效率高；母鸡由于内分泌激素方面的差异，增重慢，饲料效率差。公、母鸡分养有利于提高整齐度。

2. 适时放牧

养殖前做好信号训练，以哨音为信号，在吹哨的同时给予饲料，让鸡采食，经 1 周的训练，当鸡听到哨音就可立刻回到饲养员身旁，以保证及时收拢鸡群。加强鸡群看护，防止暴雨、兽害等意外事故的发生。春天至晚秋养殖时，应选择无风的晴天。养殖的前几天，每天放 2 ～ 4 h，以后逐渐延长时间。鸡养殖不宜太远，一般控制在 1 km 以内。实行分区轮牧，将一定面积的草场划分为几个放牧小区，用 1.5 m 高的尼龙网或篱笆相互分隔，每个小区内采用满天星队形养殖。合理组织鸡群，强弱分群养殖，每群以 250 ～ 300 只为好，鸡群不宜过大。一般根据山地草场类型和牧草的数量与质量而定，养殖密度每亩草地 250 ～ 300 只。

3. 科学补饲

鸡野外自由觅食的自然营养物质，远远不能满足鸡生长的需要。应根据鸡的日龄、生长发育、林地草地类型、天气情况决定人工喂料次数、时间、营养及喂料量。养殖早期多采用营养全面的饲料，以保障鸡群的健康生长。

根据牧地青草生长及营养状况，给鸡群用料桶或食槽科学补饲，颗粒料可以直接撒在地面上补饲。第 1 ～ 3 周，早、中、晚各喂 1 次，3 ～ 4 月龄开始早晚各 1 次。定时定量补饲饲料要根据不同的日龄段，使用全价颗粒料。补饲要定时定量，这样可增强鸡的条件反射。夏秋季可少补，春冬季可多补一些。喂料量随着鸡龄增加，30 ～ 60 日龄每只鸡补精料 25 g 左右，3 ～ 4 月龄补 30 ～ 35 g，5 ～ 6 月龄补 40 ～ 45 g，7 ～ 8 月龄补 50 ～ 55 g，日补 2 次，早晨傍晚各 1 次。

四、土鸡育成期养殖的管理要点

1. 加强鸡只管理

雏鸡脱温后转入成鸡舍，要及时训练鸡只全部上架栖息。尽量减少干扰，保持环境安静。

2. 转群管理

转群是土鸡饲养过程中的重要一环，由于转群本身和鸡对新环境的适应都能产生应激反应，为将此应激降低到最低限度，转群必须做好以下工作。

（1）转群前充分准备　饲管人员事先要了解所转入鸡舍的情况，如：疾病发生情况、免疫情况，做到心中有数，为转群后做准备。对所要转入鸡舍和设备进行维修，清洗鸡舍，于转群前 1 周进行彻底熏蒸消毒，同时调整转入鸡舍的料槽、水槽位置，备好饲料和饮水。

需要转舍的鸡应在原舍内事先带鸡消毒，前 3 d，饲料中添加各种维生素 1 ～ 2 倍和饮电解质溶液，转群前 4 ～ 6 h 应停料。若转群距离较远，应备好运输工具并做好消毒。

从育雏舍转到育成舍，尽量减少两舍间温差，尤其冬季或早春应在育成舍内备好取暖设备，使温度达到 15℃左右。

（2）科学转群　一般雏鸡在 7 周龄应及时转入育成鸡舍，到 17 ～ 18 周龄就转入产蛋鸡舍，最迟必须在 18 周龄前转入产蛋鸡舍。转群时间夏天选择凉快的晚上或清晨，冬季选择暖和中午，春秋避开雨天。为使鸡只有足够的时间采食和饮水，转群当天 24 h 光照。为了防止转群人员带来交叉感染，人员最好分 3 组，即抓鸡组、运鸡组、接鸡组。抓鸡时必须轻拿轻放，专抓鸡腿，不允许抓颈、尾部。装鸡运输箱鸡密度为：6 周龄 15 ～ 20 只 /m^2，17 ～ 18 周龄 8 ～ 10 只 /m^2。转群时特别注意不能与断喙、免疫同时进行，防止额外应激反应。

（3）及时清理鸡群　结合转群对鸡群进行清理和选择，选择时尽量把体重相似的鸡放在一个笼内，并淘汰不合标准的劣质鸡，如跛腿、瞎眼、病弱、残次、体重过大过小和异性鸡。将强壮、胆大、性情暴烈，体质相似的鸡组合成一群，把弱小、胆小、性情温顺的鸡组合成一群，最后彻底清点鸡数。

（4）转群后的饲养管理　转群后 3 d 内，饲料中应加喂 1 ～ 2 倍量的多种维生素和饮电解质溶液，如强力多维素或维生素保健粉等。饲管中要做到以下几点。

①注意观察鸡饮水情况。夏天用清洁的开水，冬天最好用温水。体形较小鸡虽能吃到饲料，但饮不到水，应调换笼位和降低水槽，确

保鸡充足饮水。

②防惊飞。保持场内安静，避免噪声污染。饲喂动作要轻、慢，外人不得入鸡舍，饲养人员固定，喂食、清扫、消毒准时进行，防止鸡只因环境变化发生惊群、惊飞而撞伤或撞死。

③加强检查、巡视。

④预防恶癖。在日粮中添加 1% 石膏粉，给予弱鸡群特殊照顾，以减少和杜绝恶癖发生，促进较弱鸡的生长发育。

⑤正确换料。给青年鸡换料，如果急于一次性完成换料，会因钙和粗蛋白质的成分突然增高，特别是蛋白质增高，饮水量增加，鸡的机体因消化吸收不良而引起拉稀。因此，给青年鸡换料，饲料含钙一般在 1% 左右，粗蛋白质在 15.5% 左右。饲料转换要逐渐过渡，第 1 天育雏料和生长期料对半，第 2 天育雏期料减至 40%，第 3 天育雏料减至 20%，第 4 天全部用生长期料。每次换料必须经过过渡饲喂。

⑥科学免疫。按照免疫程序，备好所需疫苗，待转群稳定后适时接种，最好在开产前 10 d 完成各种免疫接种，防止开产后免疫对鸡产蛋的影响。

⑦常熏蒸消毒。为防止鸡病发生，鸡舍内要经常消毒，特别是要熏蒸消毒。先尽量封闭鸡舍，按每立方米空间使用福尔马林 28 mL、高锰酸钾 14 g 的标准（刚发生过疫病的鸡舍，适当增加消毒浓度，可每立方米空间用福尔马林 42 mL、高锰酸钾 21 g）准备整个鸡舍所需要的消毒药品，然后将高锰酸钾放入消毒容器内置于鸡舍的不同部位，并根据高锰酸钾的放入量，将福尔马林准备好放在相应的消毒容器旁边。先从距离鸡舍门口最远的地方开始，将福尔马林依次倒入相应的盛有高锰酸钾的消毒容器内，操作完成，迅速撤离，封闭鸡舍。

也可以用简单的烟熏法消毒。用砖砌一个简易的灶台，将从野外采集回来的陈艾（一种中药材，也称为艾叶、艾蒿，含有芳香油，具有杀虫、消毒的功效）放在里面，点燃后不要有明火，只冒着浓浓的白烟，闻起来有一股芳香味即可。

3. 驱虫

一般放牧 20 ～ 30 d 后，就要进行第 1 次驱虫，相隔 20 ～ 30 d

再进行第2次驱虫。主要是驱除体内寄生虫，如蛔虫、绦虫等。可使用伊维菌素、驱虫灵、左旋咪唑或丙硫苯咪唑。第1次驱虫，每只鸡用驱蛔灵半片；第2次驱虫，每只鸡用驱蛔灵1片。可在晚上直接口服或把药片磨成粉，再与饲料拌匀进行喂饲。一定要仔细将药物与饲料拌得均匀，否则容易产生药物中毒。第2天早上要检查鸡粪，看是否有虫体排出。并要把鸡粪清除干净，以防鸡只食虫体。如发现鸡粪中有成虫，次日晚上可以同等药量再驱虫1次。

4. 严防中毒

果园内养殖时，果园喷过杀虫药和施用过化肥后，需间隔7 d以上才可养殖，雨天可停5 d左右。刚养殖时最好用尼龙网或竹篱笆圈定养殖范围，以防鸡到处乱窜，采食到喷过杀虫药的果叶和被污染的青草等，鸡场应常备解磷定、阿托品等解毒药物，以防不测。

五、加强土鸡育成期的日常观察

养殖土鸡在育成期阶段，搞好鸡群饲养管理的同时，必须经常查看鸡群的健康状况，以便及时发现问题，采取措施，确保鸡群的健康。

1. 观察鸡冠及肉垂颜色

鸡冠及肉垂颜色是鸡只健康与否的重要标志：鲜红色是健康鸡的正常颜色；白色，表明机体消耗过大，一般为营养不良的休产鸡；黄色，是机能障碍或患有寄生虫病的表现；紫色，通常是患鸡瘟、禽霍乱的病鸡；黑色，一般患有马立克病、鸡瘟或冻伤所致。

2. 观察羽毛状况

鸡周身掉毛，但舍内未见羽毛，说明被其他鸡吃掉，这是机体内缺硫所致，应采取补硫措施。鸡在换羽结束、开产前及开产初期羽毛是光亮的，如果此期不光亮是由于缺乏胆固醇，要补喂一些含胆固醇高的饲料。产蛋后期羽毛不光亮、污浊无光或背部掉毛的为高产鸡。

3. 观察食欲情况

食欲旺盛，说明鸡生理状况正常，健康无病。减食，一般是由饲料突然改变、饲养员变更、鸡群受惊等因素所致。不食表明鸡处于重病状态。异食，说明饲料营养不全，特别是矿物质及微量元素不足。挑食，是由于饲料搭配不当、适口性差所致。

4. 观察鸡群状态

健康鸡群表现为精神活泼，反应灵敏。部分鸡精神沉郁，离群闭目呆立、羽毛蓬乱、翅膀下垂、呼吸有声等是发病的预兆或处于发病初期。大部分鸡精神委顿，说明有严重疫病出现，应尽快予以诊治。

5. 观察肛门污浊

鸡在产蛋期，肛门周围大都有粪便污染的痕迹。停产期及不产蛋鸡的肛门清洁，腹部羽毛丰满光滑。若肛门周围有黄色、绿色粪便或有黏液附着，并伴有其他异常表现，则表明鸡患有疾病。

6. 观察粪便颜色、形态及气味

（1）鸡粪便正常情况　健康鸡粪便正常颜色呈灰色，不软不硬，堆状或粗条状，表面覆盖少量白色尿酸盐。其量的多少可以衡量饲料中蛋白质含量的高低及吸收水平。茶褐色黏便是由盲肠排出的正常粪便。

（2）异常粪便　褐色稠粪也属于正常粪便，其恶臭的气味是由于鸡粪在盲肠内停留时间较长所致；红色、棕红色稀粪，说明肠道内有血，可能患有鸡白痢杆菌病或球虫病；黏液状的患有卵巢炎、腹膜炎。这种鸡已没有生产价值，应尽快淘汰；黄绿色或黄白色附有黏液、血液等恶臭稀粪，说明有胆汁排到肠道内，多见于新城疫、禽霍乱、伤寒等急性传染病，发现后应立即隔离，全面诊断予以淘汰；白色糊状或石灰浆样的稀粪，多见于雏鸡白痢沙门氏菌病、传染性法氏囊病等，发现后立即隔离，全面诊断予以淘汰。

六、土鸡育肥期的饲养管理

养殖土鸡从 12 周龄至上市的时期是育肥期。此期的饲养要点是促进鸡体内脂肪的沉积，增加鸡的肥度，改善肉质和羽毛的光滑度，做到适时上市。在饲养管理上应注意以下几点。

1. 调整饲料

随着鸡的日龄增长，体内增长的主要组织与中鸡阶段有很大差别。鸡沉积适度的脂肪可改善土鸡的肉质，提高胴体外观的美感。此期一般应提高日粮的代谢能，相对降低蛋白质含量，鸡育肥期的能量一般要求达到 12.54 MJ/kg，粗蛋白质在 15% 左右即可。为了达到这个水平，往往需增加动物性脂肪。

2. 适当减少活动

育肥期采用放牧育肥的，一方面可以让鸡采食大自然的昆虫及树叶、杂草等，以节约饲料；另一方面，提高鸡的肉质风味，使上市鸡的外观和肉质更好。在进入育肥期，应减少鸡的活动范围和运动，以利于育肥。

3. 搞好防疫

严格执行消毒程序，鸡舍周围，每 2 ～ 3 周消毒 1 次，放鸡的周围及场内污水池、排粪坑、下水道出口，每 1 ～ 2 个月消毒 1 次，必要时及时机械性处理垃圾。定期对饮水器、料槽清洗消毒。重视杀虫、灭鼠工作，预防疾病发生。

（1）仔细观察生长状况　在育成鸡的饲养过程中，应当注意育成鸡的生长状况，注意观察。

（2）适时分群　随着鸡群日龄的增大，鸡的密度也越来越大，要及时进行分群，分群后可以通过调整投料量来调节。在鸡群中总会出现一些瘦弱的个体，育成期间一定要勤观察，勤调整，及时挑出个体弱小的鸡进行集中饲养，使其尽快达到标准体重。

（3）控制密度　密度对育成鸡的生长发育有着重大影响。密度过大，鸡的活动受到限制，空气污浊，湿度增加，垫料增多，导致鸡只生长缓慢，群体整齐度差，易感染疾病，死亡率升高，且易发生鸡相互残杀、啄肛、啄羽等恶癖。饲养密度应为 2 ～ 4 只 /m^2。

（4）饲喂　青年鸡营养要求与雏鸡有较大区别，必须重视饲料日粮的配合。日粮中各种营养成分的含量都要低些，尤其是粗蛋白质和能量水平要随着鸡体重的增加而减少，否则，鸡会大量积聚脂肪，引起过肥影响今后产蛋量。粗蛋白质可从 16% 逐步减少至 14% 左右，可适当加大麸皮或各类饲料的喂量，特别要注意补充维生素和矿物质，每次更换饲料时不能一次突然改变，应有 1 周左右的过渡期逐步更换。

4. 适时上市

为增加鸡肉的口感和风味，应适当延长饲养周期，控制出栏时间，一般应在 120 d 以后。需要根据市场行情及售价，适当缩短或者延长上市时间。

第七章　土蛋鸡的生态养殖

生态养殖土鸡到了21周龄，一般育成期即结束。如果不转群进入产蛋鸡舍，都作为商品鸡出售，那么小母鸡可按小公鸡的方法饲养。若养成产蛋鸡，则要从18周龄转入产蛋鸡舍开始，就按照产蛋鸡的要求，实行公、母鸡分群饲养管理，以生产高质量的土鸡蛋，达到高产、优质的目的。

第一节　生态养殖土鸡产蛋前的准备

一、做好开产前的准备工作

鸡舍和设备对产蛋鸡的健康和生产有较大影响。开产前要检修鸡舍及设备，认真检查供电照明系统、通风换气系统，如有异常应及时维修；对鸡舍和设备进行全面清洁消毒。另外，要准备好所需的用具、药品、器械、记录表格和饲料，安排好饲喂人员。

产蛋期要在补饲点或鸡舍内搭建长30 cm、宽25 cm、深30 cm的产蛋窝或产蛋箱，也可直接使用竹制或木制的产蛋箱。以每5只鸡搭建1个产蛋窝（箱）为宜，在产蛋窝（箱）里放置适量干燥的干草或麦秸，以减少鸡蛋破损。

此外，土蛋鸡一般在5个月龄左右见蛋。开产前要对土蛋鸡进行选留淘汰，如果参差不齐会严重影响生产性能。要求选留的土蛋鸡生长发育良好、均匀整齐、精神活泼、体质健壮、体重适宜。按品种要求剔除体型过小、瘦弱鸡和无饲养价值的残鸡。

二、免疫接种

开产前要进行免疫接种，这次免疫接种对防止产蛋期疫病发生至关重要。免疫程序合理，符合本场实际情况；疫苗来源可靠，保存良好，质量保证；接种途径适当，操作正确，剂量准确。接种后要检查接种效果，必要时进行抗体检测，确保免疫接种效果，使鸡群有足够的抗体水平来防御疾病的发生。

三、产蛋前的调教

鸡喜欢在光线较昏暗、隐蔽性较好、较安静的地方产蛋，这样会有安全感，产蛋也较顺利。母鸡在产第一个蛋之前，往往表现出不安，寻找合适的产蛋地点。当鸡看到其他鸡已造好窝或产蛋箱内有蛋（引蛋）时，会产生认同感，认为此窝适宜产蛋，也容易把它当作自己的窝而在其中产蛋。鸡的产蛋具有定巢性，一般鸡的第一个蛋产在什么地方，以后仍到这个地方产蛋，如果这个地方被其他鸡占用，宁可在巢门口等候也不愿进入旁边的空巢，在等不及时往往几只鸡同时挤在一个巢箱中产蛋，尽管受到正在产蛋母鸡的竭力排斥与驱逐也毫不在乎。因此，开产前的调教极为重要。

开产前 1 周左右，应准备并放置好产蛋箱，让鸡熟悉产蛋箱内的环境。产蛋箱应背光放置或遮暗，保持产蛋箱处于安静无干扰，产蛋箱要足够，一般要按照 5 只母鸡 1 个产蛋窝。产蛋箱内应铺清洁干燥的垫料。当有的母鸡找不到产蛋箱或不愿意进产蛋箱产蛋时，可先在产蛋箱里放上 1 个引蛋，让产蛋母鸡认同这个产蛋箱，从而顺利在此产蛋。

第二节　生态养殖土鸡产蛋期的管理

一、生态养殖土鸡不同产蛋期的饲养管理

1. 产蛋前期的饲养管理

（1）*看蛋重增加趋势*　初产蛋很小，一般只有 35 g 左右，2 个月后增重达 42 g，基本达到标准蛋大小。产蛋初期、前期蛋重在不断增加，即越产越大，蛋形圆满而个大，平均 24 个 1 kg，说明鸡营养充分；如果营养不充足时则为 28 ～ 29 个 1 kg，这样的蛋说明鸡养得不好，管理不当，营养不平衡。

（2）*看蛋形*　土鸡蛋蛋形圆满。若蛋大端偏小，是欠早食，应补充足够精料。

（3）*看产蛋率上升趋势*　初产蛋上升快，最迟 3 个月后产蛋率达到 60% 左右；如果产蛋率波动较大，甚至出现下降，要从饲养管理上找原因。

（4）*看鸡体重*　产蛋一段时间后，如鸡体重不变，说明管理恰当；鸡过肥，是能量饲料过多，说明能量、蛋白质的比例不当，应当减少精料，增加青绿饲料；如鸡体重下降，说明营养不足，应提高精料质量，使蛋鸡不肥不瘦。

（5）看食欲。喂鸡时，鸡很快围聚争食，说明食欲旺盛，可以适当多喂些；若来得慢，不聚扰争食，说明食欲差或已觅食吃饱，应少喂些；健康食欲旺盛的土鸡，羽毛光滑、紧密、贴身。另外，对啄羽、啄肛等异常情况，都应仔细观察，及时治疗。

2. 产蛋高峰期的饲养

当土鸡群生长到 25 周龄时，产蛋率基本达到高峰，应及时改用产蛋高峰期的饲养管理，一般 28 周左右达到巅峰，如按日产蛋量计，产蛋高峰多在 35 周龄左右。此阶段是饲养蛋鸡效益最高的时期。这

一阶段饲养管理的关键包括3个方面：促高产、延长高峰期、降低死淘率。因此，为了使土蛋鸡产蛋高峰早到，且维持时间长，一定要重视高峰期的饲养管理。

（1）调整补充饲料　生态养殖土鸡产蛋进入高峰后，只依靠放牧很难满足其产蛋的需要，要及时更换产蛋高峰期补充饲料。产蛋期蛋鸡所需要的最重要营养成分是含硫氨基酸。在含硫氨基酸总量中，蛋氨酸的含量应在53%以上。其次是其他必需氨基酸和钙、磷。补充日粮中应保证蛋白质水平达18%；注意钙的含量和钙、磷的平衡，产蛋期钙的需要比生长期高3～4倍，高产期钙、磷的平衡比例为6∶1。适时补充粒状钙，还可增加维生素D_3的含量，以促进钙的吸收。在高峰期产蛋率正常、鸡体重稳定的情况下，要在饲料配方和原料品种上尽量保持饲料的稳定性。

对于产蛋高峰期在夏季的鸡群，应配制高能高氨基酸水平的补充饲料，如有条件，可在饲料中添加油脂，当气温高达35℃以上时，可添加2%的油脂。气温在31～35℃，可添加1%的油脂。油脂含能量高，极易被鸡消化吸收，并可减少饲料中的粉尘，提高适口性。对于增强鸡的体质、提高产蛋率和蛋重较为重要。

（2）保证鸡群的健康　产蛋高峰期间母鸡代谢强度大，繁殖机能旺盛，摄取的营养物质多用于产蛋，在此状况下，鸡体易感染疾病，所以要特别注意环境和饲料卫生。

（3）防止应激反应　产蛋高峰一旦突然下降，就很难再恢复到原来的产蛋率。因此，在日常管理中要保持一个相对稳定的环境，饲料及养殖环境要保持相对稳定，特别注意避免产蛋鸡产生严重的应激反应，饲养管理程序要规范，不可随意更改，避免天气突变和突然惊吓等应激因素的发生。

（4）严格执行光照制度　高峰期光照时间已经增加到16 h，晚上补光时开、关灯时间一定要严格遵守。光照时间的长短比光的颜色、强度对鸡更为重要，因为鸡对光照时间微小的变化，就可以引起体内许多反应，使增重、性成熟、产蛋量、饲料转化率等都受到显著影响。

产蛋期蛋鸡需要的光照强度比育成阶段强约 1 倍，应达到 10 ～ 20 lx。两排以上的灯要交错排列，呈等边三角形或梅花状排列，灯泡间距 3 m，灯高距鸡舍顶部 2 ～ 2.2 m，功率 25 W。一定要保持灯泡清洁，否则会影响照度。

（5）鸡蛋收集　养殖的土鸡，刚开产的母鸡要训练其在产蛋箱产蛋，每 4 ～ 5 只母鸡配备 1 个产蛋箱，减少窝外产蛋的比例。产蛋箱中要定期添加柔软的垫料，减少种蛋的破损。每天下午最后一次收集完鸡蛋，要关闭产蛋箱，防止母鸡在产蛋箱中过夜。母鸡在产蛋箱中过夜，会造成垫料的污染（排便），另外长久下去会引起母鸡就巢，影响产蛋率。

鸡蛋每天拣 3 ～ 4 次，收集的鸡蛋要及时出售，特别是夏季，防止变质。

（6）适当淘汰　为了提高饲养土蛋鸡的效益，进入产蛋期以后，根据生产情况适当淘汰低产鸡。刚开产时，进行第一次淘汰；进入高峰期后 1 个月进行第二次淘汰；产蛋后期每周淘汰 1 次。淘汰土蛋鸡的方法主要是根据外貌特征来鉴别高产鸡与低产鸡。高产鸡表现：反应灵敏，两眼有神，鸡冠红润；羽毛丰满、紧凑，换羽晚；腹部柔软有弹性、容积大；肛门松弛、湿润、易翻开；耻骨间距 3 指以上，胸骨末端与耻骨间距 4 指以上。低产鸡的表现：反应迟钝，两眼无神，鸡冠萎缩、苍白；羽毛松弛，换羽早；腹部弹性小、容积小；肛门缩紧，干燥，不易翻开，耻骨间距 2 ～ 3 指及以下，胸骨末端与耻骨间距 3 指以下。另外对于有病的残次鸡也要及时挑出。

（7）加强观察　经常观察鸡群，掌握鸡群的健康及产蛋情况，发现问题，及时采取措施。

①观察精神状态。清晨鸡舍开灯后，观察鸡的精神状态，若发现精神不振、闭目困倦、两翅下垂、羽毛蓬乱、行为怪异、冠色苍白的鸡多为病鸡；打开鸡舍放牧时，鸡不愿意出舍，觅食性差，不愿合群，独立一隅，精神倦怠，多为病鸡。应及时挑出病鸡，严格隔离，如有死鸡，应送给有关技术人员剖检，以及时发现和控制病情。

②观察鸡群采食和粪便。鸡体健康，在养殖场内不停觅食，产蛋

正常的成年鸡群，每天的采食量和粪便颜色比较恒定，如果发现不愿觅食，围在鸡舍周围不愿走动，补料时剩料过多，采食量下降，粪便异常等情况，应及时报告技术人员，查出问题发生的原因，并采取相应措施解决。

③观察呼吸道状态。夜间关灯后，要仔细倾听鸡群的呼吸，观察有无异常。如有打呼噜、咳嗽、喷嚏及尖叫声，多为呼吸道疾病或其他传染病，应及时挑出隔离观察，防止扩大传染。

④观察舍温变化。在早春及晚秋季节，气温变化较快，变化幅度大，昼夜温差大，对鸡群的产蛋影响也较大，因而应经常收听天气预报，并观察舍温变化，防止鸡群受到低温寒流或高温热浪的侵袭。

⑤观察有无啄癖鸡。产蛋鸡的啄癖比较多，而且常见，主要有啄肛、啄羽、啄蛋、啄趾等，要经常观察鸡群，发现啄癖鸡，尤其啄肛鸡，应及时挑出，分析发生啄癖的原因，及时采取预防措施。

⑥观察鸡的产蛋情况。加强对鸡群产蛋数量、蛋壳质量、蛋的形状及内部质量等方面的观察，可以掌握鸡群的健康状态和生产情况。鸡群的健康和饲养管理出现问题，都会在产蛋方面有所表现。如营养和饮水供给不足、环境条件骤然变化、发生疾病等都能引起产蛋下降和蛋的质量降低。

（8）*做好消毒防疫工作*　进入产蛋高峰期后，免疫工作较少，但要根据鸡群情况必要时进行预防性投药，或每隔 1 个月投 3 ～ 5 d 的广谱抗菌药。坚持日常消毒，做好环境卫生，尽可能防止在此阶段感染疾病。此阶段产蛋高峰达不到应有的水平，会严重影响整个饲养阶段的产蛋量。

3. 产蛋后期的饲养管理

养殖土鸡产蛋后期的饲养管理，主要是确保鸡群的产蛋性能缓慢降低，不出现大幅度的下降现象，尽可能提高土蛋鸡蛋的商品率，减少破损率，延长其经济寿命；控制鸡体重增加，防止母鸡过肥影响产蛋，并可节约饲料成本。

（1）*更换饲料*　随着土蛋鸡日龄的增加，鸡群产蛋高峰过后，鸡群中换羽停产的土蛋鸡逐渐增多，产蛋率出现明显下降。这时摄入的营养一部分会转变为体脂，可适当进行限制饲养，以降低饲料消耗。一般到 55 周龄时，土蛋鸡的产蛋率下降，进入产蛋后期。为了避免饲料浪费，要更换产蛋后期饲料。控制日粮的能量、蛋白质水平，粗蛋白质水平降至 12% ～ 14% 即可，或减少日粮的补饲量。

（2）增加日粮中钙和粗纤维的含量　由于经过长时间的产蛋，钙的消耗很大，而且此时鸡对钙的吸收利用能力也有所降低，蛋壳品质往往很差，破蛋率增加。因此，要将日粮中钙的水平提高，以维持蛋壳品质，但不可超过 4%。适当添加维生素 D_3 能促进钙磷的吸收。

（3）调整光照　产蛋后期可以将光照时数逐渐增加到 16.5 ～ 17 h/d，但切不可超过 17 h/d，光照强度 15 ～ 20 lx，可延长产蛋期，提高产蛋率 5% ～ 8%。

（4）淘汰低产鸡　为提高产蛋率，降低饲料消耗，应及时淘汰经常休产的鸡、体重过大过肥或过小过瘦的鸡、病残鸡及过早停产换羽的鸡，减少饲料补充量。一般 2 ～ 4 周检查淘汰 1 次，根据资料调查，病弱休产鸡在产蛋后期可占全群的 3% ～ 5%，差的鸡群可超过 10%。

（5）减少破损蛋　鸡蛋的破损，降低了蛋的商品率，给蛋鸡生产带来很大的损失，特别是在产蛋后期更为严重。在产蛋后期管理中，要尽可能减少蛋的破损率，提高蛋的商品率。

造成产蛋后期蛋破损的主要因素是如下。

①遗传因素。蛋壳强度受遗传影响，一般褐壳蛋比白壳蛋强度高，破损率较低；高产蛋鸡产的蛋比低产蛋鸡产的蛋破损率高。

②周龄因素。鸡开产后，随日龄的增加，蛋逐渐增大，蛋壳也随之变薄，蛋壳强度降低，蛋变得易碎。

③营养因素。某些营养不足或缺乏，如维生素 D_3、钙、磷等不足或缺乏时，都会导致蛋壳质量变差，容易破碎。

④疾病因素。鸡患传染性支气管炎、减蛋综合征、新城疫等疾病后一段时期内蛋壳质量下降，软壳蛋、薄壳蛋和畸形蛋增多。产蛋后期鸡群抗体水平降低更应注意。

⑤管理因素。产蛋窝内没有垫草、垫料或安装不合理，容易造成

破蛋。每天拣蛋次数过少或收集蛋时不注意，导致鸡蛋碰撞而破损。

减少产蛋后期破损蛋的主要措施有如下几点。

①加强产蛋鸡后期管理，补充全价配合饲料。饲料中的营养成分直接关系着蛋壳厚度。在每天放牧后补充适量全价配合饲料，不仅能保持养殖鸡群有较高的产蛋率，而且能提高蛋壳质量，减少破损率。钙、磷、镁和维生素 D_3 是影响蛋壳质量的主要营养因素，在配制产蛋鸡补充日粮时必须满足供应，并且与产蛋鸡的正常需要相吻合。下午单独补钙，并在饲料中添加 0.01% ～ 0.015% 的维生素 AD_3 粉，促进产蛋鸡对钙的吸收。

②加强疾病防治是减少鸡蛋破损的基础。多种疾病对蛋壳都有影响。定期对放牧场所、鸡舍内外环境进行消毒，坚持每天带鸡喷雾消毒，以降低环境中病原体的数量，减少发病机会。做好新城疫、传染性支气管炎、减蛋综合征等疫病的预防工作是确保蛋鸡高产稳产、减少鸡蛋破损的基础。

③增加捡蛋次数。避免鸡蛋在产蛋窝内相互碰撞破损。最好每天捡蛋 3 ～ 4 次，捡蛋时要轻拿轻放。

④要经常性地检查产蛋窝、产蛋箱，发现窝内没有垫草、垫料要及时补充。

（6）加强卫生消毒　到了产蛋后期，由于饲养员疏于管理，鸡群很易出现问题。经过长时间的饲养后，鸡舍内有害微生物数量大大增加，所以更要做好粪便清理和日常消毒工作。

二、生态养殖土鸡产蛋期的一般管理

1. 保证土鸡产蛋期补充日粮的营养浓度

养殖土鸡产蛋期的补充饲料应以精料为主，枯草季节还要适当补饲青绿多汁饲料，其精料营养浓度，粗蛋白质含量在 15% ～ 16%、钙为 3.5%、磷为 0.33%、食盐 0.37%。要加强鸡过渡期的管理，由育成期转为产蛋期补充喂料要有一个过渡期，当产蛋率在 5% 时，开始喂蛋鸡料，一般过渡期为 6 d，在精料中每 2 d 换 1/3，最后完全变为蛋鸡料。参考配方为：玉米 60%、豆粕 18%、花生仁饼 6%、鱼粉 3%、贝壳粉 8%、骨粉 1.8%、植物油 1.9%、油脂 1%、食盐 0.3%。

2. 增加光照时间

由于土鸡在自然环境中生长，其光照为自然光照，天亮放鸡，天黑关鸡，产蛋季节性很强，一般为春夏产蛋，秋冬季逐渐停产。在人工辅助饲养的条件下，应尽量使光照基本稳定，促使产蛋性能相应提高。一般实行早晚两次补光，早晨固定在 6：00 开始补到天亮，傍晚 18：30 开始补到 22：00，全天光照为 16 h 以上，产蛋 2 ～ 3 个月后，将每日光照时间调整为 17 h，早晨补光从 5：00 开始，傍晚不变，补光的同时补料，补光一经固定下来，就不要轻易改变。

3. 母鸡抱窝性与醒抱

春末夏秋还要注意母鸡抱窝性的出现。应增加捡蛋的次数，拣净新产的鸡蛋，做到当日蛋不留在产蛋窝内过夜。实践中也有狗领捡蛋法，狗从小用鸡蛋喂养，长大后对鸡蛋有特殊的嗅觉，据此，饲养员可牵着狗捡鸡蛋。此法仅可作为生态养殖蛋鸡捡蛋的一种补充。

因为幽暗环境和产蛋窝内积蛋不捡，可诱发母鸡抱窝性。一旦发现就巢鸡，应及时采取措施，促使母鸡快速醒抱。

（1）*改变环境醒抱法*　当发现母鸡抱窝，可在傍晚鸡群入舍前，及时将其放在光线明亮有公鸡但无产蛋箱（产蛋箱遮盖上）的鸡舍中，不让母鸡在产蛋箱内过夜。赖抱鸡（母鸡产蛋到一定的数量后就“打抱”，也称“赖抱”“抱窝”）在改变环境的刺激下，又不得安宁，会很快醒抱。将抱窝母鸡用水浸湿羽毛，经过几天后母鸡也会停止抱窝。吊在光亮的地方，使其不能长期伏卧，这样很快醒抱。同时供给充足的饲料与饮水，让其自由采食。最好在饲料中添加适量的维生素。

①光亮通风。将抱窝的鸡抓出隔离，白天把抱窝母鸡放在光亮的地方，使它抱不成窝；晚上也一直开着灯；把鸡笼挂在通风的地方，使鸡体温降低，可以抑制催乳激素的产生和就巢行为的出现。

②换位。把抱窝鸡换入新鸡群内，由于生活环境改变，鸡群改变，对抱窝鸡也是一种刺激，可促使其醒抱。

（2）笼子关养　将抱窝鸡关入装有食槽、水槽、底网倾斜度较大的鸡笼内，放在光线充足、通风良好的地方，保证鸡能正常饮水和吃料，使其在里面不能蹲伏，5 d 后即可醒抱。

（3）灌服食醋　给抱窝鸡于早晨空腹时灌服食醋 5 ～ 10 mL，隔 1 h 灌 1 次，连灌 3 次，2 ～ 3 d 即可醒抱。

（4）化学药物法　①喂阿司匹林。让母鸡在抱窝初期口服阿司匹林 1 片，每天 2 次，连服 3 d，即可醒抱。②注射硫酸铜溶液。每只抱窝鸡肌内注射 20% 硫酸铜溶液 1 mL，每日 1 次，连注 4 ～ 5 d，促使其脑垂体前叶分泌激素，增强卵巢活动而不再抱窝。

4. 严格防疫消毒

在养殖环境中生长的土鸡，其本身就容易受外界疾病的影响，如果防疫、消毒不到位，就很难保证鸡的成活率，效益也就无从谈起。因此，一要按照鸡疫病防疫程序进行防控。防控重点应放在鸡新城疫、禽流感、传染性法氏囊、传染性喉气管炎、禽出血性败血症和球虫病上，搞好疫苗接种和预防监测；同时还要定期在兽医人员指导下用一些无残留的药物预防疾病。二要搞好卫生消毒。鸡栖息的棚内及附近场地坚持每天打扫、消毒，水槽、料槽每天刷洗，清除槽内的鸡粪和其他杂物，让水槽、料槽保持清洁卫生，养殖场进出口设消毒带或消毒池，并谢绝参观。三要做到全进全出。每批鸡养殖完后，应对鸡棚彻底清扫、消毒，对所用器具、盆槽等熏蒸 1 次再进下一批鸡。

5. 注意收看收听天气预报

恶劣天气或天气不好时不要上山养殖，应采取舍饲；下暴雨、冰雹，刮大风、沙尘暴时应及时将鸡群赶回棚内，避免死伤造成损失。

6. 鸡群健康状况观察

（1）放鸡时观察　每天早晨放鸡外出时，健康鸡总是争先恐后向外飞跑，弱者常常落在后边，病者不愿离舍或留在栖架上，这样可及早发现，及时隔离和治疗，以防疫病传播。

（2）清扫时观察　清扫鸡舍或清粪时，观察粪便是否正常。正常粪便应是软硬适中的堆状或条状物，上面覆有少量的白色尿酸盐沉积物；若粪便过稀，则为摄入水分过多或消化不良；浅黄色泡沫粪便，大部分是由肠炎引起；白色稀便则多为白痢病的病征；球虫病的特征是深红色血便。

（3）喂料时观察　喂料时观察鸡的精神状态，喂料对健康鸡特别敏感，往往显示迫不及待感；病弱者来吃食或被挤在一边；或吃食而动作迟缓，反应迟钝或无反应；病重者表现出精神沉郁，两眼闭合低头缩颈，翅膀下垂，足立不动等。

（4）呼吸时观察　晚上可倾听鸡的呼吸是否正常。若带有咯咯声，说明患呼吸道疾病。

（5）采食时观察　若鸡的采食量逐渐增加则为正常；若表现拒食、拒饮时采食量减少，则为病鸡。

（6）产蛋时观察　对产蛋鸡要特别注意与产蛋有关的情况，如当天产蛋量、蛋的大小、蛋形、蛋壳光滑度、破损率、蛋壳颜色等。另外，羽毛整齐度、冠髯色泽以及有无啄羽、啄肛等异常情况，都应仔细观察，一旦发现问题，要及时治疗和处理。

三、土鸡不同季节的生态养殖管理

不同季节，气候和饲料资源情况有很大的差别，土鸡养殖管理也应进行相应的调整。

1. 春季生态养殖管理

春季是养殖土鸡的黄金季节，不仅孵化和育雏最繁忙，而且蛋鸡产蛋率最高，种蛋质量最佳。同时，春季也存在一些不利因素，应注意一些技术环节。

（1）防气温突变　春季气温渐渐上升，但是其上升的方式为螺旋式。升中有降，变化无常。时刻注意气候的变化，防止突然变化对生产性能造成影响和诱发疾病。

（2）保证营养　春天是蛋鸡产蛋上升较快的时段，同时早春又是缺青季节。如何保证产蛋率的快速上升，而又保证其鸡蛋品质符合土鸡蛋标准，应在保证饲料补充量、饲料质量的前提下，补充一定数量的青绿饲料。如果此时青草不能满足，可补充一定数量的青菜。对于种鸡，饲料中应补充一定数量的维生素和微量元素，以保证种蛋质量，提高产蛋率和孵化率。

（3）确定放牧时间　对于成年鸡而言，温度不是主要问题，而草地牧草的生长是放牧的限制因素。如果放牧过早，草还没有充分生长便被采食，草芽被鸡迅速一扫而光，造成草场的退化，牧草以后难以生长。因此，春季放牧的时间应根据当地气温、雨水和牧草的生长情况而定，不可过早。

（4）预防疾病　春季温度升高，阳光明媚，万物复苏，既是养鸡的最好季节，也是病原微生物复苏和繁衍的时机。土鸡在这个季节最容易发生传染性疾病。因此，疫苗注射、药物预防和环境消毒各项措施都应引起高度重视。

2. 夏季生态养殖管理

（1）注意防暑　鸡无汗腺，体内产生的热主要依靠呼吸散失，因而鸡对高温的适应能力很差。所以，防暑是夏季管理的关键环节。尤其是在没有高大植被遮阴的草场，应在放牧地设置遮阴棚。为土鸡提供防晒遮阴乘凉的躲避处。

（2）保证饮水　尽管养殖鸡一年四季都应保证饮水，但夏季供水更为重要。供水不仅是提高生产性能的需要，更是防暑降温、保持机体代谢平衡和机体健康的需要。必要时，在饮水中加入一定的补液盐等抗热应激制剂。

（3）整顿鸡群　夏季一些鸡开始抱窝，有些鸡出现停产。应及时进行清理整顿。对饲养价值不大的鸡可作淘汰处理，以减少饲料费用，降低饲养密度。

（4）饲喂和饲料　夏季天气炎热，鸡的采食量减少，在饲喂和饲料方面进行适当的调整。利用早晨和傍晚天气凉爽时，强化补料，以便保证有足够的营养摄入。一些人认为，夏季应降低营养水平，其结果不仅采食饲料的总量降低，获得的营养更少，不能满足生产的需要。可采取提高营养浓度和制作颗粒饲料的措施，使鸡在较短的时间内补充较多的营养，以保证有较高的生产性能。

（5）搞好卫生　夏季蚊虫和微生物活动猖獗，粪便和饲料容易发酵，雨水偏多，环境容易污染。应注意饲料卫生、饮水卫生和环境卫生，保证鸡体健康。

（6）及时捡蛋　夏季由于环境控制难度大，鸡蛋的壳更容易受到污染。特别是窝外蛋，难以保证质量。因此，应及时发现窝外蛋，及时收集窝外蛋，进行妥善保管或处理。

3. 秋季养殖管理

（1）加强饲养和营养　秋季是鸡换毛的季节，所以，不能因为换毛停产而放松饲养管理。有的高产鸡边换毛边产蛋。鸡的旧毛脱落换新羽，仍需要大量的营养物质。因此，补充饲料中应增加精料和微量营养的比例，以保证鸡换毛时的热能消耗，及早恢复产蛋。当雏鸡到秋季已转为成年鸡，开始产蛋，但其体格还小，尚未发育完全。因此，也要补充足够的饲料，供给充足的饮水，并增加精料比例，以满足其继续发育和产蛋的需要；保持一定的膘度，为来年产蛋期打下良好的基础。

（2）调整鸡群　秋季是成年母鸡停产换羽和新蛋鸡陆续开产的季节。此时应进行鸡群的调整，淘汰老弱母鸡，调整新老鸡群。老弱母鸡淘汰的方法是：将淘汰的母鸡挑选出来，分圈饲养，增加光照，每天保持 16 h 以上。多喂高热量饲料等，促使母鸡增膘，及时上市。当新蛋鸡开始产蛋时，则应老新分开饲养，鸡也逐渐由产前饲养过渡到产蛋鸡饲养管理。

（3）控制蚊虫，预防鸡痘　鸡痘是鸡的一种高度接触性传染病，在秋冬季最容易流行。秋季发生皮肤型鸡痘较多，冬季白喉型最常见。

预防鸡痘可用鸡痘疫前接种。接种 1 周左右，可见到刺种处皮肤上产生绿豆大的小痘，后逐渐干燥结痂而脱落。如刺种部位不发生反应则必须重新刺种疫苗。治疗鸡痘可采用对症疗法，皮肤型鸡痘，可用镊子剥离，伤口涂擦紫药水，鸡眼睛上长的痘往往有痒感，鸡有时向体内摩擦，有时用鸡爪弹蹬。可将痘划破，把里边的纤维素挤出，涂上肤轻松。

（4）预防其他疾病　秋季对蛋鸡危害较大疾病除了鸡痘以外，还有鸡新城疫、禽霍乱和寄生虫病。因此，必须进行疫苗接种和驱虫，迎接产蛋高峰期到来。

（5）人工补光　秋后日照时间渐短，与产蛋鸡要求的每天 16 h 的光照时间的差距越来越大，应针对当地光照时数合理补充光照，以保证成年产蛋鸡的产蛋稳定，促进新产鸡尽快达到产蛋高峰。

（6）防天气突变　深秋气温低而不稳，有时秋雨连绵，给养殖鸡的饲养和疾病防治带来诸多困难。应有针对性地提前预防。

4. 冬季养殖管理

（1）舍养保温　冬季草地几乎没有可采食的食物。如果继续室外养殖，能量的散失会更严重，很多鸡由于能量的负平衡而停止产蛋。因此，应采取室内圈养或笼养的方式，并加强鸡舍保温，可实现冬季较高的产蛋率。在生产中，采取鸡舍阳面搭建塑料棚的方法，不仅增加了运动场地，而且通过塑料暖棚，增加光照和增温。

（2）增强营养供应　冬季天气寒冷，机体散热多，因此，饲料的配合不仅要增加能量饲料的比例。饲料的补充量也应有所增加。没有足够的营养供应，不会有高的产蛋性能和经济效益。一些鸡场仍然按照养殖期进行补料，造成严重的营养负平衡，产蛋率急剧下降，甚至停产。

（3）重视补青补粗　土鸡蛋品质优于普通的笼养鸡蛋，主要指标在于蛋黄色泽、胆固醇和磷脂含量。但是，冬季失去了放牧条件，如果不采取有力措施，其鸡蛋品质难以保证。经过多年的试验和实践，冬季适当补充青绿多汁饲料，可弥补圈养的不足。饲料中强化维生素添加剂，有助于鸡蛋品质的提高，达到土鸡蛋的标准。

（4）补充光照　根据当地光照时数和产蛋鸡的要求合理补充光照。

（5）加强通风，预防呼吸道疾病　冬季是鸡呼吸道传染病的流行季节，尤其是在通风不良的鸡舍更容易诱发。应重视鸡舍内的通风。一旦发现病情应立即隔离，并使用相应的药物进行治疗，使其早日康复。同时，每隔 7 d 用百毒杀等消毒剂进行消毒，以免发生疫病。

（6）注意兽害　冬季野生动物能捕捉的猎物减少，因而对野外养鸡的威胁很大。以黄鼠狼为甚，应严加防范。

第八章　生态养殖土鸡的防疫技术

第一节　生态养殖土鸡的疾病防控

生态养殖土鸡疾病的预防有许多有利因素，比如，养殖土鸡活动范围大、运动量大、体质好、抗病力强；天然树叶、青草、草籽、果实等食物，其维生素、蛋白质、微量元素含量丰富，而且有些食物具有保健作用，采食养殖草场、果园中的昆虫及其蛹和幼虫、蝗虫、蚯蚓、蝇蛆等，不仅获得了丰富的蛋白质，而且这些动物蛋白中会有一种抗菌肽的物质，能提高鸡体的抗菌和抗病毒能力，发病少。但也存在许多不利因素，如饲养管理技术落后，防病意识淡薄等，主要是经营者缺乏系统的科学管理知识，没有防病治病的经验，有病乱投药；养殖鸡环境不好控制，气候多变，易受暴风雨、冰雹、雷雨等自然灾害侵袭，应激大，寄生虫病、传染病容易流行，而且不好隔离；种鸡场良种繁育体系不健全，鸡白痢病净化不彻底；存在一些免疫抑制病，如传染性贫血病、网状内皮组织增生症等。

一、生态养殖土鸡的发病规律

1. 呼吸道病、软骨病少

土鸡在育雏阶段，由于饲养密度大，育雏舍内空气中氨气含量高，通风不良，会引起呼吸道疾病。但 30 ～ 45 日龄脱温后，由于养殖鸡密度小、活动空间大、空气新鲜，很少再有呼吸道病的发生。

此外，在太阳的光浴下，紫外线不仅对养殖鸡体表有消毒作用，而且使鸡皮肤中的7–脱氢胆固醇转化为维生素D_3，而维生素D_3是骨骼钙吸收的主要物质，所以养殖鸡一般不会发生软骨病，而且冠红，羽毛光亮。

2. 球虫病和寄生虫病多

养殖鸡接触地面，在土壤中直接觅食昆虫、蚯蚓、草籽、沙子、饮水等，极易感染球虫卵和其他寄生虫卵，如蛔虫、异刺线虫、绦虫、组织滴虫、体外寄生虫及螨虫等，而病鸡粪便又直接污染饲料、饮水、土地，使得虫卵接力传染。而天热多雨、鸡群过分拥挤、养殖场地地势低洼、过于潮湿、大小鸡混群饲养、饲料中缺乏维生素A以及补充日粮搭配不当等情况又会加剧球虫病和寄生虫病的传播。

3. 新城疫和法氏囊病多

养殖鸡主要来自一些地方品种，由于其规模不大，有些种蛋甚至来源分散，种鸡母源抗体差别很大，高低参差不齐，这就给雏鸡的新城疫、法氏囊病的免疫带来许多困难。有的种鸡群不进行法氏囊油苗注射，雏鸡法氏囊母源抗体水平低，而此时由于中枢免疫器官尚未发育健全，法氏囊病毒感染后破坏了法氏囊免疫器官，而不能产生B淋巴免疫细胞，使雏鸡处于免疫缺陷状态，极易发病，且死亡率高。因此，新城疫、传染性支气管炎等传染病也易发生。养殖鸡由于分散饮水不易集中，给新城疫的饮水免疫带来很大困难，而常引发非典型新城疫。

4. 马立克病多

马立克病是一种潜伏期长，临床上发病高峰期常见于60～120日龄，是一种目前尚无药可治的免疫抑制性病毒病。鸡养殖场马立克病多发的主要原因有3个方面，一是多年来人们思想上普遍认为本地土鸡抗病力强，不需要接种马立克病疫苗；二是有些养殖鸡场购买商品蛋鸡鉴别公雏时，不接种马立克病疫苗，以期减少养鸡成本；三是对于本病的预防，要求在出壳后24 h内皮下注射接种疫苗，而且疫苗的保存和使用条件比较苛刻，费时费钱，一些孵化经营者抱有侥幸心理或嫌麻烦，干脆就不接种马立克病疫苗，造成本病大面积暴发。

5. 条件性细菌病多发

沙门氏菌类（鸡白痢病、伤寒、副伤寒）多见，一般因应激引起散发性发病。大肠杆菌病是最常见和多发的一种条件性传染性疾病，多发于育雏阶段。与饲养管理、温度控制、饲养密度、种雏质量等因素有关，养殖中后期一般很少发病。

6. 两种以上疾病混合感染病多见

临床上常见新城疫和大肠杆菌，传染性贫血病、大肠杆菌和支原体，传染性贫血病和鸡痘等混合感染。40 日龄以上的病鸡在剖解中常见有蛔虫、绦虫、组织滴虫等不同程度的感染。

二、生态养殖土鸡疾病防控的误区

除了做好以上几项综合性的防疫措施外，还需解决一些观念上的问题和纠正一些错误做法。

1. 盲目认为接种了疫苗或菌苗，鸡场就万事大吉

疫苗、菌苗能有效地预防传染病的发生，但不是绝对的。由于疫苗、菌苗的质量，接种的方式方法，接种时间，鸡体的健康状况等因素的影响，疫苗、菌苗接种后不可能产生 100% 保护率。因此，平时的综合性防控措施不能放松。

2. 邻居围观

在农村，每当谁家购进一批小鸡时，常常可以看到街坊邻居前来观看祝贺。作为主人，因碍于情面或贪图热闹和吉利而不加阻拦，岂不知这样既增加了鸡群应激，又增加了传染病发生的机会。

3. 用饲料销售部门的包装袋盛装饲料

在饲料购销上不注意专袋专用和定期消毒，有的为图省事使用饲料销售部门的麻袋，用完归还，这样同一个麻袋可能在几个养鸡场周转，带上不同的传染病原，从而增加疾病传播的机会。一些不具备条件的专业户，私自销售饲料，这样也会增加疾病的传播。为杜绝这一问题，除养鸡者自身注意外，饲料销售部门也应予以配合，应对饲料袋定期消毒后使用。

4. 病死鸡不做无害化处理

处理病死鸡最方便的方法是深埋或焚烧，但在农村，死鸡随便乱扔，或不经处理便喂狗，或低价卖给小贩，或自己食用的现象很普遍，这样无异于人为地散播病原，从而引起传染病的流行。

5. 不按要求进行卫生消毒

在消毒问题上存在几种错误看法。

①认为只要定期消毒即可，而不注意消毒前的清扫、洗涤，有时在鸡舍、水槽、食槽肮脏不堪的情况下才进行消毒，结果仍无多大作用，传染病照样发生。

②使用消毒剂不按比例稀释，任意加大或缩小浓度。

③不注意消毒剂的存放，不注意防潮防晒，以致药效大减，不能起到应有的消毒作用。

6. 养殖户相互串门，交叉传染

土鸡养殖专业养殖户之间相互交流经验对促进养鸡业的发展是有益的，但是在农村不经消毒、更衣便相互聚在一起讨论问题的现象很普遍，甚至将来人直接引入鸡舍现场说教，或将死鸡从一个鸡场拿到另一个鸡场解剖，这样相互间的直接接触或间接接触无疑都会增加疫病传播的机会。建议在养鸡集中的地方，设立专门的房屋，配套消毒设施，定期供养鸡者交流经验之用。

7. 自身消毒不严及用具不固定

有些人进入鸡舍根本不消毒，绝大部分只注意脚下消毒而不注意更换衣帽。农村饲养员不如大鸡场的专业饲养员固定，往往流动性大，里里外外一把手，所以自身消毒更应注意。有的鸡场料桶、料瓢、水桶和水瓢等不固定，随拿随用；有的在水中加药无专用搅水棍而随用随找，这些无疑也会增加疫病发生的机会，因此各种用具应当专用，还应定期消毒。

三、生态养殖土鸡疾病综合防控措施

对于养鸡户来说，最大的顾虑就是害怕鸡发病，尤其是传染病。鸡只发生疫病，有效的治疗措施比较少，治疗的经济价值也较低。有些病即使治好，鸡的生产性能也会受到影响，经济上也不划算。因此，要认真做好预防工作，从预防隔离、饲养管理、环境卫生、免疫接种、药物预防等方面，全面抓好养殖鸡场的综合防控工作。概括起来，综合性防控措施主要有以下几点。

1. 把好引种进雏关

雏鸡要来自种用土鸡质量好、防疫严格、出雏率高的场家。雏鸡应尽量购自无支原体等蛋传性疾病的健康种用土鸡群；初生雏经挑选、雌雄鉴别、注射马立克病疫苗后，要在 48 h 内运回场。为了不把运雏箱上粘附的病原带进养殖鸡场，在雏鸡进入鸡场前，要盖上箱盖，并在舍外进行严格的喷雾消毒。

2. 生态隔离

（1）隔离饲养　隔离就是防止疫病从外部传入或养殖场内相互传播。有调查表明，90% 以上病原都是由人和进鸡时传入的。所以进雏的选择及进雏后的隔离饲养等都必须严格按规定执行。鸡舍入口处应设有一个较大的消毒池，并保证池内常有新鲜的消毒液；工作人员进入鸡舍须换工作服和鞋，入舍前洗手并消毒，鸡舍中应做到人员、用具和设备相对固定使用；严禁外人入舍参观，也不去参观他人的鸡场；非同批次的鸡群不得混养。在养殖时也尽量做到生态隔离，即与其他鸡场要有一个隔离带，如果养殖的地方面积较大，可以隔成几个小区，进行不同批次的鸡只轮流养殖。

（2）控制人员进出　严格控制外来人员、车辆进入育雏室、鸡舍和养殖场地；饲养员进入舍内要穿专用工作服、鞋、帽；门口设消毒池，保持消毒液新鲜。

3. 保证饲料和饮水卫生

在购买饲料时，一定要严把质量关，对有虫蛀、结块发霉、变质、污染毒物的原料，千万不要贪图便宜或购买方便而购进，特别是对鱼粉、肉骨粉等质量不稳定的原料，要经严格检验后才能购进。饲喂全价饲料应定时定量，不得突然更换饲料。

生产中必须确保全天供应水质良好的清洁饮水，不能直接使用河水、坑塘水等地表水，如果只能使用这种水，用时必须经沉淀、过滤和消毒处理。建议使用深井水和自来水。目前，一般养殖鸡场都用水槽饮水，由于水面暴露在空气中，容易受到尘埃、饲料和粪便的污染。所以，鸡的饮水必须注意消毒，消毒药可用高锰酸钾、次氯酸钠、百毒杀、漂白粉等，并每天清洗水槽 1 次。生产中若改水槽为乳头式饮水器，可减少饮水污染。

4. 创造良好的生活环境

创造一个适宜的生活环境，是保证鸡只正常生长发育和产蛋的重要条件。由于鸡的抗病能力差，对光线敏感，且易受惊吓而引起骚动。所以，养殖鸡周围环境要保持安静。饲养管理人员在养殖场内要穿戴工作衣帽，工作认真，严格遵守操作规程，搞好清洁卫生工作，保持养殖场内、鸡舍内干燥，做到鸡体、饲料、饮水、用具和垫料干净。鸡舍周围的垃圾和杂草是昆虫滋生的场所，一定要清除干净。鸡舍、饲料间周围建 5 m 的防鼠带，消灭老鼠和蚊蝇，防止猫、狗、鸟等进入。病死鸡要清出场外，不能堆放在场内。鸡舍内部要保持空气新鲜，通风良好，温度、湿度适宜，并按鸡体生理要求，提供一定时间和强度的光照。

育雏舍和鸡舍必须保持清洁，每天清除粪便污物，对粪便污物和鸡尸进行无害化处理；每月除对舍内外环境、用具和带鸡消毒 1 次外，同时每一批鸡出栏后，进鸡前 7 ～ 10 d 对育雏舍和鸡舍内外环境和用具等设备彻底清洗，地面及用具等采用 3% ～ 5% 的来苏尔水溶液等消毒药喷雾和浸泡消毒；舍内采用每立方米空间用 25 mL 福尔马林，12.5 g 高锰酸钾熏蒸消毒；对养殖场地进行清理，可用生石灰或石灰乳泼洒消毒，消毒时至少要用 2 种以上不同药物进行交替更新消毒。每养一批鸡要间隔一段时间再养。

5. 抓好免疫接种和预防性投药

免疫接种可使鸡产生免疫力，是防止某些传染病的有效措施。目前，商品养殖鸡场主要应预防鸡马立克病、鸡传染性法氏囊病、鸡新城疫、传染性支气管炎、鸡痘、禽霍乱等。

（1）制订可行的免疫程序　要结合当地疫病发生情况，在供雏场家和当地兽医的指导下，制定适合自己养殖场的免疫程序。通过免疫的鸡群，对某种疫病具有高度、持久、一致的免疫力，可有效地预防疫病的发生。但是，没有一个程序是永久不变的，也没有一个程序可供所有养殖土鸡照搬照抄使用。必须根据自己的实际情况，灵活制订。

（2）科学保存和使用疫苗　疫苗要低温运送和保存，尽快投入使用，缩短保存期；免疫时要严格按免疫操作规程，免疫前后 2 d，禁止使用消毒剂；饮水免疫时，先给鸡停止饮水 2 ～ 4 h 后，再将稀释液稀释后尽快使用完，未使用完的弃之不用；除厂家生产的疫苗外，一般不能随便将两种疫苗混合使用；两种疫苗接种的间隔时间要保持在 4 ～ 6 d，以减少疫苗的相互干扰。

（3）预防性投药　预防性投药是在未发生疫病之前用抗菌药进行预防剂量给药。为防止病菌产生抗药性，还应采取几种药物交替使用的方法。应注意的是，养殖鸡接近出售时应停止喂药，以免产生残留。为了确保产品的环保、绿色，要尽量使用中草药防病。连续投服药物，使鸡体内药物的浓度经常维持在一定水平，对大多数细菌性疾病和寄生虫病能起到预防作用。在生产实践中，养殖鸡多发的疫病主要是鸡白痢、球虫病、大肠杆菌病和慢性呼吸道病等。

鸡白痢多发于 15 日龄以内的雏鸡，最早发生于 3 日龄。所以，预防药物应从 2 日龄起投服。一般 1 种药物连用 5 d 后，改换另一种药物，再连用 5 d 即可。常用药物敌菌净、磺胺类药物等。

球虫病多发于 42 日龄以内的鸡只，最早发生于 10 日龄，但球虫对药物易产生抗药性，在预防用药时必须几种药物交替使用，一般从 10 日龄开始服药至 42 日龄，其间一种药物用 5 ～ 7 d 后停 2 ～ 3 d，改用另一种药物。常用药物有氯苯胍、敌菌净等。

转群、预防接种和气候突变等，易使养殖鸡感染大肠杆菌病或霉形体病，此时应在饲料中加药预防，可投服 0.25 % 土霉素，连用 3 ～ 5 d。新霉素等亦可。

6. 适时断喙和驱虫

土鸡有相互啄斗习性，20 ～ 30 日龄为高峰，在雏鸡 6 ～ 10 日龄时进行断喙，减少饲料浪费和防止恶癖。

由于放牧接触虫卵机会多，易患寄生虫病，特别是要重视球虫病的防治。在育雏 12 ～ 15 日龄、放牧 21 ～ 30 日龄，选用 2 ～ 3 种抗球虫药，每种药连用 3 ～ 5 d，轮换投喂；60 ～ 70 日龄可使用左旋咪唑或丙硫苯咪唑等广谱驱虫药或者虫力黑来进行驱虫。在晚餐时把药片研成粉料，先用少量饲料拌匀，然后再与晚餐的全部饲料拌匀进行喂饲。次日早晨要检查鸡粪，看是否有虫体排出，再把鸡粪清除干净，以防鸡只啄食虫体。如发现鸡粪中有成虫，次日晚餐可以用同等药量驱虫 1 次，彻底将虫驱除。

7. 定期杀虫和灭鼠

老鼠偷吃饲料、惊扰鸡群，是传播疾病的媒介；苍蝇、蚊子是传播病源的媒介，所以每月要毒杀老鼠 2 ～ 3 次，要经常施药喷杀蚊子、苍蝇，以防疾病发生。

8. 合理及时防病治病

注意观察鸡群的生产状况，详细观察记录鸡群的采食、饮水、精神、粪便、呼吸、睡态等状况。通过观察记录分析，发现问题及时采取措施。

按鸡的不同日龄保持适宜饲养密度、温度、光照、通风等；鸡舍冬天要保温，防止贼风吹入，避免使鸡因体能大量消耗而多食饲料；夏季要防暑降温，防止热应激。

在林果树喷药防治病虫害时，应先驱赶鸡群到安全处避开。一般雨天可避开 2 ～ 3 d，晴天 3 ～ 6 d，以防鸡只食入喷过农药的树叶、青草等中毒。

当发现病鸡时，应及时进行隔离和治疗，并对受危害及受威胁的鸡群及时投服预防药物。药物要选择高效、无毒、无残留，并选择正规渠道、信誉好的药店购买正规厂家的兽药；一种药能防治，不能乱用多种，防止配伍不当，既浪费药费，又影响防治效果。

对来势猛、危害大的疫病，及时向畜牧部门汇报，并送检病料查明病原。根据疫病的发展情况，对受威胁而又未发病的其他鸡群采用有效的疫苗，进行紧急接种防疫。

9. 实行全进全出饲养制度

实行全进全出的饲养制度，可使鸡舍每年都有一段空闲时间。此时可集中进行全场的彻底清理和消毒。这对控制那些在鸡体外不能长期存活的病原体是最有效的办法。对养殖面积大的鸡场，可采用轮牧的养殖制度，使养殖场地在鸡出售后也得到清理和消毒。

四、生态养殖土鸡的消毒技术

1. 常用消毒药物

生态养鸡常用的消毒药物见表 8-1。

表 8-1　生态养鸡场常用消毒药物

药物名称	规格	剂量用法	作用、用途及注意事项
来苏尔（煤酚皂溶液）	50%		使菌体蛋白质变性而起杀菌作用。用于消毒鸡舍、用具及排泄物，1% ～ 3% 溶液消毒手臂皮肤，3% ～ 5% 溶液对禽舍、场所进行消毒
氢氧化钠（苛性钠）	市售烧碱含 94% 氢氧化钠	2% ～ 3% 热水溶液	具有强大杀菌作用。用于消毒鸡舍、用具及运输工具。配成 2% ～ 3% 的热水溶液后使用。具腐蚀性，能损坏纺织物和金属
氧化钙（生石灰）	10% ～ 20% 石灰乳		遇水生成氢氧化钙而呈杀菌作用。用于涂刷鸡舍墙壁及养殖地面，或消毒排泄物。不能久存，现用现配

（续表）

药物名称	规格	剂量用法	作用、用途及注意事项
漂白粉（含氯石灰）	粉剂	5% ～ 10% 混悬液	微溶于水，遇水分解产生次氯酸、原子氧和氯，有较强杀菌作用。用于消毒鸡舍地面、养殖地面、排泄物等。不能消毒金属器械。现用现配
新洁尔灭（苯扎溴铵）	0.5%	0.1% 溶液	使菌体蛋白质变性而杀菌。杀菌范围广，作用迅速，但不能杀死芽孢。无刺激和腐蚀性，毒性低。用于消毒皮肤、黏膜、创伤和手术器械。加入 0.5% 亚硝酸钠能防止浸泡器械生锈。肥皂能降低本品效力，遇高锰酸钾、碘和碘化物以及硼酸，可产生沉淀
过氧乙酸	20%	0.2% ～ 0.5%	强氧化剂，对细菌、芽孢和真菌有强烈杀菌作用。可用于消毒活体或尸体污染的地面、用具
高锰酸钾	结晶	0.1% ～ 0.5%	遇水生成新生氧，能氧化细菌，破坏菌体代谢。用于消毒皮肤、黏膜和创伤。现用现配
百毒杀	50%		有较强杀菌杀毒能力。用于内外环境、用具、种蛋、孵化器等的消毒，50 ～ 100 mg/L 饮水消毒，300 mg/L 带鸡消毒
酒精（乙醇）	70% ～ 75%	外用	是菌体蛋白质脱水凝固而呈杀菌作用。常用于皮肤和器械（针头、体温计等）的消毒
碘酊	2%	外用	碘元素使菌体蛋白变性而杀菌，用于消毒皮肤。对创伤和黏膜有刺激性
碘甘油	3%	外用	无刺激性。用于消毒黏膜。碘化钾 2 g 溶于 10 mL 蒸馏水中，加碘 3 g 使其溶解，加甘油至 100 mL，可治疗黏膜型鸡痘

2. 生态养鸡场常用消毒种类

根据疫情的发生和鸡的饲养情况，可将消毒工作分为3种类型。

（1）预防消毒　养鸡场未发生传染病时，每月定期对鸡场内的路面、鸡舍内的用具、运输工具和鸡群消毒1～2次。若本地区有传染病发生时，则适当地增加1～2次消毒，以预防传染病的发生。

（2）紧急消毒　鸡场内的某栋鸡舍发生传染病时，立即对该栋鸡舍进行封锁，进出的物品、鸡群和人员等都要进行消毒处理，每天消毒1～2次，鸡舍的环境也要进行消毒处理，如清除鸡舍外杂草，喷洒杀虫剂以消灭有害昆虫，驱散鸡舍附近的野鸟，杀灭在鸡舍出没的鼠类等。邻近的鸡舍也要增加消毒次数，将传染病封锁在发病的鸡舍内，防止传染病扩散到其他鸡舍或场外。

（3）终末消毒　每批鸡饲养结束，在粪便和垫料等废弃垃圾处理完毕后，对鸡舍内外、料槽和饮水器等用具进行1次彻底的消毒，以杀灭由于饲养上一批鸡而可能存留下来的病原微生物，保证下批进鸡时，鸡舍是清洁无病原微生物的。

3. 生态养鸡场消毒对象

为了预防传染病的发生，凡是同鸡直接或间接接触的人员和物品都要消毒，消毒对象有以下几类。

（1）鸡舍消毒　鸡舍消毒以白天鸡群全部外出觅食、鸡舍空闲之际和进鸡前进行全面消毒；夜间鸡群回舍休息时，可以采取带鸡消毒，同样能收到良好消毒效果。

鸡舍内洒水清扫，勿使尘埃飞散。清扫出的尘埃、垃圾要烧掉，鸡粪要集中收集进行发酵处理，而传染病过后的鸡粪和死鸡要彻底焚烧或深埋处理。

天棚、横梁、墙角处积尘最多，必须充分清理干净，水泥地面可用2%火碱溶液浸洗，最后应进行药液喷雾或熏蒸消毒。空鸡舍密闭后按每立方米空间用福尔马林30 mL，加入等量清水，再加入高锰酸钾24 g，密闭熏蒸12 h，然后自然通风。

带鸡消毒采取较低剂量，每立方米空间用福尔马林7 mL，水3～5 mL，高锰酸钾3.5 g。也可用过氧乙酸配成0.2%～0.5%溶液喷雾消毒或配成 3% ～ 5% 浓度，按每立方米空间用 5 ～ 10 mL 加热熏蒸消毒。

（2）器具消毒　应随时清洗消毒，可在鸡舍内消毒，也可搬出鸡舍消毒，但应防止污染扩散。能用高压蒸汽消毒的器材尽量使用蒸汽消毒，其他器具（如栖架等）可先清洗，再消毒，然后放在日光下暴晒消毒。

（3）种蛋消毒　一般用 0.1% 新洁尔灭溶液浸洗 5 ～ 10 min，放入密闭容器内（如孵化箱中），按每立方米空间用福尔马林 28 mL，加等量清水，再加入 14 g 高锰酸钾，熏蒸 30 min。孵化器具在每次孵化前后都要清洗消毒。

（4）鸡粪消毒　从鸡舍清理出来的鸡粪及污染物、垫料、垃圾等，要运离鸡舍甚至鸡场，在指定的场所进行堆积发酵，可外覆塑料薄膜、泥浆封存，以提高发酵效果。对污染较重的鸡粪可进行焚烧或深埋处理。

（5）病死鸡消毒　凡是鸡场内病死鸡或不明原因的死鸡，一律装入密闭容器送兽医室剖检后，焚烧或直接加入生石灰深埋处理。

（6）饮水消毒　一般用 4 ～ 8 g 漂白粉加水 100 L 配成 10 ～ 20 mg/L 的消毒水。

（7）人员、车辆消毒　生态养殖鸡场大门口要设立消毒池，平时大门要关闭，人员、车辆必须经消毒池进出。场内每栋鸡舍门口都要设立脚踏消毒盆或消毒垫，消毒液常用 2% ～ 3% 烧碱溶液，每 3 ～ 5 d 更换 1 次。运雏车、送料车等，进出鸡场都要用 3% ～ 5% 来苏尔或 0.3% ～ 0.5% 过氧乙酸等喷洒消毒或擦拭。

4. 生态养鸡场消毒方法

根据消毒对象的不同需采用不同的消毒方法，日常所采用的方法主要有物理方法、化学方法和生物学方法 3 种。

（1）物理方法　①清扫洗刷法。将鸡舍内的垃圾物扫出之后，用水或高压水枪冲洗鸡舍内的设备、墙壁、天棚和地面，将附着于其上的污物冲洗掉，这是非常重要的一步。因污物内往往藏有病原微生物，污物不去掉将影响到化学消毒的效果，因消毒剂只能杀死污物表面的病原微生物，消毒液有可能渗透不到污物的内部而将其中的病原微生物杀死，将来在一定条件下此污物将成为传染病的疫源。清洗是采用任何消毒法之前所必须经过的第一步。

②阳光照射法。将洗刷干净的设备和用具移至阳光下暴晒，通过阳光中的紫外线和干燥作用，将附着其上的病原微生物杀死。

③干热消毒法。一些用具可放在烘干箱内干热消毒。

④煮沸消毒法。一些用具可放在水中煮沸消毒。

⑤高温、高压或流动蒸汽消毒法。利用高热、高压或流动蒸汽的温热将鸡舍四壁、设备及用具上的病原微生物杀死。

⑥火焰喷射法。利用火焰喷射器或喷灯所产生的高温将鸡舍四壁、金属设备及用具上的病原微生物杀死。

⑦焚烧消毒法。将垃圾或死鸡进行焚烧，以消灭病原微生物。

（2）化学方法　将消毒剂（药）按要求配制成一定浓度的溶液，按下述方法进行消毒。

①洗刷或浸泡消毒法。将需要消毒的物品进行洗刷或浸泡以杀死其上的病原微生物，应注意消毒液经过多次反复使用后会降低其消毒效果，要及时更换消毒液。

②喷洒消毒法。利用喷雾器向路面、墙壁、设备及用具上进行喷洒消毒，喷出雾滴的直径应大一些，雾滴的直径最小应在 200 μm 以上。

③气雾消毒法。此法常用于鸡舍内的带鸡消毒，气雾消毒的最适宜温度为 18 ～ 22℃，最适宜相对湿度为 70% ～ 80%，最适宜的雾滴直径为 50 ～ 100 μm，若雾滴过小（5 ～ 10 μm）时，易被鸡吸入呼吸道内而产生不良的作用。气雾消毒时，至鸡背的羽毛微湿即可，消毒液的用量为 15 ～ 30 mL/m^3。

④熏蒸消毒法。此法多用于甲醛溶液对鸡舍和种蛋的消毒，详细操作方法见消毒剂（药）中的甲醛溶液部分。

⑤投放消毒法。向污水或水中投放消毒剂（药）以杀灭水中的病原微生物。

（3）生物学方法　将鸡舍内的粪便、垫料和其他垃圾堆集于一处，其上覆盖一层塑料薄膜或泥浆封存，其中的微生物发酵产热，可将病微生物杀死。

第二节　生态养殖土鸡的合理用药与免疫接种

一、生态养殖土鸡的合理用药

规模化生态养殖的土鸡，要保证全部鸡群100%不得病几乎是不可能的。即使有些疾病不会死鸡，也会造成生长缓慢、产蛋量减少，甚至停止生长和产蛋，严重者还会造成鸡只死亡。因此，生态养殖土鸡不是不用药，而是要科学用药、合理用药。

1. 生态养殖土鸡的用药特点

（1）坚持预防为主、防治结合的原则　在各个环节认真做好日常消毒、疫苗接种和药物预防等工作。

（2）正确诊断，对症治疗　选择疗效高、副作用小、安全廉价的药物，避免盲目滥用。不滥用抗生素。

（3）正确掌握药物剂量和疗程　根据药物的理化性质、毒副作用及土鸡的病情正确选择用量和疗程。

（4）不使用禁用药物，严格遵守药物的停药期　预防、治疗和诊断土鸡疾病所用的兽药均应来自具有兽药生产许可证，并获得农业农村部颁发中华人民共和国兽药GMP证书的兽药生产企业，或农业农村部批准注册进口的兽药，其质量均应符合相关的兽药国家质量标准。优先使用绿色食品允许使用的抗寄生虫和抗菌化学药品及抗生素。农业农村部公布的食品动物禁用兽药及其他化合物清单见附录二。

（5）做好兽药使用记录　用药记录至少应包括：用药的名称（商品名和通用名）、剂型、剂量、给药途径、疗程，药物的生产企业、产品的批准文号、生产日期、批号等。使用兽药的单位或个人均应建立用药记录档案，并保存1年（含1年）以上。应对兽药的治疗效果、不良反应做观察记录；发现可能与兽药使用有关的严重不良反应时，应当立即向所在地人民政府兽医行政管理部门报告。

2. 药物剂型与剂量

（1）药物的剂型　同一种药物在生产中又可制成不同的剂型，不同剂型的同种药物应用于机体后，其吸收程度也不大相同。常见剂型有以下几种。

①液体剂型。常见的有溶液剂、注射剂、酊剂和煎剂。由不挥发性药物完全溶解在溶剂中制成的透明胶体，称溶液剂，包括内服药、外用药或消毒药；分装并密封于特制的容器中给鸡只注射用的药物，称注射剂，包括灭菌的水溶液、油剂、混悬液、乳浊液、粉末及冻干物；酊剂是将化学药品溶于不同浓度的酒精中，或药物用不同浓度酒精浸出的澄清液体；将中草药加水煎煮后所得到的液体成煎剂。

②半固体剂型。常见的有浸膏剂和软膏剂。生药浸出液或煎剂浓缩后制成的半固体剂型称浸膏剂；药物加赋形剂后均匀混合而制成的易于外用涂布的一种半固体剂型，称软膏剂。

③固体剂型。有粉剂、片剂、胶囊剂。将1种或几种药物混匀后制成的干燥固体剂型称粉剂；将粉剂加适量赋形剂后按一定剂量加压制成的圆形或扁圆形固体制剂，称片剂；胶囊剂是将粉剂药物盛装于特制的小胶囊中而制成的一种剂型。

④气雾剂。将某些药物稀释后或固体药物干粉利用雾化器喷出形成微粒状的制剂。

（2）药物的剂量　指药物对机体发生一定作用的量。通常多指防治疾病的用药量。

①养鸡用药常用的剂量单位。固体、半固体类药物剂量单位有千克（kg）、克（g）和毫克（mg）。1 kg=1 000 g，1 g=1 000 毫克；液体剂型常用的剂量单位为升（L），毫升（mL）和微升（μL）。1 L=1 000mL，1mL=1 000μL。液体的滴，是指20 ℃时以20滴相当于1mL为准。一些抗生素和维生素，如青霉素、庆大霉素、维生素A等药物单位为国际单位（IU）。而生物制品，如各种疫苗常用羽份表

示，多少羽份即多少只鸡。如预防新城疫的鸡新城疫Ⅳ系疫苗每瓶剂量为 200 羽份，即用生理盐水稀释后可用于 200 只鸡。

②个体给药剂量表示法。常用的个体给药剂量表示法为：用药剂量／只，指 1 次给药量。如用庆大霉素对鸡大肠杆菌病注射时每只鸡 3 000 ～ 5 000IU。注明用药剂量的同时还应注明用药每天几次，连续用几次或几天。个体给药剂量还可以表示为“用药剂量／每千克体重”，即每千克体重需用药物量。如治疗鸡白痢用盐酸土霉素内服量为每千克体重 50 ～ 100 mg。若每只鸡体重 2 kg，则 1 次内服 100 ～ 200 mg。

③大群生态养鸡给药剂量表示法。在较大生态养殖鸡场，为预防某些疾病或更好促进鸡群生长发育，有时需要进行全群用药，药物多添加于饲料中或溶于水中让鸡服用。这时多用比率浓度或百分比浓度表示，如百万分之一，表示 1 t 饲料中应加药物 1 g；而百分比浓度，即将饲料或饮水重量作为 100，所用药物所占比例。

3. 给药途径

不同的给药途径不仅影响药物吸收的速度和数量，与药理作用的快慢和强弱有关。

（1）混饲拌药　即将药物均匀地混入饲料中，让鸡采食饲料的同时食入药物的方法，是最常用的给药方法之一。适用于对鸡群整体用药、药物不溶于水及溶水后适口性差的药物。注意准确掌握用药剂量。根据已确定的混饲浓度和混料量，计算所需药量，准确称量。按鸡每千克体重给药时，应严格按照鸡的体重，计算出总药量，按要求把药物拌进鸡群每天所需采食的饲料。

为使药物与饲料混合均匀，通常采用分级混合法，先将全部剂量的药物加到少量饲料中，充分混合后再加到一定量饲料中，充分混匀，再拌入所需的全部饲料中，逐级混匀。对于安全范围较小和用药量少的药物（如马杜拉霉素等药物），在使用时一定要注意混匀使用。要注意所添加的药物是否与饲料中的药物及成分有拮抗或协同、增强作用，如添加氨丙啉会抑制维生素 B_1 的吸收。

粉料容易拌匀，颗粒料不易拌匀，可造成药物分布不均，引起鸡群药物中毒。如治疗鸡球虫病的药物，马杜拉霉素混入不匀就会发生中毒死亡，一般不主张通过颗粒饲料给药。

（2）饮水给药　可用于预防或治疗鸡病，适用于水溶性药物的短期投药、紧急治疗、因病不能采食但还能饮水的鸡。

饮水给药时要注意掌握好用药剂量和鸡的饮水量。在一定范围内，药物的剂量越大，作用越强。对安全范围广的药物，如青霉素类、喹诺酮类药物，用的剂量可以大一些，但不能超过允许剂量。安全范围窄、毒性大的药物，如聚醚类，用的剂量可以小一些，否则容易引起中毒。按照用药量先用少量水将药物全部溶解后再混入全部饮水。也可分次喂药，一般不易被破坏的药物可按 2 ～ 3 次 /d 用药。根据鸡的数量、体重计算出每次所需要的药量，然后分次加入水中。注意保证绝大部分鸡在一定时间内都喝到饮水，按照每只鸡 1 次的饮水量，确定全群给水量。

用药前，鸡群适当停水 1 ～ 3 h，再供给加入药物的饮水，让鸡在一定时间内饮入充足的药液。一般在水中稳定性差的药物，如青霉素、高锰酸钾，可减少配制的药液量，让鸡在较短时间内饮完，并准备足够量的饮水器。饮水量与鸡的日龄、饲养季节、环境温度等因素有关，温度低时鸡的饮水量较少，药液的配制量应少些，相反，配制量应多些。正常温度下鸡的饮水量与喂料量的比例约为 2∶1。同时保证用药疗程，才能起到较好的效果。一般用药 3 ～ 5 d 为 1 个疗程，不要病情好转就停药，否则容易导致疾病复发。

饮水给药，要使用水溶性的药物。在水中溶解度较低的药物，可通过适当加热、搅拌使其充分溶解后再做饮水治疗，否则达不到疗效，且容易引起中毒。

（3）注射用药　肌注给药是将药液注射到肌肉组织中，药物不经肠道就直接进入血液，吸收速度快，适用于个体紧急治疗。注射部位一般在鸡体的胸部和腿部肌肉。肌注时动作要轻，要认真仔细，注射器具要严格消毒，最好 1 只鸡 1 个针头。

（4）气雾给药　是将药物溶液利用喷雾器或雾化器以气雾剂的形式喷出，形成药物雾粒悬浮于空气中，鸡群通过呼吸道吸入，经肺泡进入血液，起到治疗效果。此法对鸡舍条件要求严格，必须密闭门窗，温度要适宜，避免引起冷应激。常用于疫苗的气雾免疫。根据鸡群体重计算好用药量，加入适量的蒸馏水或凉开水，雾滴直径在 1 ～ 5 μm，在鸡头的上方 20 ～ 30 cm 处来回喷雾，喷完后关闭门窗 2 ～ 3 h。注意雾滴不要过大，喷雾时间不要过长，以免引起肺水肿。对于治疗鸡的呼吸道疾病和气囊炎有较好的效果。

（5）口服用药　适用于个别病鸡用药和群体规模较小的鸡。该法剂量准确，节约药费，疗效确切。主要是片剂剂型。

（6）皮肤、黏膜给药　葡萄球菌引起的皮肤溃烂，可用软膏、酊剂等；大肠杆菌引起的全眼炎，可使用氧氟沙星滴眼液等。

（7）体表用药　用于杀灭体外寄生虫，常用喷洒、涂抹、药浴和喷雾等方法。如除鸡虱、螨等体外寄生虫可药浴；鸡啄肛可涂抹用药等。

（8）环境用药　如喷雾消毒、熏蒸消毒等方法。

4. 合理用药

（1）育雏用药　雏鸡开口用药称为第一次用药。雏鸡进舍后，尽快给其饮用 2% ～ 5% 的葡萄糖水，每 2 ～ 3 h 饮 1 次即可。饮完后，补充电解多维，服用抗生素，不宜用毒性强的抗生素（如痢菌净、磺胺类药等），有条件的还可适量补充氨基酸。

（2）抗应激用药　应激可引起很多疾病，抗应激用药就是在疾病的诱因产生之前开始用药，以提高机体抵抗力。目前常用抗应激药多是电解多维加抗生素，选择好的电解多维抗应激效果更佳；抗生素的选择应根据鸡的健康情况而定。

（3）抗球虫药　不少饲养户发现鸡拉血便，才想起来用球虫药，而有时隐性球虫病不显示临床症状，实际危害已经产生，其带来的损失无法估量，所以要重视用药预防球虫病。方法是：雏鸡从 1 周龄开始用药，根据具体饲养条件每周用药 2 ～ 3 d，注意轮换用药。

（4）营养性用药　针对鸡不同生长期的营养缺乏病，应及时、适量补充营养药。常见营养药有维生素 B、维生素 E、维生素 D、维生素 A 等。

（5）消毒用药　消毒的目的是杀灭病原体，净化环境，切断疾病传播途径。大多数饲养户比较重视进鸡前的消毒，而忽视进鸡后的消毒。其实，进鸡之后消毒更重要，包括人员、活动场地、器械工具、饮用水的消毒和带鸡消毒等。消毒药也应交替使用。

（6）通肾保肝药　由于在鸡疾病防治过程中频繁用药和药量的加大，势必增加鸡肝、肾的解毒和排毒负担，肝、肾超负荷的工作量，最终导致肝中毒、肾肿大，其临床发病率已占相当比例。在提高饲养水平的前提下，根据实际损伤情况定期或不定期地使用通肾保肝药为较好的补救措施。

二、生态养殖土鸡的免疫接种

1. 免疫程序的制订

免疫接种是综合性防疫措施中一项十分重要的内容。花费少而效果好，事半功倍。但是，要想免疫接种达到预期的效果，必须根据鸡的发病季节、疫苗产生抗体时间及母源抗体水平等，做好相应的免疫接种计划，并按规定程序进行接种。下列推荐的两个免疫程序供参考。见表 8–2、表 8–3。

表 8–2　土鸡育雏期推荐免疫程序（一）

日龄	疫苗	免疫方法
1	鸡马立克病火鸡疱疹病毒活疫苗（FC–126 株）	皮下注射
3 ～ 5	鸡传染性支气管炎活疫苗（H120 株）	点眼或滴鼻
8 ～ 10	鸡新城疫活疫苗（Clone 30 株）或Ⅳ系 +H120	滴鼻或饮水
13 ～ 15	鸡传染性法氏囊病活疫苗 B87 株	滴鼻或饮水
	鸡痘活疫苗（鹌鹑化弱毒株）	翅部刺种或皮下注射
15 ～ 18	禽流感（H5+H9 亚型）二价灭活疫苗	皮下或肌内注射
23 ～ 25	鸡传染性法氏囊病活疫苗 B87 株	滴鼻或饮水

（续表）

日龄	疫苗	免疫方法
30～35	鸡新城疫活疫苗（Clone 30 株）（或Ⅳ系）+ 传染性支气管炎（H52）	滴鼻或饮水
	鸡新城疫、传染性支气管炎（H52）二联活疫苗	皮下或肌内注射
40～45	禽流感（H5+H9 亚型）二价灭活疫苗	皮下或肌内注射

表 8–3　土鸡及种用土鸡推荐免疫程序（二）

日龄	疫苗	免疫方法
1	鸡马立克病火鸡疱疹病毒活疫苗（FC–126 株）	颈部皮下注射
7	鸡新城疫、传染性支气管炎二联活疫苗（La Sota 株+H120 株），同时鸡新城疫、禽流感（H9 亚型）二联［或鸡新城疫、传染性支气管炎、禽流感（H9 亚型）三联］灭活疫苗	滴鼻或饮水接种，颈部皮下注射
14	无母源抗体的雏鸡：法氏囊病低毒力疫苗（或 1/2～1/3 剂量的中等毒力苗）；有母源抗体的雏鸡：有法氏囊中等毒力疫苗	滴鼻或饮水
28	法氏囊病中等毒力疫苗（饮水时不需要剂量加倍）	滴鼻或饮水
35	鸡新城疫、传染性支气管炎（H52）疫苗	滴鼻或饮水
40	鸡痘活疫苗（鹌鹑化弱毒株）（根据当地本病流行情况）	刺种
50	重组禽流感病毒（H5+H7）三价灭活疫苗（H5N6 H5–Re13 株 +H5N8 H5–Re14 株 +H7N9 H7–Re4 株）	胸部肌内或颈部皮下注射
65	鸡新城疫、传染性支气管炎（H52）疫苗	滴鼻或饮水
75	重组禽流感病毒（H5+H7）三价灭活疫苗（H5N6 H5–Re13 株 +H5N8 H5–Re14 株 +H7N9 H7–Re4 株）	胸部肌内或颈部皮下注射
90	鸡痘活疫苗（鹌鹑化弱毒株）（根据当地本病流行情况）	刺种
100	禽多杀性巴氏杆菌病蜂胶灭活疫苗	皮下或肌内注射

（续表）

日龄	疫苗	免疫方法
120	鸡新城疫活疫苗（Clone 30 株）（或Ⅳ系）	滴鼻或饮水
180	鸡新城疫活疫苗（Clone 30 株）（或Ⅳ系）	滴鼻或饮水
	种鸡增加下列免疫项目：	
	新城疫、传染性支气管炎、减蛋综合征、禽流感（H9 亚型）四联灭活疫苗（La Sota 株＋ M41 株＋ NE4 株＋ YBF003 株）	110 日龄首免，产前加强免疫 1 次，每年 2 次。肌内或颈部皮下注射
	重组禽流感病毒（H5+H7）三价灭活疫苗（H5N6 H5-Re13 株 +H5N8 H5-Re14 株 +H7N9 H7-Re4 株）	每年加强 2 次。胸部肌内或颈部皮下注射
	鸡新城疫活疫苗（Clone 30 株）（或Ⅳ系）	每年加强 2 次。点眼、滴鼻、饮水或喷雾
	禽多杀性巴氏杆菌病蜂胶灭活疫苗	每年 3 次（根据当地流行情况），肌内注射

注：马立克病疫苗一般在孵化场内就已经做过。

在禽流感无疫区，下列两个免疫程序可供参考。

①1 日龄马立克疫苗，皮下注射；10 日龄新城疫 + 传染性支气管炎 H120 疫苗滴鼻；14 日龄法氏囊 B87 疫苗滴口，鸡痘疫苗刺种；21 日龄新城疫 + 传染性支气管炎 H52 滴眼；42 日龄新城疫 + 传染性支气管炎二联四价疫苗饮水；65 日龄加倍饮水免疫。

②1 日龄马立克疫苗，皮下注射；5 日龄法氏囊 B87 滴口；17 日龄法氏囊二价疫苗滴口，鸡痘疫苗刺种；21 日龄新城疫 + 传染性支气管炎 H52 滴眼；42 日龄新城疫 + 传染性支气管炎二联四价疫苗饮水；65 日龄加倍饮水免疫。

如果接种的是细菌活疫苗，应在接种前、后各 3 d 及当天停用抗菌药物，但可饲喂多维素和免疫增强剂；通过饮水免疫的，水量要适当。水太多鸡喝不完，鸡摄入的疫苗剂量不够；水太少，则有些鸡会喝得少，甚至喝不到，均达不到免疫效果。疫苗过期不能使用；使用疫苗应严格遵守操作规程。

2. 免疫接种的方法

免疫接种的方法有很多，但由于疫苗自身特性原因，它们都有一定的免疫接种要求。例如：疫苗的种类、适用对象、保存、接种方法、使用剂量、接种后免疫力产生需要的时间、免疫保护效力及其持续期、最佳免疫接种时机及间隔时间等。在相同条件下，选择有效的免疫接种方法，可获得较高的免疫效果。在应用实践中要充分考虑，并根据疫苗和鸡群等不同的干扰因素，选择合适的、正确的免疫接种方法，这样才能获得预期的免疫效果。

鸡免疫接种的方法可分为个体免疫法和群体免疫法。

个体免疫法有滴鼻、点眼、涂擦、刺种、注射接种法等，这类方法免疫效果确实，但因为是逐只免疫，费时费力，劳动强度大。

群体免疫法主要有饮水免疫、气雾免疫法等，这类免疫法省时省工，但有时效果不够理想，免疫效果参差不齐，特别是幼雏更为突出。

（1）滴鼻点眼法　吸取 100 mL 灭菌蒸馏水注入疫苗瓶内，溶解均匀。左手抓住小鸡头部，食指堵住另一鼻孔，右手用滴管或者滴注器吸取疫苗，对准朝上的鼻孔各滴入 2 滴或两侧鼻孔各滴入 1 滴，也可以在两侧眼内各滴入 1 滴，待完全吸入后方能松手，吸入不完全的需重新滴。稀释疫苗不能用热水，点眼时要防止污染。本法多用于雏鸡，尤其是雏鸡的初免。为了确保效果，一般采用滴鼻、点眼结合。新城疫、传染性支气管炎、法氏囊病等很多弱毒苗均采用此种方法。

（2）饮水法　此方法采用比较广泛，适用于大鸡群，方便省力，还可避免因抓鸡而造成应激因素的不良影响。首先将疫苗稀释，再加水。水的用量根据实际饮水量决定，7 ～ 14 日龄，按每只鸡 5 ～ 10 mL；20 ～ 30 日龄，按每只鸡 20 mL；30 ～ 35 日龄，按每只鸡 30 ～ 40 mL。但是此方法易造成免疫剂量不均一，免疫水平参差不齐。此外，饮水法产生的免疫力也较小，往往不能抵抗较强毒力毒株的侵袭。

使用饮水法进行免疫，要注意以下问题。

①免疫的疫苗必须是高效价。

②免疫时稀释疫苗的水最好用蒸馏水、深井水或冷开水，避免水中含有漂白粉等，导致疫苗灭活。

③稀释液中要加入 0.1% ～ 0.2% 的脱脂奶粉。

④饮水器要充足，不能用金属容器，要用塑料饮水器，使用前要彻底冲洗干净。

⑤为使每只鸡充分饮到水，根据季节的不同，在饮水免疫前 3 ～ 5 h 要停止供水，使鸡产生渴感，以便鸡只能尽快又一致地饮完疫苗。

⑥免疫时间最好选择在清晨，还应注意避免疫苗暴露在阳光下。

⑦整个饮水免疫过程不要超过 2 h。

（3）刺种法　用将疫苗按规定剂量稀释后，充分摇匀，用蘸有疫苗的疫苗笔或蘸水笔尖在鸡翅膀内侧无血管区穿刺 1 ～ 2 下。常用于鸡痘疫苗的接种。注意：接种 3 d 后检查刺种部位，若有小肿块或红斑则表示接种成功，或者 7 d 后检查刺种部位是否结痂，结痂说明刺种成功，否则需重新刺种。

（4）涂擦法　主要用于鸡痘和特殊情况下需接种鸡传染性喉气管炎强毒的免疫。在鸡痘接种时，先拔掉鸡腿的外侧或内侧羽毛 5 ～ 8 根，然后用无菌棉签或毛刷蘸取已稀释好的疫苗，逆着羽毛生长的方向涂擦 3 ～ 5 下；鸡传染性喉气管炎强毒型疫苗的接种时，将鸡泄殖腔黏膜翻出，用无菌棉签或小软刷蘸取疫苗，直接涂擦在黏膜上。注意：接种后鸡体都有反应。毛囊涂擦鸡痘苗后 10 ～ 12 d，局部会出现同刺种一样的反应；擦肛后 4 ～ 5 d 可见泄殖腔黏膜潮红。否则，应重新接种。

（5）注射法　疫苗注射分为肌内注射和皮下注射。肌内注射法根据注射部位的不同，可分为胸部肌内注射、腿部肌内注射和翅根肌内注射等 3 种注射方法。

肌内注射法的部位有胸肌和腿肌，多用于成鸡，且多选胸肌注射，注射应避免针头刺到骨骼。鸡头部应向下，针头与胸部龙骨成 45°，不能与胸肌垂直扎入。接种时，要注意刺入深度，避免伤及内脏及血管神经。

皮下注射根据注射部位的不同，可分为颈部、胸部、腿部皮下注射等。颈部皮下注射操作时，注射部位选择在颈部正中线的下 1/3 处，一手食指和拇指分开在鸡头部横向由下而上将皮层挤压到上面提住拉高，不能只拉住羽毛，使表皮和颈部肌肉分离，另一手将注射器针头向着背部方向，以小于 30°的角度刺入捏起的皮下，缓慢注入疫苗。

（6）气雾法　用压缩空气通过气雾发生器，使稀释疫苗形成雾化粒子，均匀地浮游于空气之中，从而随鸡自然呼吸时，将疫苗吸入肺部而达到免疫。气雾法能获得良好一致的免疫效果，比饮水更为有效，且免疫省力，对呼吸道作用类疫苗特别有效。使用气雾免疫法需要注意以下几个问题。

①疫苗必须是高效价的，而且通常采用加倍的剂量。

②稀释疫苗应用去离子水或蒸馏水，最好加入 0.1% 的脱脂奶粉或明胶，且稀释剂不能含任何盐类物质，避免引起盐类浓度提高而影响疫苗效果。

③雾粒大小要适中，雾粒过大，停留于空气中的时间短，不容易被吸收。雾粒过小，则易被呼气排出，且气雾在空气中滞留时间过长，对鸡群的干扰及应激较大，同时也会引起鸡只的慢性呼吸道病，为避免可在免疫前后的饲料或饮水中加入抗菌药物。

④房舍应密闭，减少空气流动，并应无直射阳光，喷雾完毕 20 min 后才开启门窗。

⑤可用网罩将雏鸡罩着，再行喷雾免疫。

3. 接种疫苗注意事项

（1）检查与消毒　免疫前后对鸡群进行认真检查，有病或不健康的鸡只严禁接种。在恶劣天气时，要调整接种时间。对所有免疫接种器械进行严格消毒。废弃的疫苗瓶及包装物按照有关规定进行无害化处理。

（2）药物及消毒剂使用　在免疫接种前后 5 ～ 7 d，在饲料或饮水中要停用对免疫有影响的药物及消毒剂。为了降低免疫造成的应激反应，可饲喂多种维生素以抗应激。

（3）严格遵守本场制订的免疫程序，免疫时确保不遗漏鸡只　有特殊要求的疫苗，稀释要严格按照规定使用专用的稀释液；没有特殊规定的，一般使用注射用水或者生理盐水进行稀释。建议使用有色稀释液，在点眼或滴鼻时，容易发现漏免鸡只。接种剂量按照说明使用，但对于大群免疫鸡群，要考虑适当加大疫苗用量，特别是饮水免疫，疫苗一般要加倍使用。大群饮水或者气雾免疫时，要考虑水质和水是否被污染等情况。

（4）首免时采取个体免疫　建议首免时，采取个体免疫方式，比如利用鸡新城疫疫苗点眼、滴鼻或滴口等，优点是接种剂量均匀、准确，可以形成强大的局部免疫力。饮水免疫时，注意不要使用金属器具盛装疫苗水，也不要暴露在阳光之下。免疫的器具要提前清洗干净，在饮水过程中，水线不能跑水，保证饮完疫苗后 30 min 再给鸡只饮清水，免疫完成 3 h 后用清水清洗水线。

（5）观察鸡群　接种以后要注意观察鸡群的接种反应。发现不良反应或者发病，要及时采取控制措施。

（6）做好记录　重点记录免疫时间、日龄、数量、所用疫苗的生产厂家、名称、生产批号、有效期、购入单位、接种方法、免疫剂量和操作人员等信息，以便查询。

4. 土鸡免疫失败的原因

（1）疫苗质量有问题

①鸡疫苗生产厂家众多，所产疫苗的质量差异较大，有的产品质量不过关，接种后不能产生相应的免疫力。特别是疫苗野毒的污染。

②某些细菌、病毒变异，现有疫苗接种后保护率低下，跟不上变异速度。

③疫苗运输不当。按照要求运输疫苗必须用冷藏车，但是个别疫苗生产厂家，尤其是经销商用厢式货车运输，还有的用公共汽车托运，影响到疫苗的效价。

④疫苗保存不当。不同的疫苗所需的保存条件不同，冻干苗一般需在 -15℃以下冷冻保存，水苗一般在 0 ～ 4℃保存，油苗的保存温度一般在 3 ～ 8℃，有的经销商为了省电，贮存疫苗的冰箱不能 24 h

通电，使疫苗反复冻融，必然影响疫苗的效力。

⑤购买疫苗时尽量选择生产时间较近的，以保证免疫效果。

（2）疫苗稀释不当

①各种疫苗对所需的稀释液、稀释倍数及稀释的方法都有一定的规定，必须严格按照使用说明书进行操作。

②疫苗使用要坚持现用现稀释的原则，且稀释后要在 2 h 内用完，若间隔时间过长，致使疫苗失效，也导致免疫失败。

③盲目扩大和缩小疫苗稀释倍数，均不能达到正确使用疫苗的效果。

（3）免疫剂量不准　注射器的定量控制不灵敏，接种时注射剂量过大或过小，均影响免疫效果。疫苗使用剂量过小不能达到免疫的效果，而造成抗体滴度不均，从而造成免疫失败，疫苗使用剂量过大则引起免疫麻痹，重则引起所免疫病大面积暴发，给养殖户造成巨大的损失。目前，养殖户多存在宁多勿少的偏见，随意加大免疫剂量，可能造成免疫抑制。

（4）接种技术和方法有误

①不按疫苗规定方法进行接种，有的饲养户为了省时省工，将所有疫苗都饮水免疫，极大影响了免疫效果。

②点眼、滴鼻接种时操作不正确，疫苗未进入鼻内；注射部位不当，或注射针头过粗，均导致免疫失败。

③在疫苗稀释或接种过程中，消毒药物过多残留于注射器上，或消毒药直接接触疫苗，也造成疫苗失效或减效。

④接种器具未进行严格的消毒，导致将病原微生物带入家禽体内。

⑤疫苗瓶开启方式不正确，许多养殖户利用老虎钳直接把瓶塞打开，这样由于大气压的原因，直接造成大量疫苗的灭活。

（5）免疫程序不科学　免疫程序是土鸡养殖场户根据当地疫病流行情况，有针对性地免疫接种各种疫苗，并科学地安排接种时间。没有任何一个免疫程序是万能的。制定免疫程序要考虑以下因素，否则将影响免疫效果。

①不同疫病流行的季节不同，应在疫病的多发季节到来时，提前做好免疫接种。

②母源抗体干扰。当前，我国土鸡养殖场户对土鸡的免疫多数不能进行母源抗体的测定，免疫接种一般都照搬别人的免疫程序，或者凭自己的经验，带有较大盲目性，影响免疫效果。因此，有条件的养殖场户在首次免疫接种前应对母源抗体水平进行监测。

③疫苗之间相互干扰。不同疫苗接种时间间隔过短，或同一时间以不同的方式接种几种不同的疫苗，多种疫苗进入体内后，产生相互干扰，导致免疫失败。

④使用活疫苗免疫的同时使用抗菌药或饮用消毒水，影响免疫力的正常产生。

（6）土鸡自身体况差

①土鸡日龄过小，免疫器官尚未发育成熟，产生免疫应答的能力差。

②鸡群因饲养管理、环境不良或营养不良的影响，导致机体处于亚健康状态时，会抑制免疫应答。

③成鸡患传染性法氏囊炎、马立克病时，破坏了免疫器官，造成免疫抑制。

④鸡体处于疫病的潜伏期，接种疫苗时容易发生免疫反应，甚至导致疫病暴发。

三、生态养殖土鸡疾病治疗原则

为体现生态养殖土鸡的口味、营养、绿色、保健的特色，让消费者吃得健康，吃得安全。在生态养殖土鸡的常见疾病治疗过程中，以祖国传统的中药为主，少用或不用西药。原则如下。

①以中药治疗预防为主，西药为辅。

②以有益微生物治疗预防为主，以补给维生素、氨基酸为辅。

③以生物技术治疗预防为主，补给免疫增强剂提高机体抵抗力为辅。

④以淘汰有症状病鸡无害化处理，减少环境污染，加强消毒为原则。

⑤合理使用药物，能不用药时坚决不用药，能少用药时就少用

药；严格遵守停药期规定，严禁使用违禁药。

第三节　生态养殖土鸡疾病的快速诊断

生态养殖土鸡疾病诊断的目的是尽早识别病情，以便采取有效的防治措施，有的放矢，减少损失；避免盲目用药，增加药物残留，失去绿色环保和经济利益的目的。

一、流行病学调查

许多疾病在临床上的表现非常相似，甚至雷同。但各种病的发病时机、季节、传染速度、发病过程、易感日龄、品种等也不尽相同，这些对疾病的鉴别诊断有非常重要的意义。因此，在疫情发生时，应进行必要的流行病学调查，以快速准确地诊断疾病。注意包括以下内容。

1. 发病时间

从发病时间推测是急性还是慢性疾病。

2. 发病日龄

一些疾病具有一定的日龄特征，如传染性法氏囊炎、鸡白痢、传染性贫血、脑脊髓炎、球虫病等易在幼龄鸡发生；而新城疫、禽流感、伤寒病在各种年龄都可发生；马立克病、白血病等在青年鸡多见。

3. 病史

鸡场近期发生过什么疫情，周边鸡场有无类似疾病发生。引种时应对种鸡群全面了解，许多疾病可通过种蛋垂直传播。

4. 饲养管理及卫生状况

饲养管理差、卫生条件不佳是引发疾病的主要诱因。

5. 生产性能

当发生一些非典型症状疾病时，如非典型新城疫，球虫、肠炎等，鸡群仅表现采食量有所下降等轻微症状。当发生典型的新城疫、传染性支气管炎、传染性喉气管炎、鸡痘、传染性贫血等疾病时，生产性能明显下降。其中有其雷同的症状，也有其特有的临床和剖检症状，要进行综合判定。

6. 疫苗防疫及用药情况

疫苗的种类、接种时间、方法、疫苗来源及选择。对疾病的分析和诊断有重要的参考价值。了解清楚已给鸡群投药的情况，也对诊断疾病有重要参考价值。如细菌病经长时间和各种药物治疗仍然没有效果时，可能与白色念珠菌感染有关，也可能是某种病毒性免疫抑制病继发或并发，需要通过药敏试验找到敏感有效的治疗药物。

7. 全群状态的观察

（1）采食量和饮水量　采食和饮水量差异大小，反映出疾病的严重程度。严重不食时鸡群可能出现中毒或恶性传染病，如新城疫、传染性法氏囊炎等。肾型传染性支气管炎其饮水量大增，拉水样粪便。食盐中毒时其饮水量也增加。缺乏某种营养物质时鸡可能啄羽、啄肛等。

（2）羽毛和体况的观察　幼鸡羽毛逆立、掉毛、无光泽可能与营养不良（如缺乏烟酸、叶酸、泛酸钙、锌或硒等），传染性贫血、传染性法氏囊炎等有关。产蛋鸡羽毛脱落并伴随产蛋下降和软壳蛋等症状时，可能与氨基酸缺乏，钙、磷缺乏，体螨、羽虱感染等有关。

（3）姿势与行为的观察　扎堆、怕冷可能是室温过低，也可能鸡患有肾型传染性支气管炎、传染性法氏囊炎；若鸡群张嘴喘气、伸翅、呼吸急促、饮水频繁，是温度过高；闭目、呆立、精神沉郁，则是有病的表现，如腹部膨大走路呈企鹅状，多见于腹水、腹膜炎等；阵发性痉挛，惊吓时引起发作，多见于禽脑脊髓炎；关节肿大多见于病毒性关节炎；采食量正常，饮水量增加，粪便黄色、白色、有时绿色，鸡体消瘦可能与曲霉菌有关等。

（4）粪便的观察　粪便异常是疾病的预兆。如水样便多见于肾型传染性支气管炎、食盐中毒；血便多见于球虫病；白色稀便多见于鸡白痢、伤寒、副伤寒、肾型传染性支气管炎；黄白色便多见于传染性法氏囊炎、大肠杆菌病；绿色便多见于新城疫、鸡痘、传染性喉气管炎、马立克病、禽霍乱、禽流感等。

（5）呼吸道情况观察　鸡群若出现咳嗽、甩头、流鼻涕，多见于传染性鼻炎；若伸颈呼吸，多见于传染性支气管炎、鸡败血霉形体、传染性喉气管炎等。

（6）鸡冠和肉髯的观察　鸡冠发白多见于脂肪肝、白血病、传染性贫血、营养缺乏症等；鸡冠暗红色多见于新城疫、禽流感、禽霍乱、传染性喉气管炎、鸡支原体病（慢性呼吸道病）及中毒病等；开产鸡突然出现冠萎缩而干燥黄白，多见于白血病、鸡白痢、白色念珠菌病等；冠和肉髯，眼睑出现水疱、结痂，为鸡痘的症状；肉髯单侧肿大，多见于慢性禽霍乱；双侧肿大，多见于传染性鼻炎。

（7）眼睛的观察　眼流泪、潮湿，多见于维生素 A 缺乏、氨气浓度高、鸡痘、禽流感等；眼内有干酪样物、眼球隆起、有溃疡，常见于鸡支原体病、传染性鼻炎；眼结膜内有溃疡灶，灶内有不易剥离的豆渣样物，多见于眼型鸡痘；虹膜呈灰色，瞳孔变小，多见于马立克病。

二、病理剖检

1. 皮肤、肌肉检查

皮下脂肪有出血点，多见于败血症；胸部肌肉和股骨肌肉出血，多见于法氏囊病；皮肤有结痂多见于鸡痘；有肿瘤块多见于马立克病；皮下有渗出物或呈淡绿色，多见于缺硒。

2. 口腔、食管、嗉囊检查

食管、嗉囊黏膜有小结节，是维生素 A 缺乏的特征性病变；喉头有干酪样物堵塞，是白喉性鸡痘的特征性病变；口吐黏液，有酸臭味多见于新城疫、白色念珠菌病；大嗉囊多见于马立克病。

3. 鼻腔、气管检查

鼻腔内渗出物增多或有干酪样物，常见于传染性鼻炎、败血霉形体病、禽霍乱和禽流感；喉头，气管内有大量奶油样或干酪样渗出物，多见于传染性喉气管炎、新城疫、禽流感、鸡败血霉形体。

4. 胸膜腔检查

胸膜有出血点多见于败血症；有黄白色结节是曲霉菌病的特征；卵黄性腹膜炎与鸡沙门菌病、禽霍乱、葡萄球菌病、大肠杆菌病有关。

5. 胸腺检查

胸腺肿胀出血与禽流感有关。

6. 心脏检查

心脏有出血点（斑）常见于禽霍乱、禽流感、新城疫、伤寒及磺胺类药物中毒等；心脏有白色病灶可见于鸡白痢、弧菌性肝炎；心肌有肿瘤可见于马立克病；心包混浊多见于大肠杆菌病、鸡支原体病。

7. 肺及气囊检查

肺及气囊有黄色米粒大小结节，可见于曲霉菌性肺炎；小如针尖大小而坚硬的结节，是白色念珠菌病；白色病灶可见于白痢病；禽霍乱可引起双侧性肺炎；肺炎灰红色，表面有纤维素，常见于大肠杆菌病；气囊壁肥厚并有干酪样物可见于传染性鼻炎、传染性支气管炎、新城疫、鸡支原体病、大肠杆菌病。

8. 腺胃和肌胃的检查

腺胃肿胀出血，多见于新城疫、传染性法氏囊炎、脑脊髓炎；腺胃壁肿胀多见于马立克病；肌胃出血、腺胃黏液增多是禽流感的特征；肌胃角质层有黑色溃疡，是鱼粉和铜中毒的特征；肌胃萎缩与日粮中缺乏粗饲料有关。

9. 肠道的检查

十二指肠、小肠黏膜出血，多见于新城疫、禽流感、禽霍乱、球虫、肠炎和中毒性疾病；卡他性炎症多见于大肠杆菌病、伤寒；小肠肉芽肿常见于马立克病、大肠杆菌病；盲肠栓塞是盲肠肝炎的特征性病变；盲肠内有血样内容物是球虫病的特征性病变；盲肠扁桃体出血、直肠出血是新城疫、禽流感等病的常见症状。

10. 肝、脾、胆检查

肝脏、脾脏肿大有灰白色结节可见于马立克病、白血病；肝表面有散在的或不规则的坏死灶，“菜花样”坏死，可见于包涵体肝炎、鸡白痢、禽霍乱、副伤寒、结核病等；肝周炎多见大肠杆菌病、肝硬化、组织滴虫病等；胆汁黏稠多见于白色念珠菌病。

11. 肾脏及输卵管检查

肾脏中瘤可见于马立克病、白血病；花斑肾、大理石样变、尿酸盐沉积，多见于肾型传染性支气管炎、痛风、中毒、维生素A缺乏等。

12. 睾丸、卵巢及输卵管检查

睾丸萎缩，有坏死灶，常见于鸡白痢；卵巢发炎、变形、萎缩或肿大多见于沙门氏菌病、马立克病、大肠杆菌病、禽流感、新城疫、传染性支气管炎等。

13. 胰腺检查

胰腺出血肿大呈链条状病变，多见于禽流感。

14. 法氏囊检查

法氏囊肿大、出血、呈紫葡萄状，是传染性法氏囊炎初期的特征性病变，后期法氏囊萎缩；法氏囊肿瘤多见于白血病、马立克病。

15. 脑及神经检查

小脑出血、软化，多发生于维生素E缺乏、脑脊髓炎病；坐骨神经肿胀见于马立克病。

三、实验室诊断

对一些通过流行病学调查和临床剖解不能确诊的和非典型性临床症状的疾病，需通过试验手段进行确诊。常用实验室诊断方法如下。

1. 病原菌

（1）显微镜检查　采集典型病料进行涂片、染色，镜检观察细菌形状特征及染色特征（革兰氏阳性、革兰氏阴性）。

（2）病菌的分离与鉴定　无菌采取病变组织进行分离培养，并对病原体形态学、理化特征以及对其病毒力和免疫学特性进行鉴定，以确定其种属和血清型等。

（3）动物接种试验　将病料接种到无特定病原体的鸡只，进行攻毒试验和复制本病试验，从试验结果进行比较，作为诊断依据。

2. 免疫学试验

根据鸡体在接触到某种病原微生物（即抗原）后，机体的免疫系统就会产生免疫应答，并能产生相应的特异性蛋白（抗体），而此种抗体与相应的抗原会发生特异性免疫反应。据此原理，在临床上就可以用已知的抗原检测鸡血清中的相应的抗体，或用已知的抗体检测鸡血清中的相应抗原，根据其抗原或抗体的存在和滴度的高低来达到疾病诊断的目的，常用的方式如下。

（1）HA 和 HI 试验　此方法可用于新城疫、传染性支气管炎、禽流感的检测与诊断。如：当检测某鸡群新城疫抗体高低参差不齐，有的很低，有的很高，当抗体达到 10 个滴度以上时，则证明有野毒袭击。如果鸡群伴有轻度的呼吸道症状，蛋色变浅，有绿色粪便等症状时，证明有非典型性新城疫发生。

（2）琼脂扩散试验　此方法可用于传染性法氏囊炎、马立克病、鸡痘、传染性喉气管炎等病的检测。

（3）全血平板凝集试验　主要用于鸡白痢和霉形体病的检疫和净化鸡群。

（4）酶联免疫吸附试验　可用于马立克病、鸡痘、传染性喉气管炎、传染性贫血病等多种疾病的诊断。

（5）PCR 诊断技术　有条件的单位可利用 PCR 基因诊断技术检测和确诊鸡病。如马立克病、网状内皮组织增生症、传染性贫血病、禽流感、鸡白痢、传染性喉气管炎等多种疾病。

第四节　土鸡生态养殖常见病防治

一、病毒性疾病

1. 禽流感

禽流感也称为真性鸡瘟（欧洲鸡瘟），是由甲型流感病毒引起的一种最严重的病毒性传染病之一，被感染的鸡发病率和死亡率都非常高，往往造成养殖失败。禽流感的血清型多种多样，但根据致病性分为高致病性和低致病性两类。高致病性禽流感，一般能引起高致病性的血清型为 H5 和 H7 亚型。该病的传染途径是通过消化道、呼吸道、损伤的皮肤、眼结膜等。该病可以通过其他禽类、鸟类传播，应该引起广大养殖户的注意。该病毒在低温和干燥的环境可以存活数月，在阳光直射下 40 ～ 48 h 可以灭活，对氯制剂敏感，多发于春秋季。

（1）症状和病理变化　本病感染鸡群往往突然暴发，潜伏期一般为 2 ～ 5 d。流行初期急性病例往往没有任何症状就死亡，随后病例表现为体温升高，精神沉郁，被毛松乱，头翅下垂，鸡冠和肉髯发黑、肿胀，常伴有咳嗽、喷嚏等不同程度的呼吸道症状。病鸡采食量和饮水量减少，有的病鸡下痢，拉黄褐色稀粪。产蛋期的鸡患病时，产蛋率明显下降，后期很难恢复。

特征性的病变是腺胃和腹部脂肪出血，肝、脾、肺等脏器常有灰黄色小坏死灶。产蛋期的鸡以侵害生殖系统为主，并伴有不同程度的全身皮肤和内脏器官的充血、出血、坏死等变化。常引起输卵管充血或出血，管壁肿胀，有纤维素性渗出物，卵泡充血或出血变性。育雏育成期的病例主要是内脏器官有针尖样出血点，器官黏膜出血。主要是腺胃黏膜、腺胃和肌胃交界处出血，十二指肠、盲肠扁桃体出血。

（2）诊断　该病可以通过临床症状和病理变化进行初步诊断，进一步诊断需要经过分离、鉴定和血清学试验。

（3）防治　本病防治应该是免疫注射，结合综合性防治。

①疫苗预防。一般禽流感灭活疫苗可以有效地控制本病，但选用的疫苗毒株必须与当地的流行毒株亚型相一致。一般在 15 日龄和 60 日龄进行免疫注射 2 次。

②综合防治。鸡场要采取全进全出制度；提供均衡营养日粮；加强饲养管理，提高鸡群自身免疫力；做好消毒工作，保持清洁卫生；养殖区要防止其他禽类、鸟类的进入；对病死鸡要深埋或焚烧；加强监测，一旦发现周围有疫情要严格封锁、扑杀并及时上报。

中药可试用以下疗法。

方 1：麻黄 20 g，荔叶 20 g，苦杏仁 20 g，桑叶 30 g，桔梗 30 g，陈皮 50 g，苇茎 30 g，黄芩 30 g，山栀子 20 g，芦根 40 g，高良姜 20 g，麦芽 30 g，神曲 20 g，大黄 20 g，将药粉碎过筛按 0.5% 比例拌料，投喂 2 ～ 3 d。

方 2：野菊花 100 g，鱼腥草 50 g，忍冬藤 50 g，加水 500 mL 煎至 200 mL，10 只鸡每天 1 服，连用 3 d。

方 3：土黄柏 25 g，大青叶 50 g，山葫芦 50 g，10 只鸡每天 1 服，水煎，连用 5 d。

方 4：鱼腥草 25 g，生姜 1 000 g，红糖适量，100 只鸡每天 1 服，水煎饮水，连饮 5 d。

2. 新城疫

新城疫俗称鸡瘟，又称亚洲鸡瘟、伪鸡瘟。是由新城疫病毒引起的一种急性高度接触性传染病，是养鸡必须预防的疾病之一。该病毒广泛存在于病鸡的组织器官、体液、分泌物、排泄物中。该病毒对消毒剂、高温抵抗力不强，一般的消毒剂都可以将其杀灭，但该病毒在低温环境中可以存活很长时间，冷冻鸡在两年后还可以检测到该病毒。该病的感染渠道较广，可经呼吸道、消化道、损伤皮肤和泄殖腔黏膜。鸡易感本病，但不发病的其他禽类、鸟类也可以带毒进行传播。污染的环境和带毒的禽类是引起本病流行的重要原因。本病全年均可发生，以春秋居多。

（1）临床症状　潜伏期一般 3 ～ 15 d，或者更长，根据临床表现和病程长短可以分为最急性、急性、慢性。

最急性型：常突然发病，往往看见很正常的鸡群，突然发现死亡，没有任何特殊的前征兆。多见于流行初期和雏鸡。

急性型：表现为呼吸道、消化道、神经系统异常。常表现为体温升高，采食减少，饮水增加。羽毛松乱、垂头缩颈，精神不振，状似昏睡，鸡冠和肉髯颜色逐渐变暗。病鸡呼吸困难，咳嗽、流鼻涕，常发出咯咯的喘鸣声或者怪叫。嗉囊积液，倒提鸡时常从口角流出大量的酸臭暗色液体。下痢，呈黄绿色或黄白色，有时混有少量血液，后期排出蛋清样排泄物。部分病例常出现神经性的症状，表现为翅、腿麻痹，不容易站立。育雏期的雏鸡往往不表现明显症状，但死亡率却非常高。成年产蛋鸡产软壳蛋或者产蛋下降可达15%～35%。

慢性型：也称亚急性型，初期症状与急性型相似，但随后减轻。耐过的鸡常表现出神经症状，如：翅膀麻痹、跛行，常原地转圈，或者头颈向一侧扭转。还有一些鸡貌似健康，一旦遇到刺激源，比如惊吓、抢食、雷雨、噪声等，则出现头颈弯曲，全身抽搐，出现瘫痪或者半瘫痪，愈后不良。但病死率比较低。含有母源抗体的雏鸡群或者母源抗体水平较高的雏鸡群，当有新城疫病毒侵入时仍可能发生新城疫，但发病率较低。

（2）病理变化　根据临床表现可以分为典型性新城疫和非典型性新城疫。

典型性新城疫可见全身性败血症，全身黏膜、浆膜出血，以消化道、呼吸道最为明显。特征病变：腺胃乳头肿胀或者溃疡，乳头间有明显的出血点，尤其在食管与肌胃交界处最为明显；十二指肠、小肠黏膜出血或者溃疡，有时可见到枣核状溃疡灶；盲肠扁桃体肿胀、出血、溃疡。气管出血或者坏死，周围组织发生水肿，有浆液性或者卡他性渗出物。产蛋鸡常发生卵黄性腹膜炎。

非典型性新城疫一般无典型的临床症状和病理剖检变化，育成鸡多以呼吸道和消化道症状为主，表现为呼吸困难、咳嗽、打喷嚏，精神不振，采食量减少，排黄绿色或黄白色稀便，呈零星性死亡；成年产蛋鸡主要表现为产蛋下降和不同程度的呼吸道症状。剖检可见喉头和气管内有黏液，黏膜轻微出血，直肠和泄殖腔黏膜轻微充血、出血，腺胃黏膜浑浊，乳头间偶有出血点，小肠有零星出血点，盲肠扁桃体红肿，卵泡充血、出血。

（3）诊断　可根据典型症状和病变作出初步诊断，进一步确诊需要实验室的诊断。可以进行血清学实验。

（4）防治　目前本病尚无有效的治疗办法，预防本病的发生是一切防疫工作的重点，常采取如下措施。

①杜绝病原侵入鸡群。建立健全严格的卫生防疫制度，防止一切带毒动物和污染物进入鸡场，不从疫区定购鸡苗，新购的鸡须接种新

城疫疫苗隔离观察，证明健康者才可以合群。

②制定合理的免疫程序。有计划地对健康鸡群进行免疫接种。目前常用的疫苗有弱毒活苗Ⅱ系（HB1株）和Ⅲ系（F株）。一般进行首免，采用点眼或滴鼻，Ⅳ系（Lasota株）比Ⅱ系毒力稍强，一般进行二免，采取饮水免疫；Ⅰ系苗是中等毒力的活苗，现采用肌内注射，多为二免以后使用。

③定期消毒和严格检疫。鸡场、鸡舍和饲养用具要定期消毒；保持饲料、饮水清洁；新购进的鸡不可立即与原来的鸡合群饲养，要单独喂养半个月以上，确认无病并接种疫苗后才能合群饲养。

④发生本病时的紧急处置。鸡群一旦发生鸡新城疫，对病鸡应隔离淘汰，死鸡应深埋或焚烧。对尚未发病的鸡应紧急接种疫苗，以Ⅱ系苗或Ⅳ系苗为好，通常接种1周后就不再发生新的病鸡，疫病即被控制住。

中药预防可试用：黄芪、大青叶、板蓝根、绞股蓝、神曲各1.5份，黄连、甘草各1份，粉碎过筛后制成中草药散剂，按1%剂量添加到养殖鸡的补充日粮中，让鸡自由采食。可有效保护养殖鸡不得新城疫。

每1 000只鸡每天用黄连50 g，栀子30 g，藿香30 g，桔梗30 g，金银花50 g，贯众30 g，黄芩50 g，赤芍30 g，鱼腥草50 g，知母30 g，黄柏40 g，牡丹皮30 g，淡竹叶50 g，陈皮40 g，甘草20 g，石膏（另包，后下）300 g，水煎2次并一起，每天分早晚2次饮水，药渣磨碎拌料。

3. 传染性法氏囊病

鸡传染性法氏囊病，是由鸡传染性法氏囊病病毒引起的雏鸡的一种急性、高度接触性传染病。本病主要感染2～16周龄鸡，3～6周龄时最易感。本病一年四季都能发生，但以5—7月发病较多。目前，本病是危害我国养鸡业最严重的传染病之一。该病毒在自然界存活时间较长，在病鸡舍中的病毒可存活122 d。病毒对乙醚、氯仿、酚类、升汞和季铵盐等都有较强的抵抗力，但以含氯化合物、含碘制剂、甲醛敏感。本病只感染鸡，但经研究麻雀也可以带毒。污染的饲料、饮水、垫草、用具等都可成为传播媒介。主要经呼吸道、眼结膜及消化道感染。

（1）临床症状　本病潜伏期短，感染后 2 ～ 3 d 就出现症状。早期为厌食、呆立，畏寒战栗，精神不振，缩头炸毛等。随后病鸡排白色或黄白色水样便，肛门周围羽毛被粪便污染。病鸡扎堆，严重者垂头缩颈，对外界刺激反应迟钝，发病 1 ～ 2 d 死亡，死亡率直线上升，5 ～ 7 d 达到死亡高峰，随后死亡下降。病鸡耐过后出现贫血、消瘦、生长缓慢、饲料利用率低。当本病与支原体病等合并感染时，病鸡不仅病情加重，死亡率高，而且病程加长，伴有明显的呼吸道症状。病鸡常继发感染鸡新城疫、大肠杆菌病、球虫病等。

（2）病理变化　本病的特征变化是腿部和胸部肌肉常有斑点状或者条纹状出血，胸肌颜色发暗。在腺胃和肌胃的交界处有针尖样出血点或者出血斑。盲肠扁桃体出血、肿大。法氏囊浆膜呈胶冻样肿胀，有的法氏囊可肿大 2 ～ 3 倍，大多可见点状出血或出血斑，严重者法氏囊内充满血块，外观呈紫葡萄状。病程长的法氏囊萎缩，呈灰黑色，有的法氏囊内有干酪样坏死物。肝脏有时肿大，表面可见出血点，质脆，发黄。肾肿大，呈斑纹状。输尿管中有尿酸盐沉积。

（3）诊断　根据流行病学特点、特征症状和病变可对本病作出初步诊断。确诊或对亚临床型感染病例时则需要进行实验室诊断。

（4）防治　该病目前无特效治疗药物，免疫接种和综合防治措施是控制该病的主要方法。还有一些有效的辅助治疗。

①免疫接种。在定购鸡苗时要选择母源抗体高的鸡场，进鸡后采用琼扩法测定雏鸡的母源抗体，根据母源抗体水平确定雏鸡的首免时间。没有条件检测的鸡场，一般可采用 10 ～ 14 d 首免，18 ～ 22 d 进行二免。所用的疫苗为中等毒力疫苗。另外，本病虽然没有特效药物，但在发病早期可以采用传染性法氏囊炎高免血清或高免蛋黄液进行注射治疗，有较好的治疗效果。如果混合细菌感染，要使用抗生素进行治疗。

②中药治疗。可以用中草药辨证理论进行治疗，现介绍方剂如下。

方 1：黄芪 30 g、黄连、生地、大青叶、白头翁、白术各 150 g、甘草 80 g，供 500 羽鸡，每日 1 剂，每剂水煎 2 次，取汁加 5% 白糖饮水服用，连服 2 ～ 3 剂。

方 2：生地、白头翁各 4 g，金银花、蒲公英、丹参、茅根各 3 g，水煎 2 次，取汁加适量糖，供 10 羽鸡饮用，每日 1 剂，连用 3 d。

方 3：蒲公英 200 g，大青叶 200 g，板蓝根 200 g，双花 100 g，黄芩 100 g，黄柏 100 g，甘草 100 g，藿香 50 g，生石膏 50 g。水煎 2 次，合并药汁得 3 000 ～ 5 000 mL，为 300 ～ 500 羽鸡 1 d 用量，每日 1 剂，每鸡每天 5 ～ 10 mL，分 4 次灌服。连用 3 ～ 4 d。

方 4：金银花 100 g，板蓝根 50 g，黄柏 50 g，大青叶 40 g，黄芩 20 g，白芍 20 g，藿香 15 g，地榆 15 g，大黄 15 g，甘草 15 g，水煎，供鸡自由饮用，连用 2 ～ 3 d。

方 5：板蓝根 10 g，连翘 10 g，黄芩 10 g，生地 10 g，泽泻 8 g，海金沙 8 g，诃子 5 g，甘草 5 g，共研细末，拌匀，每只鸡按 0.5 ～ 1 g 拌料，连用 3 ～ 5 d。

③综合防治。实行全进全出制度，加强饲养管理，提高环境控制措施，给鸡群提供一个良好的环境，避免发生其他应激，如噪声、陌生动物闯入等。可以饲喂微生态制剂，调节肠胃功能，增强机体免疫力。

4. 传染性支气管炎

传染性支气管炎是鸡的一种急性、高度接触性的呼吸道疾病。以咳嗽，喷嚏，雏鸡流鼻液，产蛋鸡产蛋量减少，呼吸道黏膜呈浆液性、卡他性炎症为特征。

大多数病毒株在 56℃ 15 min 失去活力，但对低温的抵抗力则很强，在 –20℃时可存活 7 年。一般消毒剂，如 1% 来苏尔、1% 石炭酸、0.1% 高锰酸钾、1% 福尔马林及 70% 酒精等均能在 3 ～ 5 min 将其杀死。病毒在室温中能抵抗 1% 石炭酸和 1% NaOH（pH 值 12）1 h，而在 pH 值 7.8 时最为稳定。

（1）流行病学　本病仅发生于鸡，其他家禽均不感染。各种年龄的鸡都可发病，但雏鸡最为严重，死亡率也高，一般以 40 日龄以内的鸡多发。本病主要经呼吸道传染，病毒从呼吸道排毒，通过空气的飞沫传给易感鸡。也可通过被污染的饲料、饮水及饲养用具经消化道感染。本病一年四季均能发生，但以冬春季节多发。鸡群拥挤、过热、过冷、通风不良、温度过低、缺乏维生素和矿物质，以及饲料供应不足或配合不当，均可促使本病的发生。

（2）临床症状　潜伏期 1 ～ 7 d，平均 3 d。由于病毒的血清型不同，鸡感染后出现不同的症状。

呼吸型：病鸡无明显的前驱症状，常突然发病，出现呼吸道症状，并迅速波及全群。幼雏表现为伸颈、张口呼吸、咳嗽，有呼噜声，尤以夜间最清楚。随着病情的发展，全身症状加剧，病鸡精神萎靡，食欲废绝、羽毛松乱、翅下垂、昏睡、怕冷，常拥挤在一起。2 周龄以内的病雏鸡，还常见鼻窦肿胀、流黏性鼻液、流泪等症状，病鸡常甩头。产蛋鸡感染后产蛋量下降 25% ～ 50%，同时产软壳蛋、畸形蛋或砂壳蛋。

肾型：感染肾型支气管炎病毒后其典型症状分 3 个阶段。第 1 阶段是病鸡表现轻微呼吸道症状，鸡被感染后 24 ～ 48 h 开始气管发出啰音，打喷嚏及咳嗽，并持续 1 ～ 4 d，这些呼吸道症状一般很轻微，有时只有在晚上安静时才听得比较清楚，因此常被忽视。第 2 阶段是病鸡表面康复，呼吸道症状消失，鸡群没有可见的异常表现。第 3 阶段是受感染鸡群突然发病，并于 2 ～ 3 d 逐渐加剧。病鸡挤堆、厌食，排白色稀便，粪便中几乎全是尿酸盐。

腺胃型：近几年来有关腺胃型传支的报道逐渐增多，其主要表现为病鸡流泪、眼肿、极度消瘦、拉稀和死亡并伴有呼吸道症状，发病率可达 100%，死亡率 3% ～ 5%。

（3）病理变化　呼吸型：主要病变见于气管、支气管、鼻腔、肺等呼吸器官。表现为气管环出血，管腔中有黄色或黑黄色栓塞物。幼雏鼻腔、鼻窦黏膜充血，鼻腔中有黏稠分泌物，肺脏水肿或出血。患鸡输卵管发育受阻，变细、变短或成囊状。产蛋鸡的卵泡变形，甚至破裂。

肾型：肾型传染性支气管炎时，可引起肾脏肿大，呈苍白色，肾小管充满尿酸盐结晶，扩张，外形呈白线网状，俗称花斑肾。严重的病例在心包和腹腔脏器表面均可见白色的尿酸盐沉着。有时还可见法氏囊黏膜充血、出血，囊腔内积有黄色胶冻状物；肠黏膜呈卡他性炎变化，全身皮肤和肌肉发绀，肌肉失水。

腺胃型：腺胃肿大如球状，腺胃壁增厚，黏膜出血、溃疡，胰腺肿大，出血。

（4）诊断　根据流行特点、症状和病理变化，可作出初步诊断。进一步确诊则有赖于病毒分离与鉴定及其他实验室诊断方法。

（5）防治

①加强饲养管理，降低饲养密度，避免鸡群拥挤，注意温度、湿度变化，避免过冷、过热。加强通风，防止有害气体刺激呼吸道。合理配比饲料，防止维生素，尤其是维生素A的缺乏，以增强机体的抵抗力。

②适时接种疫苗。对呼吸型传染性支气管炎，首免可在7～10日龄用传染性支气管炎H120弱毒疫苗点眼或滴鼻；二免可于30日龄用传染性支气管炎H52弱毒疫苗点眼或滴鼻；开产前用传染性支气管炎灭活油乳疫苗肌内注射0.5 mL/只。对肾型传染性支气管炎，可于4～5日龄和20～30日龄用肾型传染性支气管炎弱毒苗进行免疫接种，或用灭活油乳疫苗于7～9日龄颈部皮下注射。而对传染性支气管炎病毒变异株，可于20～30日龄、100～120日龄接种4/91弱毒疫苗或皮下及肌内注射灭活油乳疫苗。

本病目前尚无特异性治疗方法，改善饲养管理条件，降低鸡群密度，饲料或饮水中添加抗生素对防止继发感染，具有一定的作用。对肾型传染性气管炎，发病后应降低饲料中蛋白质的含量，并注意补充K^+和Na^+，具有一定的治疗作用。

发病鸡使用双黄连口服液清热解毒，每500 g兑水250 kg，连用3 d。

呼吸型传支可用麻杏石甘汤（麻黄6 g、杏仁18 g、石膏18 g，炙甘草18 g。此为100只鸡的用量。也可适当加板蓝根、金银花、连翘、黄芩、金钱草等）按0.5～1 g/kg体重煎服，一服1剂，分早晚各1次，加少量水饮用，连用3～5 d。

对腺胃型传支可用玉女煎（生石膏 9 g，熟地 9 g，麦冬 6 g，知母 5 g，牛膝 5 g。此为 100 只鸡的用量）。也可适当加黄连、栀子、白茅根等，按 0.5 ～ 1 g/kg 体重煎服，一服 1 剂，分早晚各 1 次，加少量水饮用，连用 3 ～ 5 d。

对肾型传支的病鸡，每 1 000 只鸡用紫菀、细辛、大腹皮、龙胆草、甘草各 20 g，茯苓、车前子、五味子、泽泻各 40 g，大枣 30 g，水煎取药液分早晚 2 次饮用，药渣拌料，连用 4 d 即愈。

5. 传染性喉气管炎

传染性喉气管炎是一种由传染性喉气管炎病毒引起的以呼吸道症状为主的急性传染病。其特征为呼吸困难、气喘、咳出含有血液的渗出物。传播快，死亡率较高。本病毒的抵抗力很弱，37℃存活 22 ～ 24 h，但在 13 ～ 23℃中能存活 10 d。对一般消毒剂都敏感，如 1.5% 的碘伏 1 min 即可杀死。本病主要侵害鸡，不同日龄的鸡都可感染，但成年鸡的症状最具有典型特征，其他禽类，如野鸡、山鸡、孔雀等，也有感染情况发生。康复后的带毒鸡和病鸡是主要的传染源。病毒存在于气管和上呼吸道分泌液中，通过咳出血液和黏液而经上呼吸道传播，污染的垫料、饲料和器具等均可间接传播。当接种疫苗的鸡群与易感鸡进行长久接触时，也可感染本病。

（1）临床症状　本病的潜伏期 5 ～ 13 d。病鸡采食量减少，迅速消瘦，其主要特征表现为呼吸道症状，呼吸时发出湿性啰音，咳嗽，有喘鸣音，病鸡吸气时头和颈部向前向上，张口尽力吸气。严重的病鸡，高度呼吸困难，可咳出带血的黏液。如果分泌物不能咳出，病鸡可能窒息死亡。产蛋鸡发病时产蛋量急剧下降或停止，康复后 1 ～ 2 个月才能恢复。根据发病表现可分为以下两种类型。

①喉气管型。是高致病性病毒株引起的，病鸡咳嗽，表现痛苦，身体随呼吸呈波浪式起伏，抬头伸颈，并发出响亮的喘鸣声。病鸡摇头时，咳出血痰，常见血痰附着于鸡笼上。将鸡的喉头用手上顶，令鸡张口，可见喉头出血，并伴有泡沫状液体。若喉头被血液凝块堵塞，则病鸡会窒息死亡，死鸡一般体况较好，死亡时多呈仰卧姿势。

②结膜型。是低致病性病毒株引起的，主要表现为眼结膜炎或者

鼻炎，眼结膜红肿，并伴有流泪、流鼻涕。若伴有支原体混合感染，则眶下窦肿胀，甚至导致失明。产蛋鸡表现为产蛋率下降，沙皮蛋、软壳蛋增多。

（2）病理变化　本病比较缓和的病例，仅见结膜和窦内上皮的水肿及充血。急性典型病变在气管和喉部，初期黏膜充血、肿胀，进而变性、出血和坏死；气管含有血凝块或血黏液，气管管腔变窄，偶有黄白色纤维素性干酪样假膜。严重时支气管、肺和气囊等部发炎，甚至上行至鼻腔和眶下窦。

（3）诊断　根据典型的病变和特征性症状，即可作出初步诊断。在症状不典型时，应注意与新城疫、传染性支气管炎、慢性呼吸道病、维生素 A 缺乏症进行区别。可进行实验室诊断。如鸡胚接种，取病鸡的喉头、气管黏膜和分泌物，经无菌处理后，接种 10 ～ 12 d 龄鸡胚尿囊膜上，接种后 4 ～ 5 d 鸡胚死亡，见绒毛尿囊膜增厚，有灰白色坏死斑。

（4）预防　目前本病尚无特效治疗药物，坚持执行严格的卫生防疫措施是防止本病流行的有效方法。

①不接触来历不明的鸡。带毒鸡是本病的主要传染源之一，新购进的鸡必须用少量的易感鸡与其作接触感染试验，隔离观察两周，易感鸡不发病，证明不带毒，此时方可合群。

②不随便使用疫苗。没有本病流行的地区最好不用弱毒疫苗免疫，更不能用自然强毒接种，因为弱毒疫苗可能会造成病毒的终生潜伏，偶尔活化和散毒，它不仅可使本病疫源长期存在，还可能散布其他疫病。

③在本病流行的地区可接种疫苗。目前使用的疫苗有两种，一种是弱毒苗，接种途径是点眼，但可引起轻度的结膜炎，且可导致暂时盲眼，如有继发感染，甚至可引起 1% ～ 2% 的死亡。故有人用滴鼻和肌注法，但效果不如点眼好。另一种为强毒疫苗，只能作擦肛用，绝不能将疫苗接种到眼、鼻、口等部位，否则会引起疾病的暴发。擦肛后 3 ～ 4 d，泄殖腔会出现红肿反应，此时就能抵抗病毒的攻击。强毒疫苗免疫效果确实，但未确诊有此病的鸡场、地区不能用。一般

首免可在 4 ～ 5 周龄时进行，12 ～ 14 周龄时再接种 1 次。

（5）治疗　本病一般采取对症治疗，并对发病群投服抗菌药物，防止继发感染。

①抗体治疗。肌注喉气管炎高免卵黄抗体 2 mL，隔天再肌注 1 次。

②西药治疗。发生结膜炎的鸡用红霉素眼药水点眼。

③中药治疗。

方 1：每 100 只成年鸡用大青叶、蒲公英各 500 g，黄芩、甘草各 30 g，混合加适量水煎煮 3 次，加水至 60 kg，水煎，自由饮水，每天 1 剂，连用 5 剂。

方 2：每 100 只成鸡用麻黄、知母、贝母、黄连各 30 g，桔梗、陈皮各 25 g；紫苏、杏仁、白芷、薄荷、桂枝各 20 g，甘草 15 g。水煎，自由饮水，每天 1 剂，连用 3 剂。

6. 马立克病

鸡马立克病是由疱疹病毒引起的鸡的恶性肿瘤病（癌），感染本病的鸡大部分终生带毒。本病一般经呼吸道传播，由于带毒鸡脱落的羽毛、皮屑均可带毒，所以一旦发生本病将较难在鸡场彻底清除。本病的发生与鸡的品质、年龄有关，一般土鸡品种比较易感，幼龄鸡（2 月龄内）多发，特别是对刚出壳的雏鸡有明显的致病力。本病毒抵抗力较弱，但病鸡脱落的皮屑由于带有保护性物质，可在鸡舍尘埃中存活很长时间。室温下可生存 4 ～ 16 周，温度低生存时间更长。

（1）临床症状　本病潜伏期较长，一般 1 日龄感染，2 ～ 3 周后才开始排毒，3 ～ 4 周后，可见眼观病变。分为以下 4 种类型。

①神经型。主要侵害外周神经，特征症状是单肢或双肢出现麻痹或瘫痪，出现一腿向前一腿向后，俗称“大劈叉”。剖检可见神经肿胀、变粗，一般检查坐骨神经，可见神经纤维横纹消失，呈黄白或灰白色。

②内脏型。主要表现为精神不振，采食减少，病程短的，突然死亡。剖检可见内脏器官出现灰白色质地坚硬而致密的肿瘤块。多发于性腺、肾、肝、脾等器官。

③眼型。病鸡单眼或者双眼出现视力减退或失明，虹膜的正常色素消失，严重阶段整个瞳孔只留下针尖大的小孔。

④皮肤型。病鸡皮肤毛囊以出现小结节或者肿瘤为特征，常遍及皮肤。

（2）诊断　神经型的可根据症状和病变进行确诊，内脏型的要与淋巴性白血病进行区别。进一步确诊需要进行琼脂扩散试验等血清学方法。

（3）防治　本病尚无特效治疗药物。雏鸡的早期感染是暴发本病的重要原因，因此孵化场与育雏室必须保证环境中无马立克病毒的存在，以确保雏鸡在免疫后 2 周内不感染本病，因为马立克疫苗虽然是在雏鸡出壳时免疫，但疫苗发生效力要在 10 ～ 15 d 以后。一般在订购雏鸡的鸡场都会接种该疫苗，现在本病基本得到了很好的控制。发生本病也要采取隔离、扑杀、消毒等措施。治疗本病仅可以增加维生素、矿物质等营养物质，增加鸡群自身抵抗力。

中药对神经型和皮肤型马立克病的治疗，效果较好。

方 1：神经性马立克病：每 100 只病鸡用黄柏 20 g，乌头 10 g，黄连 20 g，金银花 15 g，草乌 10 g，黄芩 20 g，大黄 30 g，木通 20 g，甲珠 20 g，骨碎补 15 g，鸡血藤 20 g，三棱 15 g，莪术 15 g，铁马鞭 20 g。水煎 2 次，混合后让病鸡自由饮用。

方 2：皮肤型马立克病：每 100 只病鸡每天用红花 20 g，桃仁 15 g，黄柏 20 g，乌头 10 g，黄连 20 g，金银花 15 g，草乌 10 g，黄芩 20 g，大黄 30 g，牛子 20 g，三棱 15 g，莪术 15 g，铁马鞭 20 g。水煎 2 次，混合后让病鸡自由饮用。

7. 鸡痘

鸡痘又称白喉，是由禽痘病毒引起的一种接触性传染病。本病主要是由于与病鸡发生直接接触而感染，也可因为接触污染的饮水、饲料、器具等发生感染，特别要注意鸽子等飞鸟传播本病。本病各种鸡都易感，但雏鸡更敏感，不过一旦感染康复将终生获得免疫力。本病多发于秋冬或早春。该病毒对外界抵抗力很强，日光照射几周不被杀灭，但 1% 的火碱 5 min 内可杀死。

（1）临床症状　本病潜伏期 4 ～ 8 d，病程 3 ～ 4 周。通常分为以下几种类型。

①黏膜型。也称白喉，病鸡出现明显的呼吸困难，可在口腔或咽喉部黏膜表面发现黄白色稍微突起的小结节，很快发展为一层黄白色干酪样假膜，撕去后将出现红色的出血性溃疡面。

②皮肤型。一般在鸡冠和肉髯红色突起的圆斑，继而变为上皮瘤，灰黄色，瘤上有痂皮覆盖，如果连续发生可出现一大片痂皮。还可在眼、腿、翅内侧等处发生。

③混合型。皮肤和黏膜都发生。

④败血型。很少发生，病鸡下痢、消瘦，而衰竭死亡。

（2）诊断与防治　根据发病情况以及症状和病变基本可以诊断。目前尚无特效治疗药物，主要采取对症疗法。皮肤型禽痘可以在患病处涂碘酒，白喉型可用镊子夹去，厚的可用 2% 的硼酸进行洗净，眼部发生的可以用眼药水滴眼。除局部治疗外，还可以选市售的中药方剂进行预防和治疗。

预防的有效措施是进行预防接种，可选用市售的疫苗进行接种，一般是鸡痘鹌鹑化弱毒疫苗，一般在 25 ～ 28 日龄首免，60 ～ 65 日龄二免。可根据当地流行情况适当增减。

中药治法如下。

方 1：板蓝根 30 g，山栀子 20 g，黄芩 20 g，黄柏、麦冬各 30 g，金银花 20 g，连翘 20 g，知母 10 g，龙胆草 20 g，防风 20 g，甘草 10 g。水煎供 1 000 只鸡自由饮用。

方 2：紫草 100 g，明矾 100 g，龙胆草 50 g，水煎可供 100 只成年鸡 1 日服，连用 3 d。

方 3：雄黄、硫黄、冰片等量研粉末混合，加碘甘油适量，剥去痘痂涂敷。每只鸡约 500 mg 1 次用。

方 4：鱼腥草粉碎拌料，每只成年鸡 1 d 用 1 g，连用 5 d。

方 5：黄芪 60 g，党参 60 g，肉桂 20 g，槟榔 60 g，贯众 60 g，何首乌 60 g，山楂 60 g，粉碎过筛或水煎取汁，为 100 只鸡自由饮用。

二、细菌性疾病

1. 鸡大肠杆菌病

大肠杆菌病是由大肠杆菌埃希氏菌的某些致病性血清型菌株引起的鸡局部性或全身性感染性疾病。包括大肠杆菌性败血症、腹膜炎、滑膜炎、脐炎、心包炎、输卵管炎等。大肠杆菌属于鸡肠道内的常在菌群，是一种条件性致病菌。在管理不善或者发生应激时容易引起此病。大肠杆菌的抵抗力中等，各菌株间可能有差异。常用消毒药在数分钟内即可杀死本菌。在寒冷和干燥的环境中存活较久。各地分离的大肠杆菌菌株对抗药物的敏感性差异较大，且易产生耐药性。本病传播途径经口、消化道或者经蛋传播。

（1）临床症状与病变

①败血症。雏鸡较易发生，主要表现为精神不振，采食下降，严重的死亡率可达50%。剖检可见：心包炎，心肌有结节性肉芽肿，有干酪样渗出；肝周炎，肝肿大、坏死；气囊炎，气囊浑浊、增厚；输卵管炎症。成年鸡发生肿头综合征，产蛋下降，常伴有腹膜炎、眼炎。

②出血性肠炎。正常情况下，本病菌一般寄生在肠道后段，但当发生应激或者管理不善等因素，病菌就会在肠前段引起疾病。剖检可见前段肠黏膜出血、增厚。

③其他炎症。大肠杆菌根据侵害部位不同，表现炎症也不同，还可引起病鸡跛行或呈伏卧为滑膜炎和关节炎，剖检可见1个或多个腱鞘、关节发生肿大；大肠杆菌还可引起全眼球炎、脑炎。种蛋内的大肠杆菌可引起雏鸡的脐带炎，在鸡2～4日龄就开始死亡，死亡鸡只脐部肿大、发炎，卵黄膜内有干酪样渗出物。

（2）诊断与预防　根据临床症状和病变可以初步诊断，确诊需要进行细菌分离、致病性实验和血清学鉴定。预防主要注意以下工作。

①坚持科学的饲养管理。对鸡舍的温度、湿度、密度、光照等要做好环境控制，防止鸡舍忽冷忽热，定时清粪，降低舍内氨气含量，

搞好卫生消毒工作，做好鸡舍通风。采用自动饮水器，并定期进行清洗。

②消除诱发因素。当鸡发生其他疾病，如慢性呼吸道病、病毒性呼吸道病、免疫抑制病等，容易引起鸡群抵抗力降低，引起大肠杆菌病。

③疫苗预防。大肠杆菌血清型各种各样，经常变异，并缺乏交叉保护。当发生大肠杆菌病时，建议接种当地菌株做的疫苗。

④定期投喂微生态制剂。目前市场上微生态制剂的种类很多，效果也较明显，比如可以使用益生菌，能帮助维持肠道内的平衡，使病原菌不与肠壁受体结合。

（3）*治疗*　广谱的抗生素对本病有较好的疗效，但是经常使用一种抗生素，容易使大肠杆菌产生耐药性，降低治疗效果。必须进行药敏试验，筛选最佳治疗药物。在抗生素的使用过程中，要注意不使用国家规定的禁用药，对可以使用的药物也要注意控制剂量，合理使用。

中药治法如下。

方 1：白头翁 400 g，龙胆末 150 g，木炭末 90 g 共为末，按 1% 拌料喂服，每天 2 次，连喂 3 ～ 3 d。

方 2：乌梅、柯子、白头翁、苍术、山药各 50 克，泽泻 80 g，黄连 10 g，金银花 30 g，共研成细末，拌料喂鸡，每天 2 次，连用 3 ～ 5 d，以上药量可供 250 只鸡的 1 d 用量。

方 3：黄柏 100 g，黄连 100 g，大黄 50 g，加水 1 500 mL，微火煎至 1 000 mL，取药液，药渣如上法再煎 1 次，合并 2 次煎成的药液 1∶10 的比例稀释于饮水中，供 1 000 羽自由饮服，每天 1 剂，连用 3 d。

方 4：葛根 35 g，黄芩、苍术各 30 g，黄连 15 g，生地、丹皮、厚朴、陈皮各 20 g，甘草 10 g，共为细末，每只每天 1 ～ 3 g，拌料喂服，连用 3 d。

方 5：香附 40 g，穿心莲 30 g、黄芪 30 g。共为细末，供 100 只鸡 1 d 拌料使用。

方 6：黄连 10 g，黄芩、赤芍、紫花地丁各 50 g，地榆 60 g，丹皮、黄柏、栀子各 30 g，木通 40 g，知母、板蓝根各 20 g，共煎汤随饮 2 ～ 3 d；或氏诸药混合粉碎按 1% 比例混饲料喂 2 ～ 3 d。

2. 鸡沙门菌病

鸡沙门氏菌病是由沙门菌引起的疾病总称，临床上表现为败血症和肠炎，包括鸡白痢、禽伤寒、副伤寒。本属细菌对化学消毒剂的抵抗力不强，常用消毒剂就能达到消毒目的，如 2% 的来苏尔。病菌对干燥、日光等因素具有抵抗力，在外界条件下可以数周或数月存活。3 周龄内的鸡比较易感，该菌对多种抗菌药物敏感，但由于长期滥用抗生素，对常用抗生素耐药现象普遍，不仅影响该病防治效果，而且也成为公共卫生关注的问题。患病鸡和带菌鸡是本病的主要传染源。病原随粪便、羽毛的皮屑，污染水源和饲料等，主要经消化道感染，也可经呼吸道和眼结膜感染。本病一年四季都可以发生，育雏期多见。

（1）鸡白痢　鸡白痢是由鸡白痢沙门菌所引起的一种严重的鸡传染病。各种品种的鸡对本病均有易感性，以 2 ～ 3 周的雏鸡更为易感，成年鸡感染呈慢性或隐性经过，近年来，育成阶段的鸡发病也日趋普遍。新发生本病的鸡场，发病率和病死率都比一向存在本病的鸡场高。

①临床症状。病菌的潜伏期为 4 ～ 5 d。

雏鸡：一般本病呈急性经过，雏鸡多在孵出后 4 ～ 6 d 出现明显临床症状，7 ～ 10 d 后雏鸡群内病雏逐渐增多，在 14 ～ 21 d 达到高峰。发病雏鸡呈最急性者，无临诊症状迅速死亡。稍缓者表现精神不振，绒毛松乱，缩颈闭眼，两翼下垂，昏睡，不愿走动，拥挤在一起。病初食欲减少，同时腹泻，排稀薄白色如糨糊状粪便，肛门周围绒毛被粪便污染，有的因粪便干结封住肛门，影响排粪。由于肛门周围炎症引起疼痛，故常发出尖锐叫声，最后因呼吸困难及心力衰竭而死。有的病雏出现眼盲或肢关节肿胀，呈跛行临床症状。20 日龄以上的雏鸡病程较长，且极少死亡。耐过鸡生长发育不良，成为慢性患者或带菌者。

成鸡：常无明显的临床症状，呈慢性或隐性经过，可见排黄色或者黄白色粪便，下蛋鸡可见产蛋下降。

②病理变化。急性死亡，则病理变化不明显，病程稍长特征病变是在心、肝、肺等内脏器官上可见坏死灶或者坏死结节，胆囊肿大。慢性感染的鸡可见卵变形、变色。青年鸡可见肝肿大，有散在或弥漫性的小红点或黄白色大小不一的坏死灶。

③诊断与防治。根据临床症状可以初步诊断，进一步诊断需要实验室诊断。国际上暂时没有指定的诊断方法，一般采用凝集试验和病原鉴定。

治疗本病可根据药敏试验选用有效的抗生素，并辅以对症治疗。预防本病应加强饲养管理，消除发病诱因，保持饲料和饮水的清洁、卫生。在曾经发病的鸡场，每年要定期做平板凝集试验全面检疫，淘汰阳性鸡及可疑鸡。根据本场（群）或当地分离的菌株，制成单价灭活苗，常能收到良好的预防效果。防治本病仍必须严格贯彻消毒、隔离、检疫、药物预防等一系列综合性防控措施。

中药白术 3 g，白芍 2 g，白头翁 1 g，磨碎 600 目以上过筛，混匀，在饲料中添加，每只鸡每天 0.05 g，连用 7 d。

（2）鸡伤寒　鸡伤寒是由鸡伤寒沙门氏菌引起的鸡的肠道败血性疾病。该病常由于饲养管理不善或者卫生条件差引起。常发生在 3 周龄以上的鸡。该病症状与鸡白痢相似。

①临床症状。潜伏期 4 ～ 5 d，3 周龄以上的鸡急性暴发时，表现为精神委顿，被毛松乱，采食量减少，饮水量增加，排浅绿色粪便，病鸡呈“企鹅”状站立。

②病理变化。急性病例无明显的肉眼病变，病程稍长的出现肝脾肿大，胆囊扩张，内脏器官有黄白色坏死灶或坏死结节。

③诊断与防治。一般确诊要取病死鸡内脏器官进行细菌培养，进行生化鉴定。采用血清学方法对鸡群进行阳性检测是预防本病的重要措施，其他方法如鸡白痢。

（3）副伤寒　禽副伤寒是由鸡白痢和鸡伤寒以外的其他沙门氏菌感染的一种传染病，由于该病沙门氏菌的类型比较多，疾病不易控制。主要有鼠伤寒沙门氏菌和肠炎沙门氏菌。常在孵化后两周内感染发病，6 ～ 10 d 后达到最高峰。呈地方流行性，病死率从很低到

10% ～ 20%，严重者高达 80% 以上。

①临床症状。经带菌卵感染或出壳雏禽在孵化器感染病菌，常呈败血症经过，往往不出现任何临诊症状而迅速死亡。雏鸡和鸡白痢症状相似，年龄较大的幼禽则是亚急性经过，主要表现水泻样下痢，病程约 1 ～ 4 d。1 月龄以上幼禽一般很少死亡。成年鸡一般为慢性带菌者，常不出现临床症状。有时出现水泻样下痢。

②病理变化。急性病例无明显症状，病程稍长可见肝脾充血，有条纹状出血或针尖状坏死，多数病鸡有出血性肠炎，肠内有干酪样坏死。成鸡侵害输卵管，卵泡异常，可发生腹膜炎。

③诊断与防治。采内脏器官进行分离培养鉴定。防治参考鸡白痢和禽伤寒。

3. 鸡巴氏杆菌病

鸡巴氏杆菌病又称禽霍乱，是由鸡多杀性巴氏杆菌引起的鸡的接触性疾病。该菌为革兰氏阴性菌，主要致病血清型为 A 型，对外界抵抗力不强，普通消毒药就有良好的灭菌效果，日光有很强的灭菌效果。一般产蛋鸡群比较容易发生，经常由于应激因素的发生引起。慢性感染的鸡成为重要的污染源，可以通过呼吸道、消化道和眼结膜感染。粪便中很少含有该菌。

（1）临床症状　自然感染的潜伏期为 2 ～ 9 d。

最急性型常见于流行初期，以产蛋高的鸡最常见。病鸡无前驱症状，晚间一切正常，次日发病死在鸡舍内。

急性型最为常见，病鸡主要表现为精神沉郁，羽毛松乱，缩颈闭眼，头缩在翅下。病鸡体温升高，饮水增加，伴有腹泻，排出黄色、灰白色或绿色的稀粪。鸡冠和肉髯变青紫色，有的病鸡肉髯肿胀。病鸡口、鼻分泌物增加。产蛋鸡产蛋突然下降，下降 40% ～ 70%。

慢性型多见于流行后期，由急性不死转变而来。可引起慢性呼吸道炎、慢性肺炎和慢性胃肠炎。病鸡鼻孔有黏性分泌物流出，鼻窦肿大。病鸡腹泻，进行性消瘦，精神委顿，冠苍白。有些病鸡一侧或两侧肉髯显著肿大，随后可能有脓性干酪样物质；有的病鸡有关节炎，表现为关节肿大、脚趾麻痹，继而跛行。病程可拖至 1 个月以上，但生长发育和产蛋长期不能恢复。

（2）病理变化　最急性型，死鸡无明显病变；急性型特征病变是病鸡的腹膜、肠系膜、黏膜常见有小的出血点，肝肿大，变脆易碎，表面有许多白色针尖大的坏死点。肌胃和十二指肠出血，发生出血性肠炎。慢性型侵害呼吸道时，可见鼻腔内有黏液，肺硬化；侵害关节时，可见关节肿大、变形，有炎性渗出物或干酪样坏死。侵害卵巢，可见卵巢出血，卵泡变形。

（3）诊断与防治　根据临床症状特征病变可以初步诊断，确诊需要实验室诊断。预防本病，只要鸡场采取全进全出制度，严格执行鸡场卫生防疫制度，完全有可能预防本病的发生。

发生本病，可以经过药敏试验，选出该菌敏感的药物进行全群投药，一般可以取得良好的治疗效果。使用微生态制剂，对预防本病有一定的积极作用，一般不采用疫苗免疫。如果鸡场本病流行严重，可以取自己鸡场的病料，进行细菌培养，制作出自家鸡场的灭活苗，对鸡群进行注射可以取得满意的预防效果。

急性发病时，可用茵陈 100 g，半枝莲 100 g，白花蛇舌草 200 g，大青叶 100 g，藿香 50 g，当归 50 g，生地 150 g，车前子 50 g，赤芍 50 g，甘草 50 g，共为末拌料，该方为 100 羽鸡一次用量，每天 1 剂，连用 3 ～ 5 d。该方具有清热解毒、凉血保肝、利湿止痢的功能。

慢性发病时，可用茵陈、大黄、茯苓、白术、泽泻、车前子各 60 g，白花蛇舌草、半枝莲各 80 g，生地、生姜、半夏、桂枝、白芥子各 50 g，共为末，制成每袋 200 g 的散剂，每 100 kg 饲料放 5 袋中药，连续给药 3 ～ 4 d。也可用泽泻鲜品，每羽鸡每天 8 g，干品 2 g，煎汁拌料或研末拌料，连用 3 ～ 4 d。该方具有清热化湿、健脾保肝等功能。

土鸡产蛋期发病时，为不影响产蛋可用霍乱灵。其成分为：黄连 30 g，马齿苋 30 g，地榆 40 g，鱼腥草 40 g，山楂 20 g，蒲公英 20 g，穿心莲 20 g，甘草 10 g，制成每袋 200 g 的散剂，每 100 kg 饲料放 5 袋。用药连续不少于 5 d，预防量减半。也可用清温败毒散，成分为：生石膏 120 g，生地黄 30 g，水牛角 60 g，黄连 20 g，栀子 30 g，牡丹皮 30 g，连翘 30 g，桔梗 25 g，赤芍 25 g，玄参 25 g，知母 30 g，甘草 15 g，淡竹叶 25 g，制成每袋 340 g 的散剂，每 100 kg 饲料中放 2 袋中药，用药不少于 5 d，预防量减半。

4. 传染性鼻炎

鸡传染性鼻炎病是由鸡嗜血杆菌引起的以流鼻涕、鼻炎、脸肿为主要特征的急性呼吸道病。本菌可感染各年龄段的鸡，老鸡更易感。本菌的抵抗力较弱，对日光和消毒药都敏感，在 45℃时 6 min 即可杀死该菌。病鸡和隐性带菌鸡是本病的重要传染源，可通过飞沫及尘埃经呼吸道感染，也可以通过污染的器具、饲料等经消化道感染。本病的发生一般是由于鸡的抵抗力降低而诱发的，主要原因有不同年龄段的鸡混群，通风不良，潮湿、寒冷、维生素缺乏、寄生虫侵袭等。

（1）临床症状　本病潜伏期 1 ～ 3 d，传播迅速，可在很短的时间使全群都发病。本病的发病率虽高，但死亡率不高。本病初期仅表现为鼻腔流稀薄的清液，不容易引起注意。随后出现脸部肿胀、眼结膜肿胀、发炎，鼻清液转变为浆液黏性分泌物。饮水和采食都下降，有的下痢。病鸡常并发呼吸道炎症，主要表现为呼吸困难，伴有啰音，病鸡常摇头欲将呼吸道的黏液排出，严重的病鸡窒息死亡。

（2）病理变化　主要病变为鼻腔和鼻窦黏膜出现急性卡他性炎症，黏膜充血肿胀，窦腔内出现渗出物凝块及干酪样坏死物。脸部及肉髯出现水肿，严重的可见气管炎、气囊炎等。产蛋鸡有侵害卵巢的症状，卵泡变形、坏死，产蛋下降。

（3）诊断与防治　根据发病多、死亡少的流行特点及症状可以初步诊断，进一步确诊需要采集病料进行实验室诊断。

本病菌虽对磺胺药非常敏感，磺胺药曾一度是治疗本病的首选药，但目前国家已规定磺胺类药物是产蛋期鸡的禁用药，不可使用。

临床用中药治疗，效果较好。方用葶苈子、辛夷、桔梗、甘草、生姜、半夏、黄芩各 80 g，猪苓、泽泻、诃子、防风、乌梅、益母草、白芷各 100 g，粉碎，均匀拌入饲料中。上述药方为 100 只鸡 3 d 的药量，即 1 只鸡 4.2 g/d，持续应用 5 d。

三、寄生虫病

1. 球虫病

鸡球虫病是由于球虫寄生引起的以出血性肠炎为主要特征的鸡寄生虫病，本病对养鸡业危害很大，特别是土鸡，发病可引起30%～50%的死亡。本病主要是由于鸡食入了含有球虫孢子的卵囊而感染，仅通过消化道感染。病鸡和携虫鸡是本病的传染源，该虫可以通过污染的器具、饮水、饲料及饲养员等中间媒介进行传染。

（1）临床症状　感染本病最重要的特征是：病鸡排带血样粪便。寄生虫感染的症状表现为：初期精神委顿，采食减少，饮水增加，被毛蓬乱，间歇性下痢。后期逐渐消瘦，贫血，发育迟缓，成鸡产蛋下降。多数鸡于发病后6～10 d死亡，3月龄内的鸡死亡率50%，3月龄以上的病鸡多数转为慢性型。

（2）病理变化　球虫主要侵害盲肠，剖检可见盲肠肿大，肠内充满暗红色血液，盲肠上皮变厚，严重的肠内有干酪样坏死物，肠膜糜烂。

（3）诊断与防治　根据流行病学与临床症状可初步诊断，从粪便中检查出球虫卵可以确诊。可使用抗球虫药，如克球粉、地克珠利等，但要注意两种不同的药物交叉使用。在土鸡的饲养过程中，可根据本场是否发生球虫病的实际情况，定期使用抗球虫药物。还可以使用促进肠道黏膜修复的药物，如维生素。预防本病市场上有疫苗使用，但在未流行区不提倡使用。

鸡球虫病可以用中药预防和治疗，临床上常用的中药方剂有以下几种。

方1：常山500 g，柴胡75 g，每只鸡每天用1.5～2 g，煎汁饮水，连用3 d。

方2：血见愁60 g，马齿苋30 g，地锦草30 g，凤尾草30 g，车前草15 g，每只鸡每天用1.5～2 g，煎汁饮水，连用3 d。

方3：常山、柴胡、苦参、青蒿、地榆炭、白茅根各等量，每只鸡每天用 1.5 ～ 2 g，煎汁饮水，连用 5 ～ 8 d。

方 4：黄芩 370 g，土黄连、柴胡各 220 g，仙鹤草根、贯众各 150 g（均用鲜草），分别切成 2 ～ 3 cm 小段，加水 5 kg，煎至 3 kg，拌入料中，供 100 只雏鸡用，每天 1 剂，连用 3 ～ 5 d；不能采食的鸡可用滴管喂服煎汁，每天 3 次，每次 5 mL。

方 5：常山 500 g，柴胡 75 g，加清水 5 L，煎汁。30 日龄鸡每天每只灌服 10 mL，大群治疗可拌入饲料喂。

方 6：干仙鹤草 30 g，鲜旱莲草 10 g，水煎，另取鲜韭菜 150 g 捣烂取汁，与上述药液混合喂 1 000 只鸡，每天 2 次，连喂 3 ～ 5 d。

方 7：每 100 只鸡每天喂 250 g 鲜韭菜，连喂 3 d。也可预防养殖鸡得球虫病。

方 8：1 份大蒜加 5 份水共捣汁，用滴管滴入小鸡嘴内，每次 3 ～ 5 滴，每天 3 ～ 4 次，连服 3 d。

方 9：每 100 只鸡取鲜仙鹤草 350 ～ 500 g，鲜委陵菜 150 ～ 250 g，鲜海蚌（含珠）250 ～ 400 g，加水煎至药液 700 ～ 1 000 g，拌料喂服，或作饮水用。

方 10：白头翁 20 g，苦参 10 g，黄连 5 g，加水 1.5 ～ 2 L，水煎，供 100 只雏鸡饮服，每天 1 次。

方 11：常山 60 g，连翘、柴胡各 40 g，生石膏 100 g，每天 1 剂，煎水 2 次喂服 100 只 60 日龄的鸡。

2. 绦虫病

鸡绦虫病是由绦虫引起的以寄生小肠为主的寄生虫病。本病成虫寄生鸡体内，虫卵随粪便排泄到外界，在中间宿主，如蚂蚁、蝇等，体内发育 2 ～ 3 周成为似囊尾蚴，鸡食入似囊尾蚴而感染。本病感染季节在中间宿主活跃的季节。

（1）临床症状　患病鸡和其他寄生虫病一样，精神不振，采食减少，被毛松乱，消瘦，发育不良等。

（2）病理变化　主要病变在小肠，小肠内有大量恶臭的黏液，肠壁有出血点，严重的肠壁上有结节，结节内有黄褐色干酪样物。

（3）诊断与防治　剖检时发现虫卵即可确诊。治疗可用灭绦灵，每千克体重 100 ～ 150 mg，一次内服。中药青蒿、槟榔、南瓜子、黄芪、苦参等对鸡的绦虫有很好的驱杀效果，可以试用。

3. 鸡虱病

羽虱主要寄生在鸡体表和羽毛深处，又称蜘蛛昆虫，是一种永久性寄生虫，已发现 40 多种。羽虱主要靠咬食羽毛、皮屑，以及吸食血液而生存，因此患鸡表现羽毛断落，皮肤损伤，发痒，消瘦贫血，生长发育受阻，产蛋鸡产蛋下降。并可降低对其他疾病的抵抗力。

（1）临床症状　鸡羽虱可引起鸡奇痒不安，鸡常啄自己皮肤。表现为精神骚动不安，采食减少，消瘦，贫血，发育不良。

（2）诊断　肉眼可见大量的鸡虱。

（3）防治

①保持环境清洁卫生。使用敌百虫、溴氰菊酯等药物对鸡舍地面、墙壁和棚架进行喷洒，杀灭环境中的羽虱。

②消灭体表羽虱。可用伊维菌素，按每千克体重 0.2 mg 拌料驱虫，间隔 10 d 后再驱虫 1 次。同时用杀灭菊酯杀虫剂进行带鸡喷雾，每周 1 次，连用 3 周。

大群治疗时宜采用药浴法（仅限于夏季进行），方法是取 2.5% 溴氰菊酯或灭蝇灵 1 份，加温水 4 000 份，放入大缸或大盆中，将鸡体放入药液浸透体表羽毛。也可用上述药物进行环境灭虱。用药物灭虱时要注意管理，避免鸡群中毒。

4. 鸡螨病

螨又称疥癣虫，是寄生在鸡体表的一种寄生虫。对鸡危害较大的是鸡刺皮螨和突变膝螨。鸡螨大小约 0.3 ～ 1 mm，肉眼不易看清。鸡刺皮螨呈椭圆形，吸血后变为红色，故又称红螨。当鸡严重感染时，贫血、消瘦、产蛋减少或发育迟滞。雏鸡严重失血时可造成死亡；突变膝螨又称鳞足螨，其全部生活史都在鸡身上完成。成虫在鸡脚皮下穿行并产卵，幼虫蜕化发育为成虫，藏于皮肤鳞片下面，引起炎症。腿上先起鳞片，以后皮肤增生、粗糙，并发生裂缝。有渗出物流出，干燥后形成灰白色痂皮，如同涂上一层石灰，故又称石灰脚病。若不及时治疗，可引起关节炎、趾骨坏死，影响生长和产蛋。

防治：一是应搞好环境卫生，定期消毒环境，以杀死鸡螨；二是大群发生刺皮螨后，可用20%的杀灭菊酯乳油剂稀释4 000倍，或0.25%敌敌畏溶液对鸡体喷雾，但应注意防止中毒。环境可用0.5%敌敌畏喷洒。对于感染疥螨的患鸡，可用0.03%蝇毒磷或20%杀灭菊酯乳油剂2 000倍稀释液药浴或喷雾治疗，间隔7 d，再重复1次。大群治疗可用0.1%敌百虫溶液浸泡患鸡脚、腿4～5 min，效果较好。

5. 鸡蛔虫病

鸡蛔虫病是鸡常见的一种线虫病，是鸡线虫最大的一种，虫体黄白色，像豆芽梗，雌虫大于雄虫。虫卵椭圆形，深灰色。对外界因素和消毒药抵抗力很强，但在阳光直射、沸水处理和粪便堆沤等情况下，可使之迅速死亡。寄生于小肠内所引起的，多发于3月龄左右的鸡。一般无特殊症状，只是表现生长缓慢，发育不良，贫血、消瘦，不易引起注意。大群饲养可以引起死亡。

（1）发病情况　蛔虫虫卵随粪便排出，在外界环境经10～12 d发育成侵袭性虫卵。这种含有幼虫、具有致病力的虫卵污染饲料、饮水，被鸡食入后，在鸡体内经35～50 d又发育成成虫。

3月龄以内的鸡最具感染性，养殖鸡发病率更高。超过3月龄的鸡较少发病，但可带虫。

（2）临床症状　感染鸡生长不良，精神萎靡，行动迟缓，羽毛松乱，贫血，食欲减退，异食，腹泻，粪中往往有蛔虫排出。

剖检，小肠内见有许多淡黄色豆芽梗样线虫，长50～100 mm。粪便检查，可见到蛔虫卵。

（3）防治　驱蛔灵、驱虫净、盐酸左旋咪唑等都有效。及时清除积粪，清洗消毒饮水器和料槽；4月龄以内的鸡，要与成年鸡分开饲养，定时驱虫。

四、普通病

1. 啄癖

啄癖也称异食癖、恶食癖、互啄癖，是啄羽癖、啄肉癖、啄肛癖、啄蛋癖、异食癖的总称，是指不同日龄、不同品种的鸡在缺乏某种营养物质或者机体代谢发生障碍时，发生的味觉异常综合征。在通常情况下，由于养殖土鸡场地宽敞，饲养密度不大，一般不会发生啄癖症，但是如果养殖场地缺乏某种营养素，则土鸡很容易发生这种疾病。

（1）发病原因

①鸡的品种习性。啄是鸡的本性，不同品种的鸡发生啄癖的概率不同，土鸡更容易发生。当鸡只早熟时也容易发生。

②饲料营养因素。营养因素是引起鸡发生啄癖的主要原因，饲料配方不合理或者操作时配合不当，土鸡补料不足，饲料营养比例失调特别是钙磷比例，或者饲料中缺乏必需的氨基酸、维生素、微量元素特别是硫缺乏、矿物质、食盐等。

③饲养管理不当。土鸡育雏时发生啄癖，主要原因是舍温过高或者湿度过大、通风不良，光照太强，饲养面积较小，鸡只过于拥挤或者密度大，鸡只缺乏足够的运动场，料位和水位不足，或者水槽料槽摆放不合理等，养殖土鸡日粮供应不足或者补饲时间不规律，有时也可发生啄癖。

④发生其他疾病。当发生寄生虫病时，如球虫或者体外寄生虫，鸡只可发生啄羽、啄肛；引起鸡只下痢的疾病和影响营养吸收的病变也容易引起啄癖，如大肠杆菌病、慢性肠炎等。

⑤其他诱发因素。鸡天生对红色比较敏感，当鸡只发生机械性损伤、皮肤外伤出血或者母鸡输卵管脱垂等情况时往往诱发啄食癖。

（2）临床症状　根据鸡只互啄的部位不同，可以分为啄羽、啄肛、啄趾、啄蛋。其中以啄肛最为多见，主要表现为互相攻击，造成伤害，当养殖土鸡群中出现输卵管脱垂或者泄殖腔炎症时，一旦发生啄癖，很快蔓延全群，全群的鸡都来啄食这只鸡，往往当管理者发现时受伤鸡只已经被啄食完内脏，只留下空壳。当鸡只换羽毛时，若发生啄羽癖，有的鸡只被啄去尾羽、背羽，几乎成为秃鸡或被啄得鲜血淋淋。

（3）诊断与防治　根据临床表现即可确诊。针对发病原因采取相应措施。

①断喙、戴鸡眼罩。

②科学配合日粮并补充。在养殖过程中，一定要给予养殖鸡补充全价日粮。在日粮配合时，不但应该按照科学配方进行配合，而且还要把操作过程中容易损失的物质计算进去，特别是一些重要的氨基酸（如赖氨酸等）、维生素和微量元素等。生产实践证明，在日粮中添加10%～20%这些物质减少啄癖的发生，还可以增加粗纤维并调节好钙磷比例。啄羽癖可能是由于饲料中硫化物和食盐不足引起。可以在饲料中适当补充硫化钙粉或者羽毛粉，在日粮中可加入2%～3%的羽毛粉；可在日粮中短期添加1.5%～2%食盐，连续3～4 d，但不能长期饲喂，避免引起食盐中毒。

③定期驱虫。主要是定期驱除体内外寄生虫，包括球虫和鸡虱子。

④及时挑出被啄食的鸡单独饲养或者淘汰。鸡群一旦发现有被啄食的鸡，应立即将被啄的鸡只挑出单独饲养或淘汰。有外伤、脱肛的鸡应及时隔离饲养和治疗，在被啄伤口上涂上与其毛色一致和有异味的消毒药膏及药液，切忌涂红药水，可以用紫药水、磺胺软膏等。

（4）加强土鸡育雏期的饲养管理，搞好养殖环境的控制　育雏阶段保持足够的料位、水位，定时定量饲喂，保持正常密度。环境控制方面要保持鸡舍温度、湿度、通风正常，适宜光照等。

2. 中毒病

（1）发病原因

①采食的饲料含有毒物质。天然饲料或者补充料中存在引起机体发生中毒的物质。比如：果园、林地、草地等喷施过农药，鸡采食被农药污染的青草、草籽；或采食含有黄曲霉菌或者其毒素的饲料，或者棉籽饼、菜籽饼脱毒不良，引起的中毒等。

②添加的营养物质过量。有些营养物质鸡可以及时排泄，但有些营养物质过量会导致中毒，特别是微量元素（如锌、铜等）。

③添加药物或者添加剂不合理。在进行疾病治疗的过程中，拌料搅拌不匀或者添加过量会引起鸡的中毒病。比如喹乙醇是一种促生长

抑菌的药物，会由于饲料中添加量过大、混合不均匀、饲喂时间过长等引起中毒（喹乙醇具有明显的蓄积毒性）。

④食盐中毒。常见的中毒是由于鱼粉中含过量的盐导致中毒，饲料中含盐量一般是 0.3%，不应超过 0.5%。

（2）临床症状　一般中毒后，都会出现精神不振，采食减少，下痢等常见中毒症状。不同的中毒症状表现还略有不同，要根据实际情况进行判断。

（3）诊断与防治　根据临床症状和病理变化，可作出初步诊断。必要时可送饲料进行实验室化验，最终确诊。确诊后立即停喂引起中毒的饲料，并采取对症治疗，一般是采取保护肝脏和促进肾脏排泄、增强机体抵抗力等措施。如在饮水中补充 6% ～ 8% 的蔗糖或 3% ～ 4% 的葡萄糖，供病鸡自由饮用，同时加入两倍以上的复合维生素。

3. 惊恐病

（1）发病原因　与土鸡自然养殖有极大关系。如鸡群密度过大，天气原因（雷暴、闪电等），天敌侵害，或人为驱赶、捕捉等，以及饲料中缺乏维生素 B_1 和烟酸，蛋白质供应不足都易引起本病的发生。

（2）临床症状　本病多为突然发作，初期只有少数鸡表现为神经过敏，乱飞或无目的地乱跑，遇到障碍物或饲养员时紧张，并时有咯咯惊叫，呈现恐惧和烦躁不安状态。很快病鸡逐渐增多，波及全群，此时极易惊群。当整群鸡惊恐时，鸡只乱飞、乱撞，挤压扎堆，导致撞伤、挤伤，甚至死亡。

（3）防治　消除致鸡群受惊扰的各种应激因子，优化饲养环境，保持合理的饲养密度，避免环境骤变。此外，饲料中补充适量的烟酸及维生素 B_1（各 15 ～ 20 mg/kg 饲料）、维生素 C 0.1 ～ 0.2 g/kg 饲料。

4. 中暑

中暑是日射病和热射病的总称。鸡在烈日下暴晒，使头部血管扩张而引起脑及脑膜急性充血，导致中枢神经系统机能障碍称为日射病。鸡在闷热环境中因机体散热困难而造成体内过热，引起中枢神经系统、循环系统和呼吸系统机能障碍称为热射病，又称热衰竭。本病多见于酷暑炎热季节，特别是大规模密集型笼养鸡容易发生。

（1）症状　处于中暑状态的鸡，主要表现为张口呼吸，而且呼吸困难，部分鸡喉内发出明显的呼噜声，采食量下降，部分鸡绝食，饮水大幅增加，精神萎靡，活动减少，部分鸡卧于树底，鸡冠发绀，体温高达45℃以上。

（2）防治

①科学选址。在选择养殖场地时要充分考虑防暑工作，最好选择在草多林茂的山坡养殖鸡群，利用树林遮挡炎热的阳光。

②加强饲养管理。夏季是鸡群中暑的高发期，平时应注意保证有足够的清洁饮水；尽可能避免在气温较高时追赶鸡群和捉鸡等容易引起鸡热应激的行为，保持鸡群的安静；调整饲料配方，降低日粮能量，提高蛋白质含量，并根据鸡在野外的觅食情况适当补饲青饲料。

③适当使用防暑药物　常用的鸡群防暑药物有碳酸氢钠、氯化铵等西药和鱼腥草、夏枯草等中草药。天气炎热时，可在鸡的饮水中添加0.2%～0.5%碳酸氢钠或0.5%～0.7%氯化铵，也可添加0.08%维生素C；定期上山采摘鱼腥草、夏枯草或喂西瓜皮让鸡自由啄食。防止鸡群中暑主要靠预防，一旦发生中暑，应迅速将鸡群移到阴凉通风处，每只病鸡灌服十滴水1～2滴，全群鸡饮服1%碳酸氢钠和1%维生素C溶液。

附　录

一、禁止在饲料和动物饮用水中使用的药物品种目录

（一）肾上腺素受体激动剂

1. 盐酸克仑特罗：β2 肾上腺素受体激动药。

2. 沙丁胺醇：β2 肾上腺素受体激动药。

3. 硫酸沙丁胺醇：β2 肾上腺素受体激动药。

4. 莱克多巴胺：一种 β 兴奋剂，美国食品和药物管理局（FDA）已批准，中国未批准。

5. 盐酸多巴胺：多巴胺受体激动药。

6. 西巴特罗：美国氰胺公司开发的产品，一种 β 兴奋剂，FDA 未批准。

7. 硫酸特布他林：β2 肾上腺受体激动药。

（二）性激素

8. 己烯雌酚：雌激素类药。

9. 雌二醇：雌激素类药。

10. 戊酸雌二醇：雌激素类药。

11. 苯甲酸雌二醇：雌激素类药。用于发情不明显动物的催情及胎衣滞留、死胎的排出。

12. 氯烯雌醚。

13. 炔诺醇。

14. 炔诺醚。

15. 醋酸氯地孕酮。

16. 左炔诺孕酮。

17. 炔诺酮。

18. 绒毛膜促性腺激素（绒促性素）：促性腺激素药。用于性功能障碍、习惯性流产及卵巢囊肿等。

19. 促卵泡生长激素（尿促性素主要含卵泡刺激 FSHT 和黄体生成素 LH）：促性腺激素类药。

（三）蛋白同化激素

20. 碘化酪蛋白：蛋白同化激素类，为甲状腺素的前驱物质，具有类似甲状腺素的生理作用。

21. 苯丙酸诺龙及苯丙酸诺龙注射液。

（四）精神药品

22.（盐酸）氯丙嗪：抗精神病药、镇静药。用于强化麻醉以及使动物安静等。

23. 盐酸异丙嗪：药典 2000 年二部 P602。抗组胺药。用于变态反应性疾病，如荨麻疹、血清病等。

24. 安定（地西泮）：抗焦虑药、镇静药、抗惊厥药。

25. 苯巴比妥：镇静催眠药、抗惊厥药。巴比妥类药。缓解脑炎、破伤风、士的宁中毒所致的惊厥。

26. 苯巴比妥钠、巴比妥类药：缓解脑炎、破伤风、士的宁中毒所致的惊厥。

27. 巴比妥：中枢抑制和增强解热镇痛。

28. 异戊巴比妥：催眠药、抗惊厥药。

29. 异戊巴比妥钠：巴比妥类药。用于小动物的镇静、抗惊厥和麻醉。

30. 利血平：抗高血压药。
31. 艾司唑仑。
32. 甲丙氨脂。
33. 咪达唑仑。
34. 硝西泮。
35. 奥沙西泮。
36. 匹莫林。
37. 三唑仑。
38. 唑吡旦。
39. 其他国家管制的精神药品。

（五）各种抗生素滤渣

40. 抗生素滤渣：该类物质是抗生素类产品生产过程中产生的工业三废，因含有微量抗生素成分，在饲料和饲养过程中使用后对动物有一定的促生长作用。但对养殖业的危害很大，一是容易引起耐药性，二是由于未做安全性试验，存在各种安全隐患。

二、食品动物中禁止使用的药品及其他化合物清单

序号	药品及其他化合物名称
1	酒石酸锑钾
2	β－兴奋剂类及其盐、酯
3	汞制剂：氯化亚汞（甘汞）、醋酸汞、硝酸亚汞、吡啶基醋酸汞
4	毒杀芬（氯化烯）
5	卡巴氧及其盐、酯
6	呋喃丹（克百威）
7	氯霉素及其盐、酯
8	杀虫脒（克死螨）
9	氨苯砜

（续表）

序号	药品及其他化合物名称
10	硝基呋喃类：呋喃西林、呋喃妥因、呋喃它酮、呋喃唑酮、呋喃苯烯酸钠
11	林丹
12	孔雀石绿
13	类固醇激素：醋酸美仑孕酮、甲基睾丸酮、群勃龙（去甲雄三烯醇酮）、玉米赤霉醇
14	安眠酮
15	硝呋烯腙
16	五氯酚酸钠
17	硝基咪唑类：洛硝达唑、替硝唑
18	硝基酚钠
19	己二烯雌酚、己烯雌酚、己烷雌酚及其盐、酯
20	锥虫砷胺
21	万古霉素及其盐、酯

参考文献

陈宗刚，李志和，2012. 果园山林散养土鸡［M］.2 版 . 北京：科学技术文献出版社 .

何俊，2013. 果园山地散养土鸡实用技术［M］. 长沙：湖南科学技术出版社 .

李连任，张永平，2021 . 土鸡生态放养实用技术［M］. 北京：化学工业出版社 .

申李琰，闫益波，2013. 土蛋鸡高产饲养法［M］. 北京：化学工业出版社 .

魏刚才，2010. 土鸡高效健康养殖技术［M］. 北京：化学工业出版社 .

朱国生，石传林，2010. 土鸡饲养技术指南［M］.2 版 . 北京：中国农业大学出版社 .